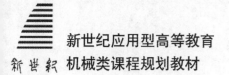

新世纪应用型高等教育

机械类课程规划教材

Interchangeability and Measurement Technology

互换性与测量技术

（第三版）

主　编　朱定见　葛为民

副主编　曹丽娟　张学民　徐广晨

主　审　赵福令

U0245182

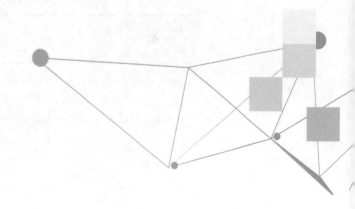

大连理工大学出版社

图书在版编目(CIP)数据

互换性与测量技术 / 朱定见，葛为民主编. -- 3 版
. -- 大连：大连理工大学出版社，2019.8(2024.1 重印)
新世纪应用型高等教育机械类课程规划教材
ISBN 978-7-5685-2129-1

Ⅰ. ①互… Ⅱ. ①朱… ②葛… Ⅲ. ①零部件－互换
性－高等学校－教材②零部件－测量技术－高等学校－教
材 Ⅳ. ①TG801

中国版本图书馆 CIP 数据核字(2019)第 142639 号

互换性与测量技术
HUHUANXING YU CELIANG JISHU

大连理工大学出版社出版
地址：大连市软件园路 80 号　邮政编码：116023
发行：0411-84708842　邮购：0411-84708943　传真：0411-84701466
E-mail：dutp@dutp.cn　　URL：https://www.dutp.cn
辽宁星海彩色印刷有限公司印刷　　　大连理工大学出版社发行

幅面尺寸：185mm×260mm	印张：17.75	字数：407 千字
2010 年 1 月第 1 版		2019 年 8 月第 3 版
	2024 年 1 月第 6 次印刷	

责任编辑：王晓历　　　　　　　　　　　　责任校对：王　哲
封面设计：对岸书影

ISBN 978-7-5685-2129-1　　　　　　　　　定　价：52.80 元

本书如有印装质量问题，请与我社发行部联系更换。

前　言

《互换性与测量技术》(第三版)是新世纪应用型高等教育教材编审委员会组编的机械类课程规划教材之一。

"互换性与测量技术"是高等院校机械类各专业的重要专业基础课。它包含"极限与配合"和"测量技术"两大部分内容,把标准化和计量学两个学科有机地结合在一起,与机械设计、制造和质量控制等密切相关,是机械工程技术人员和管理人员必须掌握的基本知识和技能。

在本教材的建设过程中,注重突出以下特色:

1. 采用最新的国家标准

本教材采用最新的国家标准,重点介绍其规定及应用,克服了学生所学知识落后于生产实际的弊端。

2. 突出实用性

根据目前应用型本科教学的特点和市场对应用型人才的需求,本教材对传统教学内容进行了精简,突出了实用性,注重彰显"学生易学,教师易教"的宗旨。

3. 配套教学资源丰富

本教材配套出版了《互换性与测量技术实验指导书》(第三版),对实验进行了详细的指导。本教材配有电子教案,如有需要可登录教材服务网站下载。本教材的微课可以通过扫描书中的二维码直接观看。

本教材响应二十大精神,推进教育数字化,建设全民终身学习的学习型社会、学习型大国,及时丰富和更新了数字化微课资源,以二维码形式融合纸质教材,使得教材更具及时性、内容的丰富性和环境的可交互性等特征,使读者学习时更轻松、更有趣味,促进了碎片化学习,提高了学习效果和效率。

本教材共分 12 章:绪论;孔与轴的极限与配合;测量技术基础;几何公差及其检测;表面粗糙度及其检测;普通计量器具的选择和光滑极限量规;滚动轴承的公差与配合;键和花键的公差、配合与检测;螺纹公差及检测;渐开线圆柱齿轮传动精度及检测;圆锥结合的互换性;尺寸链。

本次修订时主要做了以下工作:修改、完善了第二版中的内容;调整了第 2 章和第 3 章的章节次序,使得理论授课与实验操作更加紧密结合;对部分内容进行了精简,例如:对第 4 章的公差原则部分进行了必要的精简;对相关内容进行了综合,例如:对第 4 章的几何误差的检测部分,将所有与检测有关的内容归纳在一起,更利于学生掌握几何公差检测的知识;修改、增加了习题,如第 1 章、第 3 章、第 4 章的习题部分。

本教材由湖北文理学院朱定见和常州工学院葛为民任主编,由大连海洋大学曹丽娟、中国人民解放军空军第一航空学院张学民和营口理工学院徐广晨任副主编。具体分工为:朱定见编写第 1 章、第 2 章、第 3 章;葛为民编写第 4 章、第 8 章、第 12 章;曹丽娟编写第 7 章、第 10 章;张学民编写第 5 章、第 9 章;徐广晨编写第 6 章、第 11 章。全书由朱定见负责统稿。大连理工大学赵福令教授审阅了书稿并提出了修改意见,在此谨致谢忱。

在编写本教材的过程中,我们吸取了各院校教师多年的教学经验,充分了解了机械类各专业课程对教材的要求,把教学重点放在专业课和生产一线的结合上,注重掌握标准标注方法与通用量具的测量。考虑到各院校对本课程教学内容改革情况的不同,本教材为扩大适用面,所编内容较全,各院校在使用时可根据具体情况进行取舍。本教材可作为高等院校机械类各专业的教材,也可供有关技术人员自学使用。

在编写本教材的过程中,编者参考、引用和改编了国内外出版物中的相关资料以及网络资源,在此表示深深的谢意! 相关著作权人看到本教材后,请与出版社联系,出版社将按照相关法律的规定支付稿酬。

本教材在策划、编写及出版过程中,参考并引用了相关技术文献和资料,在此,对有关单位和专家一并表示衷心的感谢! 恳请使用本教材的广大师生对其中的疏漏之处予以关注,并将意见和建议反馈给我们,以便及时修订完善。

编 者
2019 年 8 月

所有意见和建议请发往:dutpbk@163.com
欢迎访问教材服务网站:https://www.dutp.cn/hep/
联系电话:0411-84708445　84708462

目　录

第 1 章

绪 论

学习目的及要求

- 掌握互换性的概念、分类及互换性在设计、制造、使用和维修等方面的重要作用
- 掌握互换性与公差、检测的关系
- 理解标准化与标准的概念及其重要性
- 了解优先数系和优先数的概念及其特点

1.1 互换性概述

1.1.1 互换性的基本概念

机械制造中的互换性（Interchangeability）是指在制成的同一规格的零、部件中，不需作任何挑选、修配或调整，就可装配到机器（或部件）上，并能保证满足机械产品的使用性能要求的一种特性。

在人们的日常生活中，有大量的现象涉及互换性，例如，机器或仪器上掉了一个螺钉，按相同的规格换一个就行了；教室的日光灯坏了，同样换个新的就行了；汽车、拖拉机乃至摩托车、电动自行车中某个机件磨损了，也可以换上一个新的，便能满足使用要求；不同厂家生产的智能手机，可以使用同样的充电器。之所以这样方便，是因为这些产品都是按互换性原则组织生产的，这些产品都具有互换性。

1.1.2 互换性的分类

1.按互换参数或使用要求分类

(1)几何参数互换性(Interchangeability of Geometrical Parameters)

几何参数互换性是规定几何参数公差以保证成品的几何参数充分近似所达到的互换性。此为狭隘互换性,即通常所讲的互换性。其中,几何参数是指尺寸、几何形状及相互位置等。

(2)功能参数互换性(Functional Interchangeability)

功能参数互换性是规定功能参数的公差使成品的功能参数充分近似所达到的互换性。功能参数不仅包括几何参数,还包括其他一些参数,如材料的机械性能参数,化学、光学、电学、流体力学参数等。此为广义互换性,往往着重于保证除尺寸配合要求以外的其他功能要求。

本课程只研究几何参数互换性。

2.按互换程度分类

(1)完全互换性

完全互换性(绝对互换)简称互换性,是不限定互换范围,以零、部件在装配或更换时不需要选择或者修配为条件的互换性。

(2)不完全互换性

不完全互换性(相对互换)也称有限互换,是指因特殊原因,只允许零、部件在一定范围内互换的互换性。也是在零、部件装配时允许有附加条件的选择或者调整的互换性。其又可分为以下几种:

①分组装配法

分组装配法通常用于大批量生产而且装配精度要求很高的零件。此时,如果采用完全互换,将使零件的加工精度要求更高、使得加工困难、成本增高。而采用分组装配法可适当降低零件制造精度,使之便于加工;而在加工好后,通过测量,将零件按实际尺寸的大小分为若干组,使每组内的尺寸差别比较小;然后再按相应组进行装配,使同一组内零件有互换性,组与组之间不能互换。例如在生产发动机的连杆与曲轴、活塞和活塞销以及滚动轴承的内、外圈与滚动体的时候,经常采用分若干组(装配精度要求越高,分组数就越多)进行生产和装配。

②修配法

修配法是装配时允许用机械加工或钳工修刮等获得所需的精度。

③调整法

调整法是移动或更换某些零件以改变其位置和尺寸来达到所需的精度。

修配法和调整法主要适用于单件、小批量生产,尤其是精密仪器和重型机械的制造中。由于受装配精度的要求或者受装配误差累积的影响,在装配过程中,经常留下某一个零件或者零件位置作为调整环,用其来做精度调整或者累积误差的补偿,装配环中其他零件仍按互换性原则生产。使用修配法和调整法时,就是改变装配环中调整环的实际尺寸,以补偿其他零件在装配中产生的累积误差的影响,从而满足总的装配精度要求。只不过,调整法是通过更换调整环零件或者改变它的位置(如增减或者更换垫片、垫圈)来进行补偿;修配法是通过对调整环做适当的加工(通常是去除多余的材料,用钳工或者其他方法精确地修配)来改变其实际尺寸。

④大数互换

大数互换是指零、部件的设计、制造仅能以接近于1的概率来满足互换性的要求。根据实际加工误差(随机误差)的分布规律,在大批量生产中,生产出的绝大多数零件的实际尺寸均在平均值附近,而位于上、下极限尺寸处的实际尺寸很少,因此,人为地规定一个很小的危率 α(通常 $\alpha=0.0027$),使互换性的概率控制在 $1-\alpha$ 范围内。主要用于成批、大量生产的场合。

当使用要求与制造水平、经济效益没有矛盾时采用完全互换,反之采用不完全互换。

3. 对标准部件或机构来说,互换性又分为外互换与内互换

(1)外互换

外互换是指部件或构件与其装配件之间的互换性,例如,滚动轴承内圈内径与轴的配合,外圈外径与孔的配合。

(2)内互换

内互换是指部件或构件内部组成零件之间的互换性,例如,滚动轴承的外圈内滚道、内圈外滚道与滚动体的装配。

为使用方便,滚动轴承的外互换采用完全互换;而其内互换则因其组成零件的精度要求高,加工困难,故采用分组装配,为不完全互换。一般来说,不完全互换只用于部件或构件的制造厂内部的装配,至于厂外协作,即使产量不大,往往也要求采用完全互换。

1.1.3 互换性在机械制造业中的重要作用

互换性在机械制造中的重要作用主要有以下几个方面:

1. 设计方面

在设计方面,按互换性进行设计可充分利用前人的经验,有利于最大限度地采用通用件和标准件,大大减少绘图和计算等工作量,缩短设计周期;有利于产品多样化和便于计算机辅助设计(CAD),这对发展系列产品十分重要。

2. 加工方面

在加工方面,互换性原则是组织专业化协作生产的重要基础,它有利于组织大规模专业化生产,有利于采用先进工艺和高效率的专用设备;有利于计算机辅助制造(CAM);有利于实现加工、装配过程的机械化、自动化,减轻工人的劳动强度。

3. 装配方面

在装配方面,由于零、部件具有互换性,不需要挑选、辅助加工和修配,故能减轻劳动强度,缩短装配周期,并且可以通过流水作业方式或自动化装配方式进行装配,从而大大提高生产率。

4. 使用、维修方面

在使用、维修方面,零部件具有互换性,零件坏了,可以以新换旧,及时更换已经磨损、损坏了的零部件,方便维修,减少了机器的维修时间和费用,保证机器能够连续而持久地运转,从而提高机器的利用率和使用寿命。

总之,互换性对保证产品质量,提高生产率和增加经济效益具有重要意义,因此互换性是现代机械制造业中一个必须普遍遵守的原则。互换性生产对我国社会主义现代化建设具有十分重要的意义,互换性原则是组织现代化生产的极为重要的技术经济原则。

1.1.4 公差与检测——实现互换性的条件

要实现零、部件的互换性,合理确定公差和正确进行检测是必不可少的。

1.关于公差

若要求把一批零件的实际尺寸全部制成理论(设计)尺寸,即这些零件完全相同,则它们虽然具有互换性,但是在生产上不可能实现,在使用中也没有必要。因为零件在加工过程中不可避免会产生各种误差,只要把几何参数的误差控制在一定范围内,就能满足互换性的要求。因此,只要把零件的实际参数值控制在一定的变动范围内,使零件充分近似即可。这个实际参数允许的最大变动量就是公差。即零件几何参数误差的允许范围称为公差,包括尺寸公差、形状公差、位置公差等。要使零件具有互换性,就应按“公差”制造。公差配合标准是工程设计人员的设计依据。

2.关于检测

对每一个零件,我们都必须根据图纸上规定的公差要求来制造。在零件的制造过程中,不同的零件公差要求各不相同:有的要求精确到 $1\ \mu m$,有的要求精确到 $0.1\ \mu m$,确定所加工的零件是否符合图纸上规定的公差要求,必须借助一定的测量工具和一定的测试技术。

在机械制造中,检测是判别产品是否合格与质量优劣的基本方法。检测不仅用来评定产品质量,而且用于分析产生不合格品的原因,以便及时调整生产,监督工艺过程,预防废品产生。因此,检测是实现互换性生产的重要保证,也是进行质量管理、监督和控制的基本手段。加工好的零件是否满足公差要求,要通过检测来判断,检测是机械制造的“眼睛”。

产品质量的提高除了依赖于设计和加工精度的提高外,更有赖于检测精度的提高。因此,合理确定公差、正确进行检测,是保证产品质量和实现互换性生产的两个必不可少的手段和条件。

1.2 标准与标准化

现代化工业生产的特点是规模大、协作单位多、互换性要求高,为了正确协调各生产部门和准确衔接各生产环节,必须有一种协调手段,使分散、局部的生产部门和生产环节保持必要的技术统一,成为一个有机的整体,以实现互换性生产。标准与标准化正是联系这种关系的主要途径和手段,是实现互换性的基础。

1.2.1 标准(Standard)

标准是指为了在一定范围内获得最佳秩序,经协商一致并由公认机构批准,共同使用和重复使用的一种规范性文件。它以科学、技术和实践经验的综合成果为基础,以促进最佳社会效益为目的,是经有关方面协商一致并由公认机构批准,以特定形式发布,作为共同遵守的准则和依据。

1.2.2 标准分类

1.按范围分类

按范围分类可分为基础标准、产品标准、方法标准、安全与环境保护标准。

（1）基础标准

基础标准是指生产技术活动中最基本的、具有广泛指导意义的标准。这类标准具有最一般的共性，因而是通用性最广的标准。例如，技术制图标准、极限与配合标准、几何公差标准、表面粗糙度标准、信息技术标准等。

（2）产品标准

产品标准是规定产品应满足的要求以确保其适用性的标准。其主要作用是规定产品的质量要求，还可以规定产品的分类、型式、尺寸、使用的技术条件、检验方法、包装和运输要求等，甚至可以包括工艺要求。

（3）方法标准

方法标准是以生产技术活动中的重要程序、规划、方法为对象的标准。如操作方法、试验方法、抽样方法、分析方法等标准。

（4）安全与环境保护标准

安全与环境保护标准是以安全、卫生和环境保护为目的而专门制定的标准。《中华人民共和国标准化法》规定保障人体健康、人身财产安全的标准是强制性标准。《中华人民共和国环境保护法》也确定了环境保护标准的强制性地位。

2.按级别分类

《中华人民共和国标准化法》规定，我国标准按级别分为国家标准、行业标准、地方标准和企业标准。

（1）国家标准

国家标准是需要在全国范围内统一的技术要求。国家标准的编号是由"国家标准代号＋标准发布的顺序号＋发布的年代号"构成的，强制性国家标准的代号为"GB"，推荐性国家标准的代号为"GB/T"。我国还有一种标准化指导性技术文件，其代号由大写汉语拼音字母"GB/Z"构成。

（2）行业标准

行业标准是在行业范围内统一使用的标准。行业标准的编号是由"行业标准代号＋标准发布的顺序号＋发布的年代号"构成的，如机械行业标准代号为JB；汽车行业标准代号为QC。

（3）地方标准

地方标准就是由省、自治区、直辖市等地方政府授权机构颁布的标准。地方标准的编号是由"DB（地方标准代号）"＋"省、自治区、直辖市行政区代码前两位"＋"/"＋"标准发布的顺序号"＋"发布的年代号"组成。例如北京市制定的"金鱼鉴赏规范"代号为"DB11/T 903—2012"。

（4）企业标准

企业标准是对企业范围内需要协调、统一的技术要求，管理要求和工作要求所制定的标准。企业标准由企业制定,由企业法人代表或法人代表授权的主管领导批准、发布。企业标准的代号一般以"Q"作为开头。

3.从世界范围看,还有国际标准和国际区域性(或集团性)标准

(1)国际标准

国际标准主要是指由国际标准化组织(International Organization for Standardization,ISO)、国际电工委员会(International Electrotechnical Commission,IEC)和 ISO 认可的一些国际组织制定的标准。

(2)国际区域性标准

国际区域性标准是由区域性标准化机构制定的标准。目前,比较有影响的区域标准是欧洲标准化委员会(CEN)、欧洲电工标准化委员会(CENELEC)制定并发布的标准。

1.2.3 标准化(Standardization)

标准化是指为了在一定的范围内获得最佳秩序,对现实问题或潜在的问题制定共同使用和重复使用的条款的活动。标准化工作包括制定标准、发布标准、组织实施标准和对标准的实施进行监督的全部活动过程,它是实现互换性的前提。

1.3 优先数和优先数系

在机械设计中经常需要选定一个数值作为某种产品的参数指标,这个数值会按一定的规律影响并限定有关的产品尺寸。例如:发动机气缸盖的紧固螺钉,按受力载荷算出所需的螺钉公称直径之后,则箱体上的螺纹孔的直径就确定了,加工螺纹孔用的钻头、铰刀、丝锥的尺寸;检测用的塞规、螺纹样板的尺寸也随之而定。由于工程上的技术参数值具有上述传播特性,因此,必须对各种技术参数值协调、简化和统一。优先数系就是对各种技术参数的数值进行协调、简化和统一的科学数值制度。优先数和优先数系的使用不仅便于产品的系列化,而且可以避免由于产品数值的杂乱无章给设计、制造、使用、维修和管理等带来不便。

1.3.1 优先数系(Series of Preferred Numbers)

1.优先数系的定义

优先数系是由公比为 q_5、q_{10}、q_{20}、q_{40}、q_{80},且项值中含有 10 的整数幂的理论等比数列导出的一组近似等比的数列。

2.国标中规定的系列

GB321/T—2005 中规定了五个系列,它们分别用系列符号 R5、R10、R20、R40 和 R80 表示,称为 R5 系列、R10 系列……;其中前四个系列是常用的基本系列(Basic Series),R80 为补充系列(Complementary Series),仅用于分级很细的特殊场合。

3.优先数系的公比

各系列的公比为

R5 系列 $\qquad q_5 = \sqrt[5]{10} \approx 1.6$ $\qquad\qquad$ R10 系列 $\qquad q_{10} = \sqrt[10]{10} \approx 1.25$

R20 系列　　　　$q_{20}=\sqrt[20]{10}\approx1.12$　　　　R40 系列　　　　$q_{40}=\sqrt[40]{10}\approx1.06$

R80 系列　　　　$q_{80}=\sqrt[80]{10}\approx1.03$

4. 基本系列的常用值(表 1-1)

表 1-1　　　　　　　基本系列的常用值(摘自 GB/T321－2005/ISO 3:1973)

R5	R10	R20	R40	R5	R10	R20	R40	R5	R10	R20	R40
1.00	1.00	1.00	1.00			2.24	2.24		5.00	5.00	5.00
			1.06				2.36				5.30
		1.12	1.12	2.50	2.50	2.50	2.50			5.60	5.60
			1.18				2.65				6.00
	1.25	1.25	1.25			2.80	2.80	6.30	6.30	6.30	6.30
			1.32				3.00				6.70
		1.40	1.40		3.15	3.15	3.15			7.10	7.10
			1.50				3.35				7.50
1.60	1.60	1.60	1.60			3.55	3.55		8.00	8.00	8.00
			1.70				3.75				8.50
		1.80	1.80	4.00	4.00	4.00	4.00			9.00	9.00
			1.90				4.25				9.50
	2.00	2.00	2.00			4.50	4.50	10.00	10.00	10.00	10.00
			2.12				4.75				

1.3.2　优先数系的特点

优先数系主要有以下特点：

(1)任意相邻两项间的相对差近似不变(按理论值则相对差为恒定值)。如 R5 系列约 60%，R10 系列约为 25%，R20 系列约为 12%，R40 系列约为 6%，R80 系列约为 3%。由表 1-1 可以明显地看出这一点。

(2)任意两项的理论值经计算后仍为一个优先数的理论值。计算包括任意两项理论值的积或商，任意一项理论值的正、负整数乘方等。此特点表明优先数系插补方便。

(3)优先数系具有相关性(依次相含)。在上一级优先数系中隔项取值，就得到下一系列的优先数系；反之，在下一系列中插入比例中项，就得到上一系列。如在 R40 系列中隔项取值，就得到 R20 系列，在 R10 系列中隔项取值，就得到 R5 系列；又如在 R5 系列中插入比例中项，就得到 R10 系列，在 R20 系列中插入比例中项，就得到 R40 系列。这种相关性也可以说成：R5 系列中的项值包含在 R10 系列中，R10 系列中的项值包含在 R20 系列中，R20 系列中的项值包含在 R40 系列中，R40 系列中的项值包含在 R80 系列中。

(4)适用广泛，可向两端无限延伸。可以用 1 除以或者乘以公比向两端延伸，10 的整数幂均在优先数系中。

(5)简单易记，国际统一。Rr 系列中的数值，每隔 r 项以扩大 10 倍重复出现。

1.3.3　优先数系的变形系列

1. 派生系列

派生系列是从基本系列或补充系列中，每 p 项取值导出的系列，以 Rr/p 表示。

比值 r/p 相等的派生系列具有相同的公比,但其项值是多义的。例如,派生系列 R10/3 是在 R10 系列中每逢 3 项取一值,它的公比约等于 2,由于首项取的数值不同可导出三种不同项值的派生系列:

1.00,2.00,4.00,8.00

1.25,2.50,5.00,10.0

1.60,3.15,6.30,12.5

2. 移位系列

移位系列是指与某一基本系列有相同分级,但起始项不属于该基本系列的一种系列。它只用于因变量参数的系列。例如:R80/8(25.8……165)系列与 R10 系列有同样的分级,但从 R80 系列的一个项开始,相当于由 25 开始的 R10 系列的移位。

3. 复合系列

复合系列是指几个公比不同的系列组合而成的变形系列。10,16,25,35.5,50,71,100,125,160 就是由 R5、R20/3、R10 三个系列构成的。

1.3.4　优先数系的选用原则

1.选用基本系列时,遵守先疏后密的原则。即按 R5、R10、R20、R40 的顺序选用。

2.当基本系列不能满足要求时,可选用派生系列。优先选用公比较大和延伸项含有项值 1 的派生系列。

3.根据经济性和需要量等条件,可以分段选用最合适的系列,以复合系列的形式来组成最佳系列。

1.3.5　优先数(**Preferred Numbers**)

优先数系中的任一个项值称为优先数。

1.3.6　优先数的近似值

按照公式计算得到的优先数的理论值,除 10 的整数幂外,大多为无理数,工程技术中不宜直接使用,在实际使用时都要经过化整处理后取近似值。

根据精度要求优先数的近似值可以分为:

1. 计算值

取 5 位有效数字,供精确计算用。

2. 常用值

即优先值,取 3 位有效数字,是经常使用的通常所称的优先数(表 1-1)。

3. 化整值

是将常用值作化整处理后所得的数值,一般取两位有效数字。

1.4 几何量精度设计

1.4.1 机械产品的设计过程

机械产品的设计一般包括以下三个过程：

1. 机械方案设计(传动设计)

根据机器或者机构的工作要求和要实现的运动,运用《机械原理》等知识,进行传动方案设计,通过选择适当的执行机构或元件,确定机器或者机构的传动系统简图。

2. 机械结构设计(强度设计、结构设计)

按照机器或者机构的结构工艺性、强度、刚度、寿命等要求,利用《机械设计》等知识,进行强度和结构的设计,确定各个零件合理的公称尺寸,并据此绘制机器或者机构的零件图和装配图。

3. 机械精度设计

依照机器或者机构的功能要求,利用《互换性与测量技术》的知识,进行机械精度设计,确定各个零、部件的尺寸精度、装配精度、形状和位置精度、表面精度,并且将其标注在零件图、装配图上。

本课程只研究精度设计。

1.4.2 几何量精度设计的概念和内容

1. 几何量精度设计的概念

几何量精度设计是指根据机械产品的使用功能要求和制造条件确定机械零、部件几何要素允许的最大加工误差和装配误差。

一般来说,零件上任何一个几何要素的误差都会以不同的方式影响其功能。例如,曲柄-连杆-滑块机构中的连杆长度尺寸的误差,将导致滑块的位置和位移误差,从而影响使用功能。由此可见,对零件每个要素的各类误差都应给出精度要求。正确合理地给出零件几何要素的公差是工程技术人员的重要任务。几何精度设计在机械产品的设计过程中具有十分重要的意义。

2. 几何量精度设计的内容

(1)在机械产品的总装配图和部件装配图上,确定各零件配合部位的配合代号和其他技术要求,并将配合代号和相关要求标注在装配图上。

(2)确定组成机械产品的各零件上各处尺寸公差、形状和位置公差、表面粗糙度要求以及典型表面(如键、圆锥、螺纹、齿轮等)的公差要求等内容,并在零件图样上进行正确标注。

1.4.3 几何量精度设计的原则

几何量精度设计总的原则是保证机械产品使用性能优良,而且制造成本经济合理,尽可能获得最佳的技术、经济效益。

1. 互换性原则

机械零件几何参数的互换性是指同种零件在几何参数方面能够彼此互相替换的性能。

2.经济性原则

在满足工艺性和精度要求的前提下,合理选材,合理地调整环节,令使用寿命延长。

3.匹配性原则

根据机器各部分、各环节对机械精度影响程度的不同,对各部分各环节提出不同的精度要求和恰当的精度分配,做到恰到好处。

4.最优化原则

探求并确定各组成零、部件精度处于最佳协调时的集合体。例如探求并确定先进工艺、优质材料等。

1.4.4 几何量精度设计的方法

几何量精度设计的基本方法有下列三种:

1.类比法——最常用的方法

类比法(亦称经验法)就是与经过实际使用证实合理的同类型机器或机构上的相应要素相比较,参照确定所设计零件几何要素的精度。

采用类比法进行精度设计时,必须正确选择类比产品,分析它与所设计产品在使用条件和功能要求等方面的异同,并考虑到实际生产条件、制造技术的发展、市场供给信息等诸多因素。采用类比法进行精度设计的基础是资料的收集、分析与整理。类比法是大多数零件要素精度设计所采用的方法。

2.试验法

试验法就是先根据一定条件,初步确定零件要素的精度,并按此进行试制。再将试制产品在规定的使用条件下运转,同时对各项技术性能指标进行监测,并与预定的功能要求比较,根据比较结果再对原设计进行确认或修改。经过反复试验和修改,就可以最终确定满足功能要求的合理设计。

对产品性能影响很大的配合,用试验法来确定机器最佳工作性能的间隙或过盈。试验法的设计周期较长、费用较高,因此主要用于新产品设计中个别要素的精度设计。

3.计算法

计算法就是根据一定的理论公式,计算出所需的间隙和过盈。由于影响配合间隙量和过盈量的因素很多,理论计算的结果也只是近似的。所以,在实际应用中还需经过试验来确定。

1.5 课程任务及教学目标

1.5.1 课程任务

互换性与测量技术是系统介绍精度设计的一门课程,是高等学校机械类和近机类专业一门重要的专业技术基础课,是教学计划中联系设计课程与工艺课程的纽带,是从基础课学习过渡到专业课学习的桥梁。本课程由公差配合与几何量检测两部分组成。前一部分的内容主要通过课堂教学和课外作业来完成。后一部分的内容主要通过实验课来完成。本课程的主要任务是从互换性的角度出发,围绕误差与公差这两个概念研究产品使用要求与制造要求之间的矛盾,培养学生正确应用国家标准和检测方法。

学生在学完本课程后应达到下列要求:

(1)掌握与标准化和互换性相关的基本概念、基本理论和原则。

(2)熟练掌握课程中涉及的几何量公差标准的主要内容、特点和应用原则。

(3)初步学会根据机器和零件的功能要求,选用几何量公差与配合。

(4)学会查阅工具书,如设计手册、标准等,能够熟练查、用本教材中介绍的公差表格,并能正确标注图样。

(5)熟悉各种典型几何量的检测方法,初步学会使用常用的计量器具。

(6)培养公差设计及精度检测的基本能力。

1.5.2 教学目标

本课程的教学目标是:从互换性角度出发,通过系统、简练地介绍公差的有关标准、选用方法和误差检测的基本知识,使学生掌握有关精度设计和几何量检测的基础理论知识和基本技能。

1. 知识教学目标

(1)系统、简练地宣传、贯彻国家颁布的与公差有关的标准和选用方法。

(2)从保证机械零件的互换性和几何精度出发,介绍测量技术的基本理论和方法。

2. 能力培养目标

(1)掌握有关互换性、公差、检测及标准化的概念。

(2)掌握极限与配合、几何公差、表面粗糙度标准的规定并能正确选用及标注。

(3)基本掌握常用件的互换性规定及常用检测方法。

(4)掌握尺寸传递的概念,理解计量器具的分类、常用度量指标、测量方法并能正确应用。

(5)掌握尺寸链的计算方法。

习 题

1-1 什么是互换性? 它在机械制造中有何重要意义?

1-2 按互换程度不同,互换性可分为几种? 它们有何区别? 各适用于什么场合?

1-3 什么是公差、检测和标准化? 它们与互换性有何关系?

1-4 代号"GB/T 321—2005""DB11/T 903—2012"和"ISO"各表示什么含义?

1-5 下列四组数据分别属于优先数系中的哪种系列? 公比 q 分别为多少?

(1)电动机转速(r/min):375,750,1 500,3 000……

(2)摇臂钻床的最大钻孔直径(mm):25,40,80,100,125……

(3)机床主轴转速(r/min):200,250,315,400,500,630……

(4)表面粗糙度(μm):0.012,0.025,0.050,0.100,0.200……

第 2 章

孔与轴的极限与配合

学习目的及要求

✦ 正确理解有关尺寸、公差、偏差、配合等术语

✦ 掌握极限与配合标准的相关规定,熟练应用公差表格,熟练查取标准公差和
  基本偏差表格,正确进行有关计算

✦ 初步学会极限与配合的正确选用,并能正确标注图样

  零件的几何精度要求通常包括尺寸精度、形状精度、位置精度与表面粗糙度等。为使零件具有互换性,必须保证零件的尺寸、几何形状和相互位置以及表面特征等技术要求的一致性,其中尺寸和配合要求是最基本的。就尺寸而言,互换性要求尺寸的一致性,但并非要求零件都准确地制成指定的尺寸,而只要求尺寸在某一合理的范围内;对于相互结合的零件,这个范围既要保证相互结合的尺寸之间形成一定的关系,以满足不同的使用要求,又要在制造上是经济合理的,这样就形成了"极限与配合"的概念。由此可见,"极限"用于协调机器零件使用要求与制造经济性之间的矛盾,"配合"则反映零件组合时相互之间的关系。经标准化的极限与配合制,有利于机器的设计、制造、使用与维修,有利于保证产品的精度、使用性能和寿命等,也有利于刀具、量具、夹具和机床等工艺装备的标准化。

2.1 极限与配合的基本术语

2.1.1 几何要素

1.几何要素的概念

构成零件几何特征的点、线、面统称为几何要素(简称要素)。

2. 几何要素的种类

几何要素分为组成要素和导出要素。

（1）组成要素

组成要素是指面或面上的线，它是实有定义，可由感官感知。

（2）导出要素

导出要素是由一个或几个组成要素得到的中心点、中心线或中心面。例如，球心是由球面得到的导出要素，该球面为组成要素。圆柱的中心线是由圆柱面得到的导出要素，圆柱面为组成要素。

3. 几何要素的分类

几何要素可分为公称要素、实际要素、提取要素、拟合要素。有关几何要素的分类示意图如图 2-1 所示。

（1）公称要素

设计时图样给定的几何要素称为公称要素，包括公称组成要素和公称导出要素。

① 公称组成要素（Nominal Integral Feature）

公称组成要素是由技术制图或其他方法确定的理论正确组成要素，如图 2-1（a）所示。产品图样上的零件轮廓的轮廓面、素线均为公称组成要素，它是没有误差的理想要素。

② 公称导出要素（Nominal Derived Feature）

公称导出要素是由一个或几个公称组成要素导出的中心点、轴线或中心平面，见图 2-1（a）。

（2）实际要素

制造时所得到的表面要素是实际要素，也称实际组成要素。

① 实际（组成）要素（Real (Integral) Feature）

实际（组成）要素是指由接近实际（组成）要素所限定的工件实际表面的组成要素部分，如图 2-1（b）。

② 实际导出要素

应当注意，实际要素没有导出要素，所以，没有实际导出要素。

（3）提取要素

检验时测量所得是提取要素，包括提取组成要素和提取导出要素。

① 提取组成要素（Extracted Integral Feature）

提取组成要素是指按规定的方法，由实际（组成）要素提取有限数目的点所形成的实际（组成）要素的近似替代，如图 2-1（c）所示。

② 提取导出要素（Extracted Derived Feature）

提取导出要素是指由一个或几个提取组成要素得到的中心点、中心线或中心面，如图 2-1（c）所示。为方便起见，提取圆柱面的导出中心线称为提取中心线；两相对提取平面的导出中心面称为提取中心面。

注意：在标准中，术语"轴线（Axis）"和"中心平面（Median Plane）"用于具有理想形状的导出要素；术语"中心线（Median Line）"和"中心面（Median Surface）"用于非理想形状的导出要素。

（4）拟合要素

为了对工件进行评定，应对实际要素进行拟合。拟合要素有拟合组成要素和拟合导出要素。

①拟合组成要素（Associated Integral Feature）

拟合组成要素是指按规定方法，由提取组成要素形成的并具有理想形状的组成要素，如图 2-1(d)所示。

②拟合导出要素（Associated Derived Feature）

拟合导出要素是由一个或几个拟合组成要素导出的中心点、轴线或中心平面，如图 2-1(d)所示。

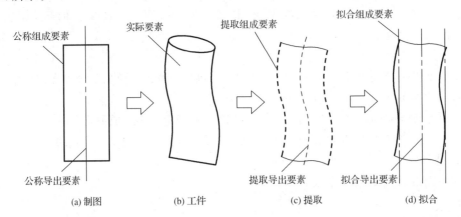

图 2-1　几何要素分类

2.1.2　孔和轴

1. 尺寸要素（Feature of Size）

尺寸要素是由一定大小的线性尺寸或角度尺寸确定的几何形状。

尺寸要素分为外尺寸要素和内尺寸要素，它可以是圆柱形、球形、两平行对应面、圆锥形或楔形。

尺寸要素有三个特征：

（1）具有可重复导出的中心点、轴线或中心平面。

（2）含有相对点（相对点关于中心点、轴线或中心平面对称）。

（3）具有极限。

如图 2-2(c)中所示的尺寸 L，由于没有相对点，所以不是尺寸要素的尺寸，是台阶尺寸的一种。

2. 孔和轴的定义

（1）孔（Hole）

通常指工件的圆柱形内尺寸要素，也包括非圆柱形的内尺寸要素（由两平行平面或切面形成的包容面）。如图 2-2 所示零件的各内表面上，D_1、D_2、D_3、D_4 和 D_5 都称为孔。

（2）轴（Shaft）

通常指工件的圆柱形外尺寸要素，也包括非圆柱形外尺寸要素（由两平行平面或切面形成的被包容面)。如图 2-2 所示零件的各外表面上，d_1、d_2 都称为轴。

孔和轴是尺寸要素。

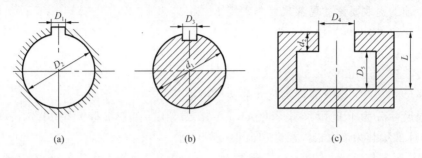

图 2-2　孔和轴的示意图

3. 孔和轴的区别

从装配角度看，孔和轴是包容和被包容的关系。从加工过程看，孔的尺寸由小变大，轴的尺寸由大变小。

4. 基准轴和基准孔

（1）基准孔（Basic Hole）

基准孔是指在基孔制配合中选作基准的孔，在极限与配合制中就是下极限偏差为零的孔。

（2）基准轴（Basic Shaft）

基准轴是指在基轴制配合中选作基准的轴，在极限与配合制中就是上极限偏差为零的轴。

2.1.3　尺寸及和尺寸有关的概念

1. 尺寸（Size）

尺寸是指以特定单位表示线性尺寸值的数值。

尺寸表示长度的大小，包括直径、长度、宽度、高度、厚度以及中心距、圆角半径等。它由数字和特定长度单位（mm）组成，不包括用角度单位表示的角度尺寸。

2. 公称尺寸（Nominal Size）

公称尺寸是由图样规范确定的理想形状要素的尺寸，如图 2-3 所示，旧标准称其为基本尺寸。

孔和轴的公称尺寸分别用 D 和 d 表示。

通过公称尺寸并应用上、下极限偏差可算出极限尺寸；它是确定偏差位置的起始尺寸。

公称尺寸是从零件的功能出发，通过强度、刚度等方面的计算或结构需要，并考虑工艺方面的其他要求后由设计者确定的，它一般应按标准规定的尺寸系列选取，并在图样上标注。

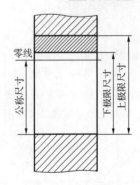

图 2-3　公称尺寸、
上极限尺寸和下极限尺寸

3. 提取组成要素的局部尺寸(Local Size of an Extracted Integral Feature)

提取组成要素的局部尺寸是一切提取要素上两对应点之间距离的统称。

孔和轴的提取要素的局部尺寸分别用 D_a 和 d_a 表示。

为方便起见,可将提取组成要素的局部尺寸简称为提取要素的局部尺寸,旧标准称其为局部实际尺寸。

4. 极限尺寸(Limits of Size)

极限尺寸是尺寸要素允许的尺寸的两个极端。

极限尺寸分为上极限尺寸(Upper Limit of Size)和下极限尺寸(Lower Limit of Size),旧标准称其为最大极限尺寸和最小极限尺寸。

上极限尺寸是指尺寸要素允许的最大尺寸,下极限尺寸是指尺寸要素允许的最小尺寸。

孔和轴的上极限尺寸分别用 $D_{\max}$ 和 $d_{\max}$ 表示,孔和轴的下极限尺寸分别用 $D_{\min}$ 和 $d_{\min}$ 表示。

尺寸合格条件:

$$D_{\min} \leqslant D_a \leqslant D_{\max} \tag{2-1}$$

$$d_{\min} \leqslant d_a \leqslant d_{\max} \tag{2-2}$$

2.1.4 偏差及和偏差有关的概念

1. 尺寸偏差的定义

尺寸偏差(简称偏差,Deviation):某一尺寸减其公称尺寸所得的代数差。

2. 尺寸偏差的种类、公式和符号

极限偏差(Limit Deviation):极限尺寸减其公称尺寸所得的代数差。极限偏差有两个:上极限偏差(Upper Limit Deviation)与下极限偏差(Lower Limit Deviation)。

上极限偏差(ES、es):上极限尺寸减其公称尺寸所得的代数差。

下极限偏差(EI、ei):下极限尺寸减其公称尺寸所得的代数差。

对于孔: $ES = D_{\max} - D$ $EI = D_{\min} - D$ $\tag{2-3}$

对于轴: $es = d_{\max} - d$ $ei = d_{\min} - d$ $\tag{2-4}$

标注零件尺寸时,上极限偏差 ES(es)标注在公称尺寸的右上方,下极限偏差 EI(ei)标注在公称尺寸的右下方。由于极限尺寸可大于、等于或小于公称尺寸,所以极限偏差可以是正、负或零值,标注时要注意符号。例如:$\phi 10^{+0.040}_{-0.025}$,$\phi 20^{+0.021}_{0}$,$\phi 30 \pm 0.026$。

2.1.5 尺寸公差的概念

1. 定义

尺寸公差(简称公差,Size Tolerance):允许尺寸的变动量。

2. 公式

公差等于上极限尺寸减下极限尺寸之差,也等于上极限偏差减下极限偏差之差。

尺寸公差用 T 表示,孔、轴的公差分别用 T_h 和 T_s 表示。即

$$T_h = |D_{\max} - D_{\min}| = |ES - EI| \tag{2-5}$$

$$T_s = |d_{max} - d_{min}| = |es - ei| \qquad (2-6)$$

注意：公差是一个没有符号的绝对值，不存在负值，也不允许为零。

2.1.6　公差带图

由于公差或极限偏差的数值与公称尺寸相比相差太大（小很多），不便用同一比例展示，同时为了简化，所以在分析有关问题时，不画出孔、轴的结构，只画出放大的孔、轴公差区域和位置。采用这种表达方法的图形，称为公差带图。如图2-4所示。在公差带图中，极限偏差和公称尺寸的单位通常用毫米，均可省略，不写单位。

公差带图由零线与公差带组成。

1. 零线（Zero Line）

在公差带图中，表示公称尺寸的是一条直线，称为零线；以其为基准确定极限偏差和公差。通常，零线沿水平方向绘制，正极限偏差位于零线上方，负极限偏差位于零线下方。画图时，在零线左端标出"＋""－""0"，在左下角用单箭头指向零线，并标出公称尺寸的数值。

2. 公差带（Tolerance Zone）

公差带是指在公差带图解中，由代表上极限偏差和下极限偏差或上极限尺寸和下极限尺寸的两条平行直线所限定的区域。

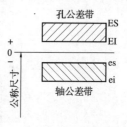

图 2-4　公差带图

在国家标准中，公差带图包括了"公差带大小"与"公差带位置"两个参数，前者由标准公差确定，后者由基本偏差确定。

在绘制公差带图时，应用不同的方式来区分孔、轴的公差带，如图 2-4 中，用不同方向的剖面线来区分孔、轴的公差带；公差带的位置和大小应按比例绘制；由于公差带的横向宽度没有实际意义，因此可在图中适当选取。书写上、下极限偏差时，必须带正、负号。公称尺寸相同的孔、轴公差带才能画在一张图上。

2.1.7　配合及与配合有关的概念

1. 配合（Fit）

配合是指公称尺寸相同的，并且相互结合的孔和轴的公差带之间的关系。

2. 间隙（Clearance）或过盈（Interference）

间隙或过盈是指孔的尺寸减相配合的轴的尺寸所得的代数差。该差值为正时称为间隙，用 X 表示；该差值为负时称为过盈，用 Y 表示。

3. 配合的种类

根据孔和轴的公差带之间的关系不同，配合分为间隙配合、过盈配合和过渡配合。

（1）间隙配合（Clearance Fit）

间隙配合是指保证具有间隙（包括最小间隙为零）的配合。此时，孔的公差带在轴的公差带之上，如图2-5所示。

其特征值是最大间隙 X_{max} 和最小间隙 X_{min}。

孔的上极限尺寸减轴的下极限尺寸所得的代数差称为最大间隙，即

$$X_{max} = D_{max} - d_{min} = ES - ei \qquad (2-7)$$

孔的下极限尺寸减轴的上极限尺寸所得的代数差称为最小间隙，即

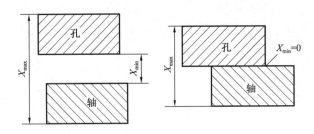

图 2-5　间隙配合

$$X_{\min}=D_{\min}-d_{\max}=\text{EI}-\text{es} \tag{2-8}$$

实际生产中,平均间隙更能体现其配合性质,即

$$X_{\text{av}}=\frac{X_{\max}+X_{\min}}{2} \tag{2-9}$$

（2）过盈配合（Interference Fit）

过盈配合是指保证具有过盈（包括最小过盈为零）的配合。此时,孔的公差带在轴的公差带之下,如图 2-6 所示。

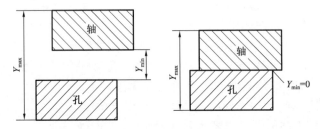

图 2-6　过盈配合

其特征值是最大过盈 $Y_{\max}$ 和最小过盈 $Y_{\min}$。

孔的下极限尺寸减轴的上极限尺寸所得的代数差称为最大过盈,即

$$Y_{\max}=D_{\min}-d_{\max}=\text{EI}-\text{es} \tag{2-10}$$

孔的上极限尺寸减轴的下极限尺寸所得的代数差称为最小过盈,即

$$Y_{\min}=D_{\max}-d_{\min}=\text{ES}-\text{ei} \tag{2-11}$$

实际生产中平均过盈更能体现其配合性质,即

$$Y_{\text{av}}=\frac{Y_{\max}+Y_{\min}}{2} \tag{2-12}$$

过盈配合的装配方法包括:

①过盈较小时,可用木槌或铜锤打入;

②油压机压入（大批量）;

③利用热胀冷缩原理实现过盈装配。

（3）过渡配合（Transition Fit）

过渡配合是指可能具有间隙也可能具有过盈的配合。此时,孔的公差带与轴的公差带相互交叠,如图 2-7 所示。

其特征值是最大间隙 $X_{\max}$ 和最大过盈 $Y_{\max}$。

孔的上极限尺寸减轴的下极限尺寸所得的代数差称为最大间隙,即

$$X_{\max}=D_{\max}-d_{\min}=\text{ES}-\text{ei} \tag{2-13}$$

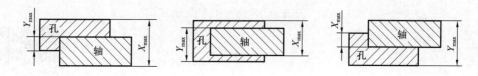

图 2-7　过渡配合

孔的下极限尺寸减轴的上极限尺寸所得的代数差称为最大过盈,即

$$Y_{max} = D_{min} - d_{max} = EI - es \tag{2-14}$$

实际生产中,其平均松紧程度可能为平均间隙 X_{av},也可能为平均过盈 Y_{av},即

$$X_{av}(或 Y_{av}) = \frac{X_{max} + Y_{max}}{2} \tag{2-15}$$

4. 配合公差(Tolerance of Fit)

配合公差 T_f 是指组成配合的孔与轴的公差之和,即允许间隙或过盈的变动量。

配合公差表示配合的精确程度,体现使用要求、设计要求。在数值上,它是一个没有正、负号,也不能为零的绝对值。

对于间隙配合 $\quad T_f = |X_{max} - X_{min}| = T_h + T_s \tag{2-16}$

对于过盈配合 $\quad T_f = |Y_{min} - Y_{max}| = T_h + T_s \tag{2-17}$

对于过渡配合 $\quad T_f = |X_{max} - Y_{max}| = T_h + T_s \tag{2-18}$

可见,配合精度取决于相互配合的孔和轴的尺寸精度。若要提高配合精度,则必须减少相配合孔、轴的尺寸公差,这将会使制造难度增加,成本提高。因此,设计时要综合考虑使用要求和制造难易这两个方面,合理选取,从而提高综合技术、经济效益。

【例 2-1】　孔 $\phi 25^{+0.021}_{0}$ 与轴 $\phi 25^{-0.020}_{-0.033}$ 形成配合,试画出公差带图,根据公差带图判断配合类别,并计算该配合的极限间隙或极限过盈、平均间隙或平均过盈及配合公差。

解　(1)画出孔与轴的公差带图,如图 2-8(a)所示。

(2)判断配合类别:因为孔的公差带在轴的公差带之上,所以,该配合是间隙配合。

(3)计算特征参数及配合公差

①极限间隙

$X_{max} = ES - ei = (+0.021) - (-0.033) = +0.054$ mm

$X_{min} = EI - es = 0 - (-0.020) = +0.020$ mm

②平均间隙

$$X_{av} = \frac{X_{max} + X_{min}}{2} = \frac{(0.054) + (0.020)}{2} = +0.037 \text{ mm}$$

③配合公差

$T_f = X_{max} - X_{min} = (+0.054) - (+0.020) = 0.034$ mm

【例 2-2】　孔 $\phi 25^{+0.021}_{0}$ 与轴 $\phi 25^{+0.041}_{+0.028}$ 形成配合,试画出公差带图,根据公差带图判断配合类别,并计算该配合的极限间隙或极限过盈、平均间隙或平均过盈及配合公差。

解　(1)画出孔与轴的公差带图,如图 2-8(b)所示。

(2)判断配合类别:因为孔的公差带在轴的公差带之下,所以,该配合是过盈配合。

(3)计算特征参数及配合公差

①极限过盈

$Y_{max} = EI - es = 0 - (+0.041) = -0.041$ mm

$$Y_{min} = ES - ei = (+0.021) - (+0.028) = -0.007 \text{ mm}$$

②平均过盈

$$Y_{av} = \frac{Y_{max} + Y_{min}}{2} = \frac{(-0.041) + (-0.007)}{2} = -0.024 \text{ mm}$$

③配合公差

$$T_f = |Y_{min} - Y_{max}| = (-0.007) - (-0.041) = 0.034 \text{ mm}$$

【例 2-3】 孔 $\phi25^{+0.021}_{0}$ 与轴 $\phi25^{+0.015}_{+0.002}$ 形成配合,试画出公差带图,根据公差带图判断配合类别,并计算该配合的极限间隙或极限过盈、平均间隙或平均过盈及配合公差。

解 (1)画出孔与轴的公差带图,如图 2-8(c)所示。

(2)判断配合类别:因为孔的公差带与轴的公差带相互交叠,所以,该配合是过渡配合。

(3)计算特征参数及配合公差

①最大间隙 $X_{max} = ES - ei = (+0.021) - (+0.002) = +0.019 \text{ mm}$

②最大过盈 $Y_{max} = EI - es = 0 - (+0.015) = -0.015 \text{ mm}$

③平均间隙或平均过盈

$$X_{av}(或\ Y_{av}) = \frac{X_{max} + Y_{max}}{2} = \frac{(+0.019) + (-0.015)}{2} = +0.002 \text{ mm（平均间隙）}$$

④配合公差 $T_f = |X_{max} - Y_{max}| = (+0.019) - (-0.015) = 0.034 \text{ mm}$

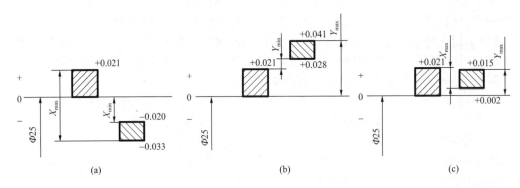

图 2-8 公差带图

上述三个例子的配合类别不同,说明它们结合的松紧程度不同;但其配合公差相同,说明结合松紧变动程度相同。

5. 配合公差带图

配合公差带图就是用来直观地表达配合性质,即配合松紧及其变动情况的图。在配合公差带图中,横坐标为零线,表示间隙或过盈为零;零线上方的纵坐标为正值,代表间隙,零线下方的纵坐标为负值,代表过盈。配合公差带两端的坐标值代表极限间隙或极限过盈,它反映配合的松紧程度;上、下两端间的距离为配合公差,它反映配合的松紧变化程度,如图 2-9 所示。

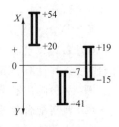

图 2-9 配合公差带图

2.2　标准公差系列

标准公差(Standard Tolerance)系列是由国家标准规定的一系列标准公差数值,它取决于孔或轴的公差等级和公称尺寸这两个因素。

2.2.1　标准公差等级(Standard Tolerance Grades)

标准公差等级是指确定尺寸精确程度的等级。

不同零件和零件上不同部位的尺寸,对精确程度的要求往往是不相同的,为此 GB/T 1800.1—2009 将标准公差分为 20 个等级,用符号 IT(字母 IT 是"ISO Tolerance"的英文首字母缩写)和阿拉伯数字组成的代号表示,分别为 IT01,IT0,IT1,……,IT18。其中,IT01 等级最高,然后依次降低,IT18 最低。而相应的标准公差值依次增大,即 IT01 的标准公差值最小,IT18 的标准公差值最大。

2.2.2　标准公差因子(Standard Tolerance Factor)(i,I)

标准公差因子原称公差单位,是随公称尺寸而变化的、用来计算标准公差的一个基本单位。

标准公差值的规定必须符合生产实际中尺寸误差的客观规律,因此必须了解实际生产中尺寸误差、加工方法与公称尺寸间的相互关系。生产实践表明,在相同加工条件下,公称尺寸不同的孔或轴加工后产生的加工误差也不同,利用统计法可以发现加工误差与公称尺寸在尺寸较小时,呈立方抛物线的关系。在尺寸较大时,接近线性关系,如图 2-10 所示。

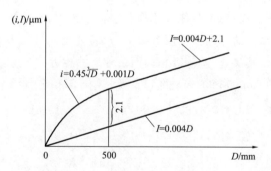

图 2-10　公差单位与公称尺寸的关系

国家标准规定,当公称尺寸≤500 mm 时,标准公差因子 i(μm)的计算公式为

$$i = 0.45\sqrt[3]{D} + 0.001D \tag{2-19}$$

式中,D 为公称尺寸段的几何平均值,单位为 mm。式(2-19)中第一项主要反映加工误差的影响,第二项则主要用于补偿测量时温度不稳定和偏离标准温度以及量规的变形等引起的误差,它与 D 是线性函数关系。

当 500 mm＜公称尺寸≤3 150 mm 时，标准公差因子 $I(\mu m)$ 的计算公式为

$$I=0.004D+2.1 \tag{2-20}$$

2.2.3 标准公差的计算及规律

各个公差等级的标准公差值，在公称尺寸≤500 mm 时的计算公式见表 2-1。可见，对 IT5～IT18 标准公差的计算公式为

$$IT=ai \tag{2-21}$$

式中　i——公差单位；

　　　a——公差等级系数，它采用 R5 优先数系。

对高精度级(IT01、IT0、IT1)，主要考虑测量误差，所以标准公差与公称尺寸呈线性关系，且这三个公差等级之间的常数和系数均采用优先数系的派生系列 R10/2。IT2～IT4 是在 IT1～IT5 插入三级，使之成等比数列，公比 $q=(IT5/IT1)^{1/4}$。

由此可见，标准公差数值计算的规律性很强，便于标准的发展和扩大使用。

表 2-1　　　　　　　　公称尺寸≤500 mm 的标准公差计算式

公差等级	IT01		IT0		IT1		IT2		IT3		IT4	
公差值	$0.3+0.008D$		$0.5+0.12D$		$0.8+0.020D$		$IT1\left(\dfrac{IT5}{IT1}\right)^{\frac{1}{4}}$		$IT1\left(\dfrac{IT5}{IT1}\right)^{\frac{1}{2}}$		$IT1\left(\dfrac{IT5}{IT1}\right)^{\frac{3}{4}}$	
公差等级	IT5	IT6	IT7	IT8	IT9	IT10	IT11	IT12	IT13	IT14	IT15	IT16	IT17	IT18
公差值	7i	10i	16i	25i	40i	64i	100i	160i	250i	400i	640i	1000i	1600i	2500i

500 mm＜公称尺寸≤3 150 mm 时，可按 $T=aI$ 计算标准公差。

2.2.4 公称尺寸分段

根据标准公差计算公式，每个公称尺寸都对应一个公差值，而实际生产中，公称尺寸数很多，这就要求与其对应的标准公差值有很多，这将使定尺寸工具的数量增加，生产成本提高，使用也不方便。其次，公差等级相同而公称尺寸相近的公差数值计算结果相差甚微，例如，公称尺寸为 80 mm 和 90 mm 的 IT6 级公差计算值分别为

$$\phi 80:IT6=10i=10\times(0.45\times\sqrt[3]{80}+0.001\times 80)=20.19\ \mu m$$

$$\phi 90:IT6=10i=10\times(0.45\times\sqrt[3]{90}+0.001\times 90)=21.07\ \mu m$$

两值仅相差 0.88 μm。

因此，为减少标准公差数量，国家标准将公称尺寸分成若干段，见表 2-2，以简化公差表格。所谓公称尺寸分段，也就是用一条折线来近似取代 i-D 曲线。国家标准将≤500 mm 的尺寸分成了 13 个尺寸段。公称尺寸分段后，标准公差计算公式中的公称尺寸 D 按每一尺寸分段首、尾两尺寸的几何平均值代入计算。同一尺寸分段内的所有公称尺寸，都规定了同样的公差单位。

表 2-2　　　　　　　　　　　公称尺寸≤500 mm 的尺寸分段

主段落		中间段落		主段落		中间段落		主段落		中间段落	
大于	至	大于	至	大于	至	大于	至	大于	至	大于	至
—	3			30	50	30	40	180	250	180	200
						40	50			200	225
3	6									225	250
				50	80	50	65	250	315	250	280
6	10					65	80			280	315
10	18	10	14	80	120	80	100	315	400	315	355
		14	18			100	120			355	400
18	30	18	24	120	180	120	140	400	500	400	450
		24	30			140	160			450	500
						160	180				

【例 2-4】 已知某零件公称尺寸为 ϕ30 mm，求其 IT6、IT7。

解　ϕ30 mm 属于＞18～30 mm 尺寸分段。

计算直径：$D=\sqrt{18\times30}\approx23.24$ mm

公差单位：$i=0.45\sqrt[3]{D}+0.001D=0.45\times\sqrt[3]{23.24}+0.001\times23.24\approx1.31\ \mu m$

标准公差：　　　$IT6=10i=10\times1.31\approx13\ \mu m$

　　　　　　　$IT7=16i=16\times1.31\approx21\ \mu m$

表 2-3 中的标准公差值就是经这样的计算，并按规则圆整后得出的。

表 2-3　　　　　　　　标准公差值（摘自 GB/T 1800.1—2009）

公称尺寸/mm		标准公差等级																			
		IT01	IT0	IT1	IT2	IT3	IT4	IT5	IT6	IT7	IT8	IT9	IT10	IT11	IT12	IT13	IT14	IT15	IT16	IT17	IT18
大于	至	μm													mm						
—	3	0.3	0.5	0.8	1.2	2	3	4	6	10	14	25	40	60	0.10	0.14	0.25	0.40	0.60	1.0	1.4
3	6	0.4	0.6	1	1.5	2.5	4	5	8	12	18	30	48	75	0.12	0.18	0.30	0.48	0.75	1.2	1.8
6	10	0.4	0.6	1	1.5	2.5	4	6	9	15	22	36	58	90	0.15	0.22	0.36	0.58	0.90	1.5	2.2
10	18	0.5	0.8	1.2	2	3	5	8	11	18	27	43	70	110	0.18	0.27	0.43	0.70	1.10	1.8	2.7
18	30	0.6	1	1.5	2.5	4	6	9	13	21	33	52	84	130	0.21	0.33	0.52	0.84	1.30	2.1	3.3
30	50	0.6	1	1.5	2.5	4	7	11	16	25	39	62	100	160	0.25	0.39	0.62	1.00	1.60	2.5	3.9
50	80	0.8	1.2	2	3	5	8	13	19	30	46	74	120	190	0.30	0.46	0.74	1.20	1.90	3.0	4.6
80	120	1	1.5	2.5	4	6	10	15	22	35	54	87	140	220	0.35	0.54	0.87	1.40	2.20	3.5	5.4
120	180	1.2	2	3.5	5	8	12	18	25	40	63	100	160	250	0.40	0.63	1.00	1.60	2.50	4.0	6.3

续表

公称尺寸/mm		标准公差等级																			
大于	至	IT01	IT0	IT1	IT2	IT3	IT4	IT5	IT6	IT7	IT8	IT9	IT10	IT11	IT12	IT13	IT14	IT15	IT16	IT17	IT18
		μm													mm						
180	250	2	3	4.5	7	10	14	20	29	46	72	115	185	290	0.46	0.72	1.15	1.85	2.90	4.6	7.2
250	315	2.5	4	6	8	12	16	23	32	52	81	130	210	320	0.52	0.81	1.30	2.10	3.20	5.2	8.1
315	400	3	5	7	9	13	18	25	36	57	89	140	230	360	0.57	0.89	1.40	2.30	3.60	5.7	8.9
400	500	4	6	8	10	15	20	27	40	63	97	155	250	400	0.63	0.97	1.55	2.50	4.00	6.3	9.7

注:公称尺寸小于 1 mm 时,无 IT14 至 IT18。

2.3 基本偏差系列

基本偏差(Fundamental Deviation)是用来确定公差带相对于零线位置的上极限偏差或下极限偏差,一般指最靠近零线的那个极限偏差。因此,当公差带位于零线上方时,其基本偏差为下极限偏差。当公差带位于零线下方时,其基本偏差为上极限偏差。基本偏差是国家标准中使公差带位置标准化的唯一指标。

2.3.1 基本偏差的种类、代号及其规律

基本偏差的数量将决定配合种类的数量。为了满足各种不同松紧程度的配合需要,国家标准对孔和轴分别规定了 28 种基本偏差。

基本偏差的代号都以一个或两个拉丁字母表示,大写字母代表孔,小写字母代表轴。在 26 个字母中,除去易与其他含义混淆的 I(i)、L(l)、O(o)、Q(q)、W(w)外,采用了 21 个单字母和 7 个双字母 CD(cd)、EF(ef)、FG(fg)、JS(js)、ZA(za)、ZB(zb)、ZC(zc),这 28 种基本偏差构成了基本偏差系列,如图 2-11 所示。

从图 2-11 可见,基本偏差系列具有以下特点:

(1)轴 a～h 的基本偏差是 es,孔 A～H 的基本偏差是 EI,它们的绝对值依次减小,其中 h 的基本偏差 es＝0,H 的基本偏差 EI＝0。

(2)轴 j～zc 的基本偏差为 ei,孔 J～ZC 的基本偏差是 ES,其绝对值依次增大。

(3)JS 与 js 为双向偏差,即公差带相对于零线对称分布,其基本偏差可以认为是上极限偏差(＋IT/2),也可以认为是下极限偏差(－IT/2)。基本偏差 J 只存在 IT6～IT8 三个公差等级中,在同一尺寸段,各级标准公差所对应的基本偏差 J 不同。

(4)孔和轴的基本偏差原则上不随公差等级变化,只有极少数基本偏差(K,M,N 和 j,js,k)例外。

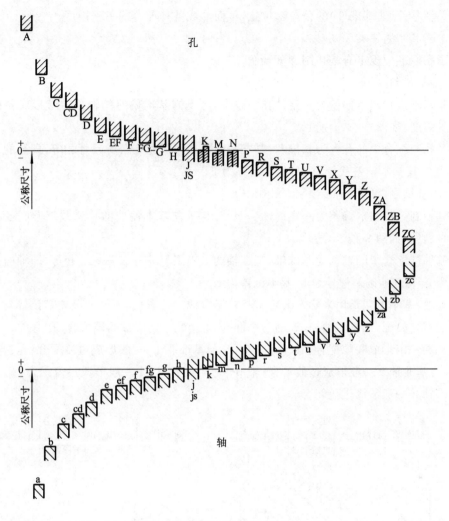

图 2-11　基本偏差系列示意图（金杯图）

（5）基本偏差只确定公差带靠近零线的一端，公差带的另一端取决于公差等级和这个基本偏差的组合。

如果基本偏差（封口一端）为 es(ES)，则未封口一端为 ei(EI)，ei(EI)＝es(ES)－IT；如果基本偏差（封口一端）为 EI(ei)，则未封口一端为 ES(es)，ES(es)＝EI(ei)＋IT。

2.3.2　关于配合制（Fit System）

经标准化的公差与偏差制度称为极限制（Limit System）。它是一系列标准的孔、轴公差数值和极限偏差数值。配合制则是同一极限制的孔和轴组成配合的一种制度。极限与配合国家标准主要由基准制、标准公差系列、基本偏差系列组成。标准公差系列和基本偏差系列前面已经介绍了，下面介绍一下基准制。

1.基准制的定义

基准制是指以两个相配合的零件中的一个零件为基准件，并确定其公差带位置，而改变另一个零件(非基准件)的公差带位置,从而形成各种配合的一种制度。

2. 基准制的种类

国家标准中规定有基孔制和基轴制。

(1)基孔制(Hole-Basis System of Fits)

基孔制是指基本偏差为一定的孔公差带,与不同基本偏差的轴公差带形成各种配合的一种制度,如图 2-12(a)所示。

基孔制配合中的孔称为基准孔,基准孔的下极限尺寸与公称尺寸相等,即孔的下极限偏差为 0,其基本偏差代号为 H,基本偏差为 EI=0 。

(2)基轴制(Shaft-Basis System of Fits)

基轴制是指基本偏差为一定的轴公差带,与不同基本偏差的孔公差带形成各种配合的一种制度,如图 2-12(b)所示。

基轴制配合中的轴称为基准轴,基准轴的上极限尺寸与公称尺寸相等,即轴的上极限偏差为 0,其基本偏差代号为 h,基本偏差为 es=0 。

显然,基本偏差是用来确定公差带相对于零线的位置的,不同的公差带位置与基准件将形成不同的配合。即:轴 a—h 的与基准孔 H 相配一定形成间隙配合;孔 A—H 与基准轴 h 相配一定形成间隙配合;轴 js,j,k,m,n 与基准孔 H 一般形成过渡配合;孔 JS,J,K,M,N 与基准轴 h 一般形成过渡配合;轴 p—zc 与基准孔 H 一般形成过盈配合;孔 P—ZC 与基准轴 h 一般形成过盈配合。

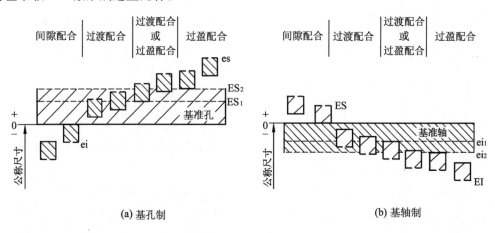

(a) 基孔制   (b) 基轴制

图 2-12 基准制

2.3.3 轴的基本偏差数值

轴的基本偏差数值是以基孔制为基础,根据各种配合的要求,在生产实践和大量试验的基础上,依据统计分析的结果整理出一系列公式而计算出来的。(注:轴、孔的基本偏差计算公式见 GB/T1800.1—2009 表 A.6)

根据轴的基本偏差计算公式计算出轴的各种基本偏差数值,并将计算结果按一定的修约规则进行尾数圆整,得到轴的基本偏差数值表,见表 2-4。

表 2-4　公称尺寸≤500mm 轴的基本偏差数值(摘自 GB/T 1800.1—2009)

μm

公称尺寸/mm		基本偏差数值(上极限偏差 es) 所有标准公差等级											
大于	至	a	b	c	cd	d	e	ef	f	fg	g	h	js
—	3	−270	−140	−60	−34	−20	−14	−10	−6	−4	−2	0	
3	6	−270	−140	−70	−46	−30	−20	−14	−10	−6	−4	0	
6	10	−280	−150	−80	−56	−40	−25	−18	−13	−8	−5	0	
10	14	−290	−150	−95	—	−50	−32	—	−16	—	−6	0	
14	18	−290	−150	−95	—	−50	−32	—	−16	—	−6	0	
18	24	−300	−160	−110	—	−65	−40	—	−20	—	−7	0	
24	30	−300	−160	−110	—	−65	−40	—	−20	—	−7	0	
30	40	−310	−170	−120	—	−80	−50	—	−25	—	−9	0	
40	50	−320	−180	−130	—	−80	−50	—	−25	—	−9	0	
50	65	−340	−190	−140	—	−100	−60	—	−30	—	−10	0	
65	80	−360	−200	−150	—	−100	−60	—	−30	—	−10	0	
80	100	−380	−220	−170	—	−120	−72	—	−36	—	−12	0	
100	120	−410	−240	−180	—	−120	−72	—	−36	—	−12	0	
120	140	−460	−260	−200	—	−145	−85	—	−43	—	−14	0	
140	160	−520	−280	−210	—	−145	−85	—	−43	—	−14	0	
160	180	−580	−310	−230	—	−145	−85	—	−43	—	−14	0	
180	200	−660	−340	−240	—	−170	−100	—	−50	—	−15	0	
200	225	−740	−380	−260	—	−170	−100	—	−50	—	−15	0	
225	250	−820	−420	−280	—	−170	−100	—	−50	—	−15	0	
250	280	−920	−480	−300	—	−190	−110	—	−56	−17	0	0	
280	315	−1050	−540	−330	—	−190	−110	—	−56	—	−17	0	
315	355	−1200	−600	−360	—	−210	−125	—	−62	—	−18	0	
355	400	−1350	−680	−400	—	−210	−125	—	−62	—	−18	0	
400	450	−1500	−760	−440	—	−230	−135	—	−68	—	−20	0	
450	500	−1650	−840	−480	—	−230	−135	—	−68	—	−20	0	

js 列：偏差 $= \pm \dfrac{IT_n}{2}$

式中 IT_n 是 IT 值数

续表

基本偏差数值（下极限偏差 ei）

公称尺寸/mm 大于	至	j IT5和IT6	j IT7	j IT8	k IT4~IT7	k ≤IT3 >IT7	m	n	p	r	s	t	u	v	x	y	z	za	zb	zc
—	3	-2	-4	-6	0	0	2	4	6	10	14	—	18	—	20	—	26	32	40	60
3	6	-2	-4	—	1	0	4	8	12	15	19	—	23	—	28	—	35	42	50	80
6	10	-2	-5	—	1	0	6	10	15	19	23	—	28	—	34	—	42	52	67	97
10	14	-3	-6	—	1	0	7	12	18	23	28	—	33	—	40	—	50	64	90	130
14	18	-3	-6	—	1	0	7	12	18	23	28	—	33	39	45	—	60	77	108	150
18	24	-4	-8	—	2	0	8	15	22	28	35	—	41	47	54	63	73	98	136	
24	30	-4	-8	—	2	0	8	15	22	28	35	41	48	55	64	75	88	118	160	
30	40	-5	-10	—	2	0	9	17	26	34	43	48	60	68	80	94	112	148	200	
40	50	-5	-10	—	2	0	9	17	26	34	43	54	70	81	97	114	136	180	242	
50	65	-7	-12	—	2	0	11	20	32	41	53	66	87	102	122	144	172	226	300	
65	80	-7	-12	—	2	0	11	20	32	43	59	75	102	120	146	174	210	274	360	
80	100	-9	-15	—	3	0	13	23	37	51	71	91	124	146	178	214	258	335	445	
100	120	-9	-15	—	3	0	13	23	37	54	79	104	144	172	210	254	310	400	525	
120	140	-11	-18	—	3	0	15	27	43	63	92	122	170	202	248	300	365	470	620	
140	160	-11	-18	—	3	0	15	27	43	65	100	134	190	228	280	340	415	535	700	
160	180	-11	-18	—	3	0	15	27	43	68	108	146	210	252	310	380	465	600	780	
180	200	-13	-21	—	4	0	17	31	50	77	122	166	236	284	350	425	520	670	880	
200	225	-13	-21	—	4	0	17	31	50	80	130	180	258	310	385	470	575	740	960	
225	250	-13	-21	—	4	0	17	31	50	84	140	196	284	340	425	520	640	820	1050	
250	280	-16	-26	—	4	0	20	34	56	94	158	218	315	385	475	580	710	920	1200	
280	315	-16	-26	—	4	0	20	34	56	98	170	240	350	425	525	650	790	1000	1300	
315	355	-18	-28	—	4	0	21	37	62	108	190	268	390	475	590	730	900	1150	1500	
355	400	-18	-28	—	4	0	21	37	62	114	208	294	435	530	660	820	1000	1300	1620	
400	450	-20	-32	—	5	0	23	40	68	126	232	330	490	595	740	920	1100	1450	1850	
450	500	-20	-32	—	5	0	23	40	68	132	252	360	540	660	820	1000	1250	1600	2100	

注：①公称尺寸小于或等于 1 mm 时，各级的 a 和 b 均不采用。

②公差带 js7～js11，如果 IT_n 数值是一个奇数，则取 $js=\pm\dfrac{IT_n-1}{2}$

例 2-5 确定轴 $\phi 35g7$ 的极限偏差和极限尺寸。

解 ①查表

查表 2-3，$\phi 35$ mm 属于 $30 \sim 50$ mm 公称尺寸段（主段落），查得标准公差 IT7 $=25$ μm；

查表 2-4，$\phi 35$ mm 属于 $30 \sim 40$ mm 公称尺寸段（中间段落），查得基本偏差 es $=-9$ μm。

②计算极限偏差

上极限偏差（es）$=$ 基本偏差 $=-9$ μm

下极限偏差（ei）$=$ 基本偏差 $-$ 标准公差 $=-9-25=-34$ μm

③计算极限尺寸

上极限尺寸 $=$ 公称尺寸 $+$ 上极限偏差 $=35-0.009=34.991$ mm

下极限尺寸 $=$ 公称尺寸 $+$ 下极限偏差 $=35-0.034=34.966$ mm

2.3.4 孔的基本偏差数值

孔的基本偏差数值是由相应代号的轴的基本偏差的数值按一定的规则换算得来的。换算的原则是：

1. 配合性质相同

因为轴的基本偏差是按基孔制考虑的，而孔的基本偏差是按基轴制考虑的，故应保证同一字母表示的孔、轴的基本偏差，按基轴制形成的配合与按基孔制形成的配合性质相同，即同名配合的配合性质不变。例如：G7/h6 与 H7/g6 的 X_{max} 与 X_{min} 应相等；K7/h6 与 H7/k6 的 X_{max} 与 Y_{max} 应相等。

2. 孔与轴加工工艺等价

在实际生产中，考虑到孔比轴难加工，故在孔、轴的标准公差等级较高时，孔通常与高一级的轴相配。而孔、轴的标准公差等级不高时，则孔与轴采用同级配合。在常用尺寸段，公差等级小于或等于 8 级时，孔较难加工，故相配合的孔、轴应取孔的公差等级比轴低一级的配合，例如 H7/f6。在精度较低时，采用孔、轴同级配合，如 H9/f9。IT8 级的孔可与同级的轴或高一级的轴相配合，即 H8/f8、H8/f7 等。

根据以上原则可得孔的基本偏差的换算规则：

通用规则：同一字母表示的孔、轴的基本偏差的绝对值相等，而符号相反，即

对于 A～H   EI $=-$es

对于 K～ZC   ES $=-$ei

特殊规则：当公称尺寸大于 3 mm 至 500 mm，标准公差等级 $\leqslant$IT8 的 K、M、N 和标准公差等级 $\leqslant$IT7 的 P～ZC，孔、轴的基本偏差的符号相反，绝对值相差一个值 Δ。即

$$\left. \begin{array}{l} ES=-ei+\Delta \\ \Delta=IT_n-IT_{n-1}=T_h-T_s \end{array} \right\} \tag{2-22}$$

式中 IT_n——n 级孔的标准公差；

IT_{n-1}——$(n-1)$级轴的标准公差。

按上述换算规则,国家标准制定了孔的基本偏差,见表 2-5。

表 2-5　　　　　公称尺寸≤500 mm 孔的基本偏差(摘自 GB/T 18001.0－2009)　　　　μm

公称尺寸/mm		基本偏差																				
		下极限偏差 EI												上极限偏差 ES									
		公差等级																					
		所有标准公差等级												IT6	IT7	IT8	≤IT8	>IT8	≤IT8	>IT8	≤IT8	>IT8
大于	至	A	B	C	CD	D	E	EF	F	FG	G	H	JS	J			K		M		N	
—	3	+270	+140	+60	+34	+20	+14	+10	+6	+4	+2	0		+2	+4	+6	0	0	−2	−2	−4	−4
3	6	+270	+140	+70	+46	+30	+20	+14	+10	+6	+4	0		+5	+6	+10	−1+Δ	—	−4+Δ	−4	−8+Δ	0
6	10	+280	+150	+80	+56	+40	+25	+18	+13	+8	+5	0		+5	+8	+12	−1+Δ	—	−6+Δ	−6	−10+Δ	0
10	14	+290	+150	+95	—	+50	+32	—	+16	—	+6	0		+6	+10	+15	−1+Δ	—	−7+Δ	−7	−12+Δ	0
14	18																					
18	24	+300	+160	+110	—	+65	+40	—	+20	—	+7	0	偏差等于±ITn/2 式中ITn是IT值数	+8	+12	+20	−2+Δ	—	−8+Δ	−8	−15+Δ	0
24	30																					
30	40	+310	+170	+120	—	+80	+50	—	+25	—	+9	0		+10	+14	+24	−2+Δ	—	−9+Δ	−9	−17+Δ	0
40	50	+320	+180	+130																		
50	65	+340	+190	+140	—	+100	+60	—	+30	—	+10	0		+13	+18	+28	−2+Δ	—	−11+Δ	−11	−20+Δ	0
65	80	+360	+200	+150																		
80	100	+380	+220	+170	—	+120	+72	—	+36	—	+12	0		+16	+22	+34	−3+Δ	—	−13+Δ	−13	−23+Δ	0
100	120	+410	+240	+180																		
120	140	+460	+260	+200	—	+145	+85	—	+43	—	+14	0		+18	+26	+41	−3+Δ	—	−15+Δ	−15	−27+Δ	0
140	160	+520	+280	+210																		
160	180	+580	+310	+230																		
180	200	+660	+340	+240	—	+170	+100	—	+50	—	+15	0		+22	+30	+47	−4+Δ	—	−17+Δ	−17	−31+Δ	0
200	225	+740	+380	+260																		
225	250	+820	+420	+280																		
250	280	+920	+480	+300	—	+190	+110	—	+56	—	+17	0		+25	+36	+55	−4+Δ	—	−20+Δ	−20	−34+Δ	0
280	315	+1050	+540	+330																		
315	355	+1200	+600	+360	—	+210	+125	—	+62	—	+18	0		+29	+39	+60	−4+Δ	—	−21+Δ	−21	−37+Δ	0
355	400	+1350	+680	+400																		
400	450	+1500	+760	+440	—	+230	+135	—	+68	—	+20	0		+33	+43	+66	−5+Δ	—	−23+Δ	−23	−40+Δ	0
450	500	+1650	+840	+480																		

续表

公称尺寸/mm		基本偏差 上极限偏差 ES 公差等级													Δ值					
		≤IT7	标准公差等级 >IT7												标准公差等级					
大于	至	P至ZC	P	R	S	T	U	V	X	Y	Z	ZA	ZB	ZC	IT3	IT4	IT5	IT6	IT7	IT8
—	3	在大于IT7的相应数值上增加一个Δ	−6	−10	−14	—	−18	—	−20	—	−26	−32	−40	−60	0	0	0	0	0	0
3	6		−12	−15	−19	—	−23	—	−28	—	−35	−42	−50	−80	1	1.5	1	3	4	6
6	10		−15	−19	−23	—	−28	—	−34	—	−42	−52	−67	−97	1	1.5	2	3	6	7
10	14		−18	−23	−28	—	−33	—	−40	—	−50	−64	−90	−130	1	2	3	7	9	
14	18							−39	−45	—	−60	−77	−108	−150						
18	24		−22	−28	−35	—	−41	−47	−54	−63	−73	−98	−136	−188	1.5	2	3	4	8	12
24	30					−41	−48	−55	−64	−75	−88	−118	−160	−218						
30	40		−26	−34	−43	−48	−60	−68	−80	−94	−112	−148	−200	−274	1.5	3	4	5	9	14
40	50					−54	−70	−81	−97	−114	−136	−180	−242	−325						
50	65		−32	−41	−53	−66	−87	−102	−122	−144	−172	−226	−300	−405	2	3	5	6	11	16
65	80			−43	−59	−75	−102	−120	−146	−174	−210	−274	−360	−480						
80	100		−37	−51	−71	−91	−124	−146	−178	−214	−258	−335	−445	−585	2	4	5	7	13	19
100	120			−54	−79	−104	−144	−172	−210	−254	−310	−400	−525	−690						
120	140		−43	−63	−92	−122	−170	−202	−248	−300	−365	−470	−620	−800	3	4	6	7	15	23
140	160			−65	−100	−134	−190	−228	−280	−340	−415	−535	−700	−900						
160	180			−68	−108	−146	−210	−252	−310	−380	−465	−600	−780	−1000						
180	200		−50	−77	−122	−166	−236	−284	−350	−425	−520	−670	−880	−1150	3	4	6	9	17	26
200	225			−80	−130	−180	−258	−310	−385	−470	−575	−740	−960	−1250						
225	250			−84	−140	−196	−284	−340	−425	−520	−640	−820	−1050	−1350						
250	280		−56	−94	−158	−218	−315	−385	−475	−580	−710	−920	−1200	−1550	4	4	7	9	20	29
280	315			−98	−170	−240	−350	−425	−525	−650	−790	−1000	−1300	−1700						
315	355		−62	−108	−190	−268	−390	−475	−590	−730	−900	−1150	−1500	−1900	4	5	7	11	21	32
355	400			−114	−208	−294	−435	−530	−660	−820	−1000	−1300	−1650	−2100						
400	450		−68	−126	−232	−330	−490	−595	−740	−920	−1100	−1450	−1850	−2400	5	5	7	13	23	34
450	500			−132	−252	−360	−540	−660	−820	−1000	−1250	−1600	−2100	−2600						

注：①公称尺寸≤1 mm时，各级 A 和 B 及大于 IT8 级的 N 均不采用；

②标准公差≤IT8 级的 K、M、N 及≤IT7 级的 P 到 ZC 时，从续表的右侧选取 Δ 值；

③特殊情况：当公称尺寸大于 250 至 315 mm 时，M6 的 ES＝−9(不等于−11)μm。

【例 2-6】　查表确定 φ25f6 和 φ25K7 的极限偏差。

解　(1)查表 2-3 确定标准公差值

$$IT6＝13~\mu m \quad IT7＝21~\mu m$$

(2)查表 2-4 确定 $\phi25$f6 的基本偏差 es$=-20~\mu m$

查表 2-5 确定 $\phi25$K7 的基本偏差 ES$=-2+\Delta,\Delta=+8~\mu m$

所以 $\phi25$K7 的基本偏差 ES$=-2+8=+6~\mu m$

(3)求另一极限偏差

$\phi25$f6 的下极限偏差 ei$=$es$-$IT6$=-20-13=-33~\mu m$

$\phi25$K7 的下极限偏差 EI$=$ES$-$IT7$=+6-21=-15~\mu m$

所以

$\phi25$f6 用极限偏差表示为 $\phi25^{-0.020}_{-0.033}$

$\phi25$K7 用极限偏差表示为 $\phi25^{+0.006}_{-0.015}$

3. 孔、轴的基本偏差有以下几点值得注意:

(1)除 J 及 j 和 JS 及 js(严格地说两者无基本偏差)外,轴的基本偏差的数值与选用的标准公差等级无关;

(2)CD(cd)、EF(ef)、FG(fg)三种基本偏差主要用于精密机械和钟表制造业,只有公称尺寸至 10 mm 的小尺寸有这三种基本偏差;

(3)只有公差等级为 IT5~IT8 的轴有基本偏差 j 和公差等级为 IT5~IT8 的孔有基本偏差 J。

(4)查相应表时应注意:

①查孔和轴的基本偏差时,使用的是不同的表格:孔(大写字母)查表 2-5、轴(小写字母)查表 2-4;

②注意所属尺寸段及单位;

③JS 和 js 的偏差为 $\pm\dfrac{\text{IT}n}{2}$,对 IT7~IT11 级若 IT 的值为奇数,则取偏差值为 $\pm\dfrac{\text{IT}n-1}{2}$;

④对孔 P~ZC$\leqslant$IT7 级及 K、M、N$\leqslant$IT8 级的基本偏差,查表时应注意 Δ 值的问题;Δ 值列于表 2-5 的右侧,可根据公差等级和公称尺寸查得。在标准公差等级大于 IT7 时,P~ZC 的基本偏差就是表中的数值;

⑤特例:当 $D>250\sim315$ mm 时,M6 的 ES$=-9(\neq-11)$。

2.4 极限与配合的表示方法及其图样标注

2.4.1 极限与配合的表示方法

1. 公差带代号

由于公差带相对于零线的位置由基本偏差确定,公差带的大小由标准公差确定,所以,公差带的代号由基本偏差代号(字母)与公差等级(数字)组成。如 H8、F7 为孔的公差带代号,h7、g6 为轴的公差带代号。

2. 尺寸公差的表示

尺寸公差用公称尺寸后跟所要求的公差带或(和)对应的偏差值(mm)表示。如 $\Phi50$H8、$\Phi50^{+0.039}_{0}$ 或 $\Phi50$H8$(^{+0.039}_{0})$;对称偏差表示为 $\Phi10$Js5(±0.003)。

3. 配合代号

国家标准规定,用孔和轴的公差带代号以分数形式组成配合代号,其中,分子为孔的公差带代号,分母为轴的公差带代号。例如:Φ30H8/f7 表示基孔制的间隙配合;Φ50K7/h6 表示基轴制的过渡配合。

2.4.2　极限与配合的图样标注(摘自 GB/T 4485.5—2003)

1. 零件图上的标注方法

零件图上一般有以下三种标注方法

(1)直接在公称尺寸的右边注写上、下极限偏差。如图 2-13(e)所示。该标注形式一般用于单件、小批量生产。采用此方式标注上、下极限偏差时,上极限偏差标在公称尺寸右上角;下极限偏差标在上极限偏差正下方,与公称尺寸在同一底线上。上、下极限偏差的字号要比公称尺寸的字号小一号。上、下极限偏差的小数点要对齐。小数点后右端的"0"一般不标注出来。如果为了使上、下极限偏差小数点后的位数相同,可以用"0"补齐。当上、下极限偏差为"0"时,用"0"标出,并与个位对齐。当上、下极限偏差的绝对值相同时,上、下极限偏差的数字可以只写一次,并应在公称尺寸与偏差数字之间注出符号"±",且两者数字高度相同。

(2)只在公称尺寸的右边注写公差带代号。如图 2-13(b)、图 2-13(c)所示。该标注形式一般用于大批量生产。

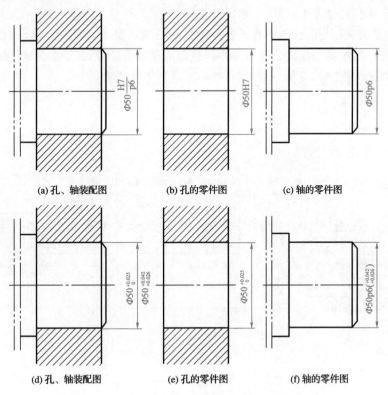

(a)孔、轴装配图　　　(b)孔的零件图　　　(c)轴的零件图

(d)孔、轴装配图　　　(e)孔的零件图　　　(f)轴的零件图

图 2-13　极限与配合在图样上的标注示例

（3）在公称尺寸的右边既注写公差带代号，又注写上、下极限偏差。如图 2-13(f)。该标注常用于生产批量不明的零件图样的标注。注意，此时上、下极限偏差要加圆括号。

2.装配图上的标注方法

（1）在装配图上，要标注配合代号时，一般采用图 2-13(a)所示的标注形式。

（2）在装配图上，要标注相配零件的极限偏差时，一般采用图 2-13(d)所示的标注形式。

2.5 一般、常用和优先使用的公差带与配合的标准化

国家标准规定有 20 个公差等级和 28 种基本偏差代号，其中，基本偏差 j 限用于 4 个公差等级，J 限用于 3 个公差等级。由此可得到的公差带，孔有 $(20 \times 27 + 3) = 543$ 个，轴有 $(20 \times 27 + 4) = 544$ 个。数量如此之多，故可满足广泛的需要，不过，同时应用所有可能的公差带显然是不经济的，因为这会导致定值刀具、量具规格的繁杂。此外，还应避免使用明显不符合实际使用要求的公差带，如 g12、a4 等。因此，对公差带的选用应加以限制。

在极限与配合制中，对公称尺寸 ≤500 mm 的常用尺寸段，国家标准推荐了轴、孔的一般、常用和优先公差带，如图 2-14 和图 2-15 所示。其中轴有 116 个，孔有 105 个；线框内为常用公差带，轴有 59 个，孔有 44 个；圆圈内为优先公差带，轴、孔各有 13 个。在选用时，应首先考虑优先公差带，其次是常用公差带，再次为一般公差带。这些公差带的上、下极限偏差均可从极限与配合制中直接查得。仅在特殊情况下，即当一般公差带不能满足要求时，才允许按规定的标准公差与基本偏差组成所需公差带；甚至按公式用插入或延伸的方法，计算新的标准公差与基本偏差，然后组成所需公差带。

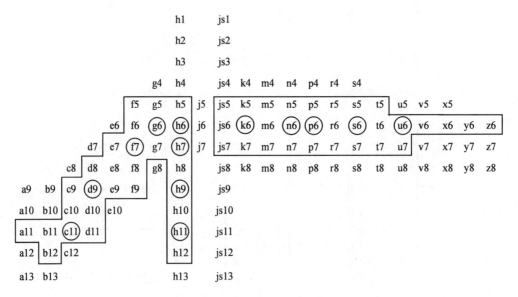

图 2-14 公称尺寸 ≤500 mm 轴的一般、常用和优先公差带

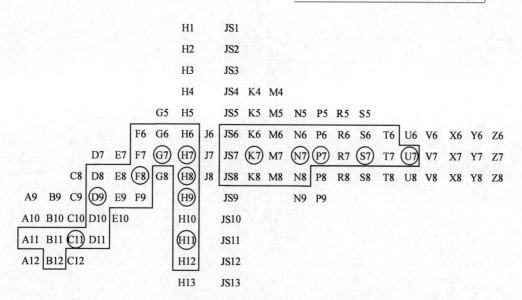

图 2-15　公称尺寸≤500 mm 孔的一般、常用和优先公差带

　　上述孔、轴的公差带的极限偏差可查 GB/T 1800.2—2009 中的相关极限偏差表。为方便使用，在表 2-6 和表 2-7 中列出了常用尺寸的孔、轴的优先公差带的极限偏差。

表 2-6　　　　孔的优先公差带的极限偏差（摘自 GB/T 1800.2—2009）　　　　μm

公称尺寸/mm		公差带												
大于	至	C11	D9	F8	G7	H7	H8	H9	H11	K7	N7	P7	S7	U7
—	3	+120 +60	+45 +20	+20 +6	+12 +2	+10 0	+14 0	+25 0	+60 0	0 −10	−4 −14	−6 −16	−14 −24	−18 −28
3	6	+145 +70	+60 +30	+28 +10	+16 +4	+12 0	+18 0	+30 0	+75 0	+3 −9	−4 −16	−8 −20	−15 −27	−19 −31
6	10	+170 +80	+76 +40	+35 +13	+20 +5	+15 0	+22 0	+36 0	+90 0	+5 −10	−4 −19	−9 −24	−17 −32	−22 −37
10	18	+205 +95	+98 +50	+43 +16	+24 +6	+18 0	+27 0	+43 0	+110 0	+6 −12	−4 −23	−11 −29	−21 −39	−26 −44
18	24	+240 +110	+117 +65	+53 +20	+28 +7	+21 0	+33 0	+52 0	+130 0	+6 −15	−7 −28	−14 −35	−27 −48	−33 −54
24	30	+240 +110	+117 +65	+53 +20	+28 +7	+21 0	+33 0	+52 0	+130 0	+6 −15	−7 −28	−14 −35	−27 −48	−40 −61
30	40	+280 +120	+142 +80	+64 +25	+34 +9	+25 0	+39 0	+62 0	+160 0	+7 −18	−8 −33	−17 −42	−34 −59	−51 −76
40	50	+290 +130	+142 +80	+64 +25	+34 +9	+25 0	+39 0	+62 0	+160 0	+7 −18	−8 −33	−17 −42	−34 −59	−61 −85

续表

公称尺寸/mm		公差带												
大于	至	C11	D9	F8	G7	H7	H8	H9	H11	K7	N7	P7	S7	U7
50	65	+330/+140	+174/+100	+76/+30	+40/+10	+30/0	+46/0	+74/0	+190/0	+9/−21	−9/−39	−21/−51	−42/−72	−76/−106
65	80	+340/+150											−48/−78	−91/−121
80	100	+390/+170	+204/+120	+90/+35	+47/+12	+35/0	+54/0	+87/0	+220/0	+10/−25	−10/−45	−24/−59	−58/−93	−111/−146
100	120	+400/+180											−66/−101	−131/−166
120	140	+450/+200											−77/−117	−155/−195
140	160	+460/+210	245/+145	+106/+43	+54/+14	+40/0	+63/0	+100/0	+250/0	+12/−28	−12/−52	−28/−68	−85/−125	−175/−215
160	180	+480/+230											−93/−133	−195/−235
180	200	+530/+240											−105/−155	−219/−265
200	225	+550/+260	+285/+170	+122/+50	+61/+15	+46/0	+72/0	+115/0	+290/0	+13/−33	−14/−60	−33/−79	−113/−159	−241/−287
225	250	+570/+280											−123/−169	−267/−313
250	280	+620/+300	+320/+190	+137/+56	+69/+17	+52/0	+81/0	+130/0	+320/0	+16/−36	−14/−66	−36/−88	−138/−190	−295/−347
280	315	+650/+330											−150/−202	−330/−382
315	355	+720/+360	+350/+210	+151/+62	+75/+18	+57/0	+89/0	+140/0	+360/0	+17/−40	−14/−73	−41/−98	−169/−220	−369/−426
355	400	+760/+400											−187/−244	−414/−471
400	450	+840/+440	+385/+230	+165/+68	+85/+20	+63/0	+97/0	+155/0	+400/0	+18/−45	−17/−80	−45/−108	−209/−272	−467/−530
450	500	+880/+480											−229/−292	−517/−580

表 2-7　　　　　　轴的优先公差带的极限偏差（摘自 GB/T 1800.2—2009）　　　　　　μm

公称尺寸/mm		公差带												
大于	至	c11	d9	f7	g6	h6	h7	h9	h11	k6	n6	p6	s6	u6
—	3	−60/−120	−20/−45	−6/−16	−2/−8	0/−6	0/−10	0/−25	0/−60	+6/0	+10/+4	+12/+6	+20/+14	+24/+18
3	6	−70/−145	−30/−60	−10/−22	−4/−12	0/−8	0/−12	0/−30	0/−75	+9/+1	+16/+8	+20/+12	+27/+19	+31/+23
6	10	−80/−170	−40/−76	−13/−28	−5/−14	0/−9	0/−15	0/−36	0/−90	+10/+1	+19/+10	+24/+15	+32/+23	+37/+28
10	18	−95/−205	−50/−93	−16/−34	−6/−17	0/−11	0/−18	0/−43	0/−110	+12/+1	+23/+12	+29/+18	+39/+28	+44/+33
18	24	−110/−240	−65/−117	−20/−41	−7/−20	0/−13	0/−21	0/−52	0/−130	+15/+2	+28/+15	+35/+22	+48/+35	+54/+41
24	30	−110/−240	−65/−117	−20/−41	−7/−20	0/−13	0/−21	0/−52	0/−130	+15/+2	+28/+15	+35/+22	+48/+35	+61/+48
30	40	−120/−280	−80/−142	−25/−50	−9/−25	0/−16	0/−26	0/−62	0/−160	+18/+2	+33/+17	+40/+26	+59/+48	+76/+60
40	50	−130/−290	−80/−142	−25/−50	−9/−25	0/−16	0/−26	0/−62	0/−160	+18/+2	+33/+17	+40/+26	+59/+48	+86/+70
50	65	−140/−330	−100/−174	−30/−60	−10/−29	0/−19	0/−30	0/−74	0/−190	+21/+2	+39/+20	+51/+32	+72/+53	+106/+87
65	80	−150/−340	−100/−174	−30/−60	−10/−29	0/−19	0/−30	0/−74	0/−190	+21/+2	+39/+20	+51/+32	+78/+59	+121/+102
80	100	−170/−390	−120/−207	−36/−71	−12/−34	0/−22	0/−35	0/−87	0/−220	+25/+3	+45/+23	+59/+37	+93/+71	+146/+124
100	120	−180/−400	−120/−207	−36/−71	−12/−34	0/−22	0/−35	0/−87	0/−220	+25/+3	+45/+23	+59/+37	+101/+79	+166/+144
120	140	−200/−450	−145/−245	−43/−83	−14/−39	0/−25	0/−40	0/−100	0/−250	+28/+3	+52/+27	+68/+43	+117/+92	+195/+170
140	160	−210/−460	−145/−245	−43/−83	−14/−39	0/−25	0/−40	0/−100	0/−250	+28/+3	+52/+27	+68/+43	+125/+100	+215/+190
160	180	−230/−480	−145/−245	−43/−83	−14/−39	0/−25	0/−40	0/−100	0/−250	+28/+3	+52/+27	+68/+43	+133/+108	+235/+210
180	200	−240/−530	−170/−285	−50/−96	−15/−44	0/−29	0/−46	0/−115	0/−290	+33/+4	+60/+31	+79/+50	+151/+122	+265/+236
200	225	−260/−550	−170/−285	−50/−96	−15/−44	0/−29	0/−46	0/−115	0/−290	+33/+4	+60/+31	+79/+50	+159/+130	+287/+258
225	250	−280/−570	−170/−285	−50/−96	−15/−44	0/−29	0/−46	0/−115	0/−290	+33/+4	+60/+31	+79/+50	+169/+140	+313/+284

公称尺寸/mm		公差带												
大于	至	c11	d9	f7	g6	h6	h7	h9	h11	k6	n6	p6	s6	u6
250	280	−300											+190	+347
		−620	−190	−56	−17	0	0	0	0	+36	+66	+88	+158	+315
280	315	−330	−320	−108	−49	−32	−52	−130	−320	+4	+34	+56	+202	+382
		−650											+170	+350
315	355	−360											+226	+426
		−720	210	−62	−18	0	0	0	0	+40	+73	+98	+190	+390
355	400	−400	−350	−119	−54	−36	−57	−140	−360	+4	+37	+62	+244	+471
		−760											+208	+435
400	450	−440											+172	+530
		−840	−230	−68	−20	0	0	0	0	+45	+80	+108	+132	+490
450	500	−480	−385	−131	−60	−40	−63	−150	−400	+5	+40	+68	+292	+580
		−880											+252	+540

在上述推荐的孔、轴公差带的基础上，极限与配合制还推荐了孔、轴公差带的组合，见表2-8、表2-9。对基孔制规定了常用配合59个，优先配合13个；对基轴制规定了常用配合47个，优先配合13个。国家标准中分别对这些配合列出了它们的极限间隙或过盈，便于设计选用。

表2-8　　基孔制优先、常用配合（摘自 GB/T 1801—2009）

基准孔	a	b	c	d	e	f	g	h	js	k	m	n	p	r	s	t	u	v	x	y	z
				间　隙　配　合					过渡配合				过　盈　配　合								
H6						$\frac{H6}{f5}$	$\frac{H6}{g5}$	$\frac{H6}{h5}$	$\frac{H6}{js5}$	$\frac{H6}{k5}$	$\frac{H6}{m5}$	$\frac{H6}{n5}$	$\frac{H6}{p5}$	$\frac{H6}{r5}$	$\frac{H6}{s5}$	$\frac{H6}{t5}$					
H7						$\frac{H7}{f6}$	▲$\frac{H7}{g6}$	▲$\frac{H7}{h6}$	$\frac{H7}{js6}$	▲$\frac{H7}{k6}$	$\frac{H7}{m6}$	▲$\frac{H7}{n6}$	▲$\frac{H7}{p6}$	$\frac{H7}{r6}$	▲$\frac{H7}{s6}$	$\frac{H7}{t6}$	▲$\frac{H7}{u6}$	$\frac{H7}{v6}$	$\frac{H7}{x6}$	$\frac{H7}{y6}$	$\frac{H7}{z6}$
H8					$\frac{H8}{e7}$	▲$\frac{H8}{f7}$	$\frac{H8}{g7}$	▲$\frac{H8}{h7}$	$\frac{H8}{js7}$	$\frac{H8}{k7}$	$\frac{H8}{m7}$	$\frac{H8}{n7}$	$\frac{H8}{p7}$	$\frac{H8}{r7}$	$\frac{H8}{s7}$	$\frac{H8}{t7}$	$\frac{H8}{u7}$				
				$\frac{H8}{d8}$	$\frac{H8}{e8}$	$\frac{H8}{f8}$		$\frac{H8}{h8}$													
H9			$\frac{H9}{c9}$	▲$\frac{H9}{d9}$	$\frac{H9}{e9}$	$\frac{H9}{f9}$		▲$\frac{H9}{h9}$													
H10			$\frac{H10}{c10}$	$\frac{H10}{d10}$				$\frac{H10}{h10}$													
H11	$\frac{H11}{a11}$	$\frac{H11}{b11}$	▲$\frac{H11}{c11}$	$\frac{H11}{d11}$				▲$\frac{H11}{h11}$													
H12		$\frac{H12}{b12}$						$\frac{H12}{h12}$													

注：①$\frac{H6}{n5}$和$\frac{H7}{p6}$在公称尺寸≤3 mm及$\frac{H8}{r7}$在公称尺寸≤100 mm时，为过渡配合；

②标注▲的配合为优先配合。

表 2-9　　　　　　　　**基轴制优先、常用配合（GB/T 1801—2009）**

基准轴	A	B	C	D	E	F	G	H	JS	K	M	N	P	R	S	T	U	V	X	Y	Z
	间 隙 配 合								过 渡 配 合				过 盈 配 合								
h5						$\frac{F6}{h5}$	$\frac{G6}{h5}$	$\frac{H6}{h5}$	$\frac{JS6}{h5}$	$\frac{K6}{h5}$	$\frac{M6}{h5}$	$\frac{N6}{h5}$	$\frac{P6}{h5}$	$\frac{R6}{h5}$	$\frac{S6}{h5}$	$\frac{T6}{h5}$					
h6						$\frac{F7}{h6}$	$\frac{G7}{h6}$	$\frac{H7}{h6}$	$\frac{JS7}{h6}$	$\frac{K7}{h6}$	$\frac{M7}{h6}$	$\frac{N7}{h6}$	$\frac{P7}{h6}$	$\frac{R7}{h6}$	$\frac{S7}{h6}$	$\frac{T7}{h6}$	$\frac{U7}{h6}$				
h7					$\frac{E8}{h7}$	$\frac{F8}{h7}$		$\frac{H8}{h7}$	$\frac{JS8}{h7}$	$\frac{K8}{h7}$	$\frac{M8}{h7}$	$\frac{N8}{h7}$									
h8				$\frac{D8}{h8}$	$\frac{E8}{h8}$	$\frac{F8}{h8}$		$\frac{H8}{h8}$													
h9				$\frac{D9}{h9}$	$\frac{E9}{h9}$	$\frac{F9}{h9}$		$\frac{H9}{h9}$													
h10				$\frac{D10}{h10}$				$\frac{H10}{h10}$													
h11	$\frac{A11}{h11}$	$\frac{B11}{h11}$	$\frac{C11}{h11}$	$\frac{D11}{h11}$				$\frac{H11}{h11}$													
h12		$\frac{B12}{h12}$						$\frac{H12}{h12}$													

注：标注 ◤ 的配合为优先配合。

2.6　极限与配合的选用

极限与配合的选择与应用是机械设计与制造中的一个重要环节，其选择是否恰当，对机械的使用性能、质量、互换性及制造成本都有很大的影响，因此必须给予足够的重视。

极限与配合选择的原则是：应使机械产品性能优良、制造经济；即使其使用价值与制造成本的综合经济效果最好。

极限与配合标准的选用主要包含三个内容，即基准制的选用、公差等级的选用和配合种类的选用。

2.6.1　基准制的选用

基准制的选用主要从结构、工艺性和经济性等方面分析确定。

国家标准规定有基孔制配合与基轴制配合两种配合制度，它们是两种相互平行的配合制度。为了满足各种使用要求，获得不同的配合性质，既可用基孔制配合，也可用基轴制配合。例如：

ϕ20H7/f6 与 ϕ20F7/h6 的极限间隙相同，配合公差也相同；

ϕ20H7/k6 与 ϕ20K7/h6 的极限间隙与过盈相同，配合公差也相同；

ϕ20H7/p6 与 ϕ20P7/h6 的极限过盈相同，配合公差也相同。

但是，如果考虑制造与装配工艺等问题，则两种基准制的制造经济性有所不同。

1. 从加工制造经济性考虑,一般情况下优先选用基孔制

在基孔制配合中,当公称尺寸及孔与轴的公差等级确定后,以上面所举的三个基孔制配合为例,作为基准件的孔的公差带仅有一个,而与其相配合的轴的公差带因配合性质要求不同,却有三个。显然,对整个基孔制配合,为满足不同配合性能要求所规定的孔的公差带数目要比轴的公差带数目少得多;而在基轴制配合中,情况则相反。

从制造工艺上看,对较高精度、应用广泛的中、小直径尺寸的孔的加工,通常要采用定尺寸刀具(如钻头、铰刀、拉刀等)加工,采用定尺寸量具(如塞规、芯轴等)进行检验,而一种规格的定尺寸刀具和量具,一般只能满足一种孔的公差带的要求。但是,对于轴的加工和检验,情况就有所不同:一种规格的车刀或外圆砂轮,能够完成多种轴的公差带的加工,一种通用的外尺寸量具,也能方便地对多种轴的公差带进行检验。

不难看出,若采用基孔制配合,则孔的公差带数量所需较少,从而可减少备用定尺寸孔用刀具、量具的规格数量,而制造轴用的工具规格和数量却不会增多,这在制造上是经济的。因此对中小尺寸的配合,应尽量采用基孔制配合。

至于尺寸较大的孔及低精度的孔,一般不采用定尺寸刀、量具进行加工或检验,此时采用基孔制或基轴制都一样,但为了统一起见和考虑习惯,一般也宜采用基孔制。因此,我们在选择基准制时,应优先选用基孔制配合。

2. 在采用基轴制有明显经济效果的情况下,应采用基轴制

(1)某些冷拔型材的尺寸精度可达 IT8～IT12 级,已可满足农用机械、纺织机械和仪表中某些轴类零件使用性能的要求,此时采用基轴制较合适。这时轴的外表面无须切削加工,只要按照配合性能的要求来加工孔就能满足使用要求,这在经济上也是合理的,此时应采用基轴制。

(2)尺寸小于 1 mm 的精密轴比同一公差等级的孔加工要困难,因此在仪器制造、钟表生产和无线电工程中,常使用经过光轧成形的钢丝或有色金属棒料直接做轴,这时也应采用基轴制。

(3)在结构上,当同一轴与公称尺寸相同的几个孔配合,并且配合性质要求不同时,可根据具体结构考虑采用基轴制。如图 2-14(a)所示的柴油机的活塞连杆组件中,由于工作时要求活塞销和连杆相对摆动,所以活塞销与连杆小头衬套采用间隙配合。而活塞销和活塞销座孔的连接要求准确定位,故它们采用过渡配合。若采用基孔制,则活塞销应设计成中间小两头大的阶梯轴(图 2-14(b)),这不仅给加工造成困难,而且装配时阶梯轴大头易刮伤连杆衬套内表面。若采用基轴制,则活塞销设计成光轴(图 2-14(c)),这样容易保证加工精度和装配质量。而不同基本偏差的孔,分别位于连杆和活塞两个零件上,加工并不困难。因此,应采用基轴制。

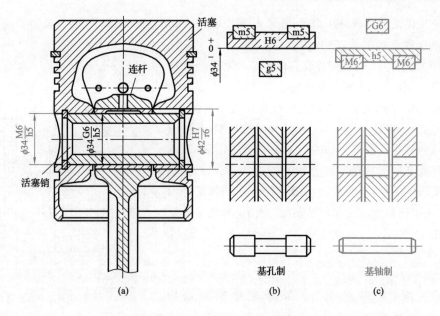

图 2-14　基准制选择示例

3. 当设计的零件与标准件相配合时,基准制的选择应按标准件而定

标准件通常由专门工厂大量生产,其尺寸已经标准化了,故与标准件配合时,基准制的选择应依标准件而定。例如,与滚动轴承内圈配合的轴颈一定要按基孔制配合,而与滚动轴承外圈相配合的轴承座孔,则一定要按基轴制选择孔的公差带,因为轴承外圈为基准轴。图 2-15 所示为一轴系部件图,轴承外圈与外壳孔处的配合只需注出外壳孔的公差带代号 H7。同样,轴承内圈与轴颈处的配合代号,只需注出轴颈的公差带代号 k6。

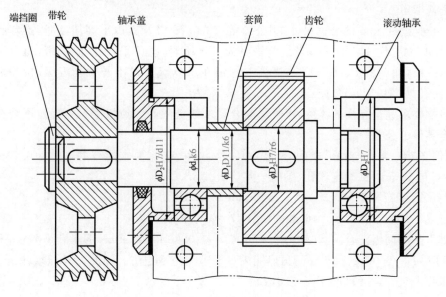

图 2-15　与标准件相配合时的基准制

4.为了满足配合的特殊需要,有时允许孔与轴都不用基准件(H 或 h)而采用非基准孔、轴的公差带组成的配合,即非基准制配合

例如,如图 2-16 所示为外壳孔同时与轴承外径和端盖直径配合,由于轴承与外壳孔的配合已被定为基轴制过渡配合(M7),而端盖与外壳孔的配合则要求有间隙,以便于拆装,所以端盖直径就不能再按基准轴制造,而应小于轴承的外径。在图 2-16 中端盖外径公差带取 f7,所以它和外壳孔所组成的为非基准制配合 M7/f7。又如有镀层要求的零件,要求涂镀后满足某一基准制配合的孔或轴,在涂镀前也应按非基准制配合的孔、轴的公差带进行加工。

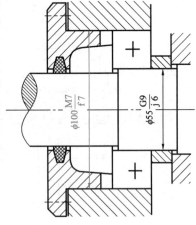

图 2-16 非基准制配合选择实例

2.6.2 公差等级的选用

国家标准规定有 20 个公差等级,其中 IT01 级精度最高,IT18 级精度最低。公差等级过高,则制造成本增加;公差等级过低,将不能满足使用性能的要求。因此,选择公差等级时,要正确处理使用要求、制造工艺和制造成本之间的关系。选用的基本原则是:在满足使用要求的前提下,尽量选用较低的公差等级,即尽可能经济地满足使用性能的要求。

公差等级可采用计算法或类比法进行选择。

1.计算法

用计算法选择公差等级的依据是:$T_f = T_h + T_s$,至于 T_h 与 T_s 的分配则可按工艺等价原则来考虑。

(1)对≤500 mm 的公称尺寸,当公差等级在 IT8 级及其以上高精度时,推荐孔比轴低一级,如 H8/f7,H7/g6 等;当公差等级为 IT8 级时,既可采用孔、轴同级,也可采用孔比轴低一级,如 H8/f8、H8/f7 等;当公差等级在 IT9 级及以下较低精度级时,一般采用孔、轴同级,如 H9/d9,H11/c11 等。

一批要求完全互换的零件,可根据配合要求的极限间隙或极限过盈确定配合公差及相配合零件的公差等级。

【例 2-7】 某孔与轴形成配合,公称尺寸为 $\phi 80$ mm,要求配合的 $X_{max} = 0.135$ mm,$X_{min} = 0.055$ mm,试确定该孔、轴的公差等级。

解 $T_f = T_h + T_s = X_{max} - X_{min} = 0.135 - 0.055 = 0.08$ mm

查表 2-3 得   IT8=0.046 mm   IT7=0.03 mm

如果采用同级配合:孔和轴均取 IT8,$T_f = 0.092 > 0.08$ mm,不能满足要求;孔和轴均取 IT7,$T_f = 0.06 < 0.08$ mm,虽然能满足要求但是不经济。因此,采用同级配合不行,只能采用差级配合,故,取 $T_h = IT8,T_s = IT7$

则 $T_f = 0.046 + 0.03 = 0.076 < 0.08$ mm

既满足要求,又经济,故合适。

(2)对>500 mm 的公称尺寸,一般采用孔、轴同级。

2.类比法

多数情况下,主要采用类比法确定公差等级,即参照从生产实践中总结出来的经验资料,把类似机构与所设计机构的工作条件、使用要求进行比较,并进行适当调整,从而选择公差等级的方法。选择时应考虑以下几个方面:

(1)工艺等价

相配合的孔、轴应加工难易程度相当,即使孔、轴工艺等价。

(2)常用加工方法能够达到的公差等级

常用加工方法能够达到的公差等级见表 2-10,可供选择时参考。

表 2-10　　　　　常用加工方法能够达到的公差等级

加工方法	01	0	1	2	3	4	5	6	7	8	9	10	11	12	13	14	15	16
研磨	■	■	■	■	■	■	■											
珩						■	■	■	■									
圆磨							■	■	■	■								
平磨							■	■	■	■								
金刚石车							■	■	■	■								
金刚石镗							■	■	■	■								
拉削							■	■	■	■								
铰孔								■	■	■	■							
车									■	■	■	■	■					
镗									■	■	■	■	■					
铣										■	■	■	■					
刨、插												■	■	■				
钻孔												■	■	■	■			
滚压、挤压												■	■					
冲压												■	■	■	■	■		
压铸													■	■	■	■		
粉末冶金成型								■	■	■								
粉末冶金烧结									■	■	■							
砂型铸造、气割																		■
锻造																	■	■

(3)与标准件的精度相适应

与标准零件或部件相配合时应与标准件的精度相适应。如与滚动轴承相配合的轴颈和轴承座孔的公差等级,应与滚动轴承的精度等级相适应,与齿轮孔相配合的轴的公差等级要与齿轮的精度等级相适应。例如,齿轮的精度等级为 8 级,一般取齿轮孔的公差等级为 IT7，与齿轮孔相配合的轴的公差等级为 IT6。P0 级(普通级)的轴承，要求轴颈的公差等级为 IT6、外壳孔为 IT7。P6 级的轴承，一般要求轴颈的公差等级为 IT5、外壳孔为 IT6。

(4)配合性质

过渡配合与过盈配合的公差等级不能太低，一般孔的标准公差≤IT8 级，轴的标准公差≤IT7 级。间隙配合则不受此限制。但间隙小的配合公差等级应较高，而间隙大的公差等级应低些。

(5)慎用高精度

产品精度愈高，加工工艺愈复杂，生产成本愈高。如图 2-17 所示，在高精度区，加工精度稍有提高将使生产成本急剧上升。因此，高公差等级的选用要特别谨慎。而在低精度区，公差等级提高使生产成本增加不显著，因而可在工艺条件许可的情况下适当提高公差等级，以使产品有一定的精度储备，从而取得更好的综合经济效益。

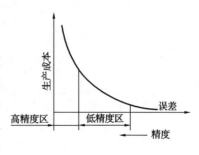

图 2-17　精度与生产成本

(6)推荐应用的范围

各公差等级的应用范围见表 2-11。常用公差等级应用示例见表 2-12。

IT01、IT0、IT1 级用于高精度的量块和其他精密尺寸标准块。IT1～IT7 级用于极限量规。IT2～IT12 级用于各种配合尺寸，其中：IT2～IT5 级用于特别重要的精密配合；IT5～IT8 级用于精密配合(应用最广)；IT8～IT10 级用于中等精度配合；IT10～IT12 级用于低精度配合；IT12～IT18 级用于非配合尺寸。

在机械制造中，IT5～IT12 级是常用的配合公差等级。

表 2-11　　公差等级应用范围

应用＼公差等级	01	0	1	2	3	4	5	6	7	8	9	10	11	12	13	14	15	16	17	18
量块	—	—	—																	
量规			—	—	—	—	—	—	—											
配合尺寸							—	—	—	—	—	—	—	—						
特别精密零件				—	—	—	—													
非配合尺寸														—	—	—	—	—	—	—
原材料									—	—	—	—	—	—	—	—				

公差等级	应　用
5 级	主要用在配合精度、几何精度要求较高的地方，一般在机床、发动机、仪表等重要部位应用。例如：与 P4 级滚动轴承配合的箱体孔；与 P5 级滚动轴承配合的机床主轴、机床尾架与套筒，精密机械及高速机械中的轴径、精密丝杠轴径等
6 级	用于配合性质均匀性要求较高的地方。例如：与 P5 级滚动轴承配合的孔、轴颈；与齿轮、蜗轮、联轴器、带轮、凸轮等连接的轴径，机床丝杠轴径；摇臂钻立柱；机床卡具中导向件外径尺寸；6 级精度齿轮的基准孔，7、8 级精度齿轮的基准轴径
7 级	在一般机械制造中应用较为普遍。例如：联轴器、带轮、凸轮等孔径；机床卡盘座孔；夹具中固定钻套、可换钻套；7、8 级齿轮基准孔，9、10 级齿轮基准轴
8 级	在机器制造中属于中等精度。例如：轴承座衬套沿宽度方向尺寸；低精度齿轮基准孔与基准轴；通用机械中与滑动轴承配合的轴颈；也用于重型机械或农业机械中某些较重要的零件
9 级 10 级	精度要求一般。例如：机械制造中轴套外径与孔；操作件与轴；键与键槽等零件
11 级 12 级	精度较低，适用于基本上没有什么配合要求的场合。例如：机床上法兰盘与止口；滑块与滑移齿轮；加工中工序间尺寸；冲压加工的配合件等

2.6.3　配合种类的选用

当配合制和公差等级确定后，配合的选择就是根据所选部位松紧程度的要求，确定非基准件的基本偏差代号；也就是说，配合选择的主要任务是：对基孔制，选择轴的基本偏差代号；对基轴制，选择孔的基本偏差代号。

国家标准规定的配合种类很多，设计中应根据使用要求，尽可能地选用优先配合，其次考虑常用配合，然后是一般配合等。

配合选用的方法有计算法、试验法和类比法三种。

1.计算法

根据配合部位的使用性能要求和工作条件，通过理论分析，按一定理论建立极限间隙或极限过盈的计算公式，按公式计算出极限间隙或极限过盈，然后从标准中选择合适的孔、轴公差带。

如根据流体润滑理论计算保证液体摩擦状态所需要的间隙和根据弹性变形理论计算出既能保证传递一定力矩而又不使材料损坏所需要的过盈，然后按计算出的极限间隙或过盈选择相配合孔、轴的公差等级和配合代号。由于影响配合间隙和过盈的因素很多，所以理论计算往往是把条件理想化和简单化，因此结果不完全符合实际，也较麻烦。故目前只有计算公式较成熟的少数重要配合才有可能用计算法。但这种方法理论根据比较充分，有指导意义，随着计算机技术的发展，将会得到越来越多的应用。

【例 2-8】　公称尺寸为 $\phi 40$ mm 的某孔、轴配合，由计算法设计确定配合的间隙应为 +0.022～+0.066 mm，试选用合适的孔、轴公差等级和配合种类。

解 （1）选择公差等级

由 $T_f = |X_{max} - X_{min}| = T_h + T_s$，得 $T_h + T_s = |66-22| = 44\ \mu m$。

查表 2-3 得 IT7 $= 25\ \mu m$，IT6 $= 16\ \mu m$，按工艺等价原则，取孔为 IT7 级，轴为 IT6 级，则 $T_h + T_s = 25+16 = 41\ \mu m$

接近 $44\ \mu m$，故符合设计要求。

（2）选择基准制

由于没有其他条件限制，故优先选用基孔制，则孔的公差带代号为 $\phi40H7(^{+0.025}_{0})$。

（3）选择配合种类，即选择轴的基本偏差代号

因为是间隙配合，故轴的基本偏差应为 a～h，且其基本偏差为上极限偏差（es）。

由 $X_{min} = EI - es$，得 $es = EI - X_{min} = 0-22 = -22\ \mu m$。

查表 2-4 选取轴的基本偏差代号为 f(es $= -25\ \mu m$)能保证 X_{min} 的要求，故轴的公差带代号为 $\phi40f6(^{-0.025}_{-0.041})$。

（4）验算

所选配合为 $\phi40H7/f6$，其

$$X_{max} = ES - ei = 25 - (-41) = +66\ \mu m$$

$$X_{min} = EI - es = 0 - (-25) = +25\ \mu m$$

均在 $+0.022 \sim +0.066$ mm 区域，故所选符合要求。

2. 试验法

在新产品设计试制过程中，对那些与产品性能关系很大的关键配合以及特别重要部位的配合，为了防止计算或类比不准确而影响产品的使用性能，可通过对多种配合的实际试验结果进行比较，从中选出具有最理想的间隙或过盈的配合，得出最佳的配合方案。显然用试验法选择配合最为可靠，但成本较高。因此，一般用于大量生产的产品的关键配合。

3. 类比法

在对机械设备上现有的行之有效的一些配合有充分了解的基础上，以经过生产实际验证的类似的机械、机构或零部件为样板，对使用要求和工作条件与之类似的配合件，用参照类比的方法，比照选取公差与配合，这是目前应用最多的选择公差与配合的主要方法。

用类比法选择配合种类，必须掌握各类配合的特点和应用场合，并充分研究配合件的工作条件和使用要求，进行合理选择。

（1）了解各类配合的特点与应用情况，掌握标准中各种基本偏差的使用特征，正确选择配合类别

表 2-13 提供了三类配合类别选择的大体方向，可供参考。

表 2-13　　　　　　　　　　　配合类别选择的大体方向

无相对运动	要传递转矩	要精确同轴	永久结合　过盈配合
			可拆结合　过渡配合或基本偏差为 H(h)① 的间隙配合加紧固件②
		不要求精确同轴	间隙配合加紧固件②
	不需要传递转矩		过渡配合或轻的过盈配合
有相对运动	只有移动		基本偏差为 H(h)、G(g)① 的间隙配合
	转动或转动和移动复合运动		基本偏差为 A～F(a～f)① 的间隙配合

注:①指非基准件的基本偏差代号;

　　②紧固件是指销和螺钉等。

配合类别大体确定后,再进一步类比选择确定非基准件的基本偏差代号。表 2-14 为各种基本偏差的特点及应用说明;表 2-15 为公称尺寸≤500 mm 的基孔制常用和优先配合的特征和应用说明。

表 2-14　　　　　　　　　　　各种基本偏差的特点及应用

配合	基本偏差	配合特性及应用
间隙配合	a(A) b(B)	可得到特别大的间隙,应用很少。主要用于工作时温度高,热变形大的零件的配合,如发动机中活塞与缸套的配合为 H9/a9,图示是矩形花键轴、孔的配合,花键大径配合采用 H10/a11 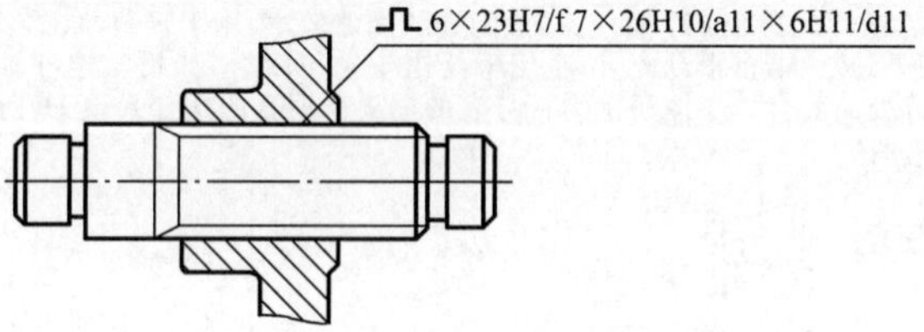 ⊓ 6×23H7/f 7×26H10/a11×6H11/d11
	c(C)	可得到很大的间隙,一般用于工作条件较差(如农业机械),工作时受力变形大及装配工艺性不好的零件的配合,也适用于高温工作的间隙配合,如内燃机排气阀与导管的配合为 H8/c7 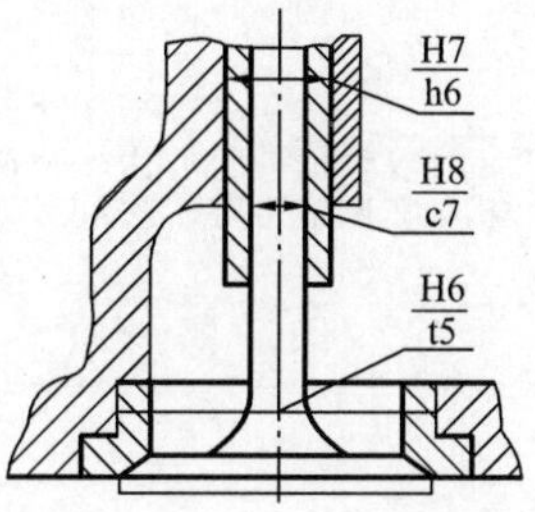 $\dfrac{H7}{h6}$　$\dfrac{H8}{c7}$　$\dfrac{H6}{t5}$
	d(D)	与 IT7～IT11 对应,适用于较松的间隙配合(如滑轮、空转带轮与轴的配合)以及大尺寸滑动轴承与轴的配合(如涡轮机、球磨机等的滑动轴承),如活塞环与活塞槽的配合可用 H9/d9

续表

配合	基本偏差	配合特性及应用
间隙配合	e(E)	与 IT6~IT9 对应,具有明显的间隙,用于大跨距及多支点的转轴与轴承的配合以及高速、重载的大尺寸轴与轴承的配合,如下图所示大型电机、内燃机的曲轴轴承处的配合采用 H7/e6 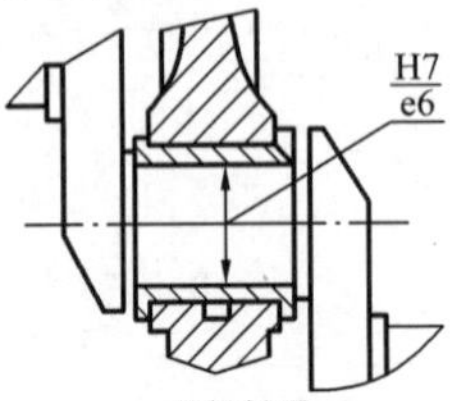 曲轴轴承
	f(F)	多与 IT6~IT8 对应,用于一般转动的配合,受温度影响不大,采用普通润滑油的轴与滑动轴承的配合,如齿轮箱、小电机、泵等的转轴与滑动轴承的配合为 H7/f6。下图所示为凸轮机构滚子从动件与销轴的配合采用 H7/f6 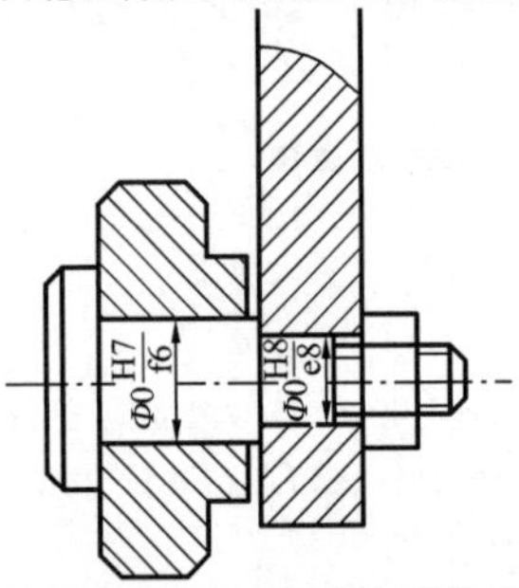
	g(G)	多与 IT5,IT6,IT7 对应,形成配合的间隙较小,用于轻载精密装置中的转动配合,最适于不回转的精密滑动配合,也用于插销等定位配合,如精密连杆轴承、活塞及滑阀、连杆销等处的配合。下图所示为百分表的测头与铜套的配合采用 H7/g6 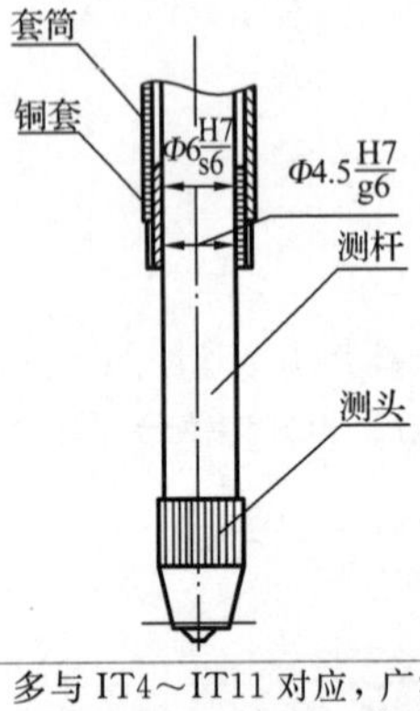 套筒 铜套 测杆 测头
	h(H)	多与 IT4~IT11 对应,广泛用于无相对转动的零件,作为一般的定位配合。若没有温度、变形的影响,也可用于精密滑动配合,如车床尾架孔与滑动套筒的配合为 H6/h5 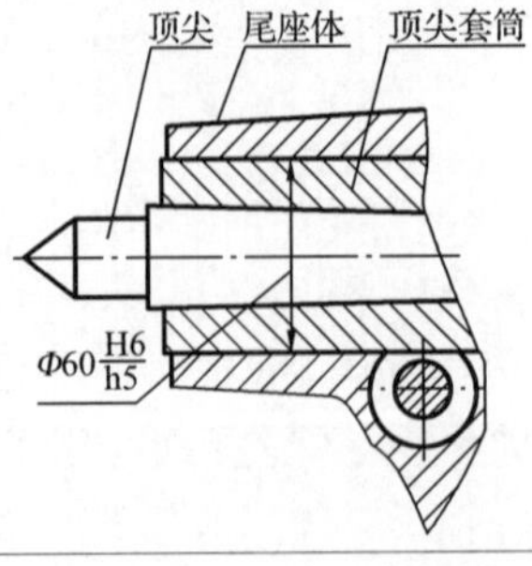 顶尖 尾座体 顶尖套筒

配合	基本偏差	配合特性及应用
过渡配合	js(JS) j(J)	多用于 IT4～IT7 具有平均间隙的过渡配合,用于略有过盈的定位配合,如联轴节、齿圈与轮毂的配合,滚动轴承外圈与外壳孔的配合多用 JS7 或 J7。一般用手或木槌装配。下图所示为凸轮尖顶从动件的推杆和尖顶的配合采用 H7/js6 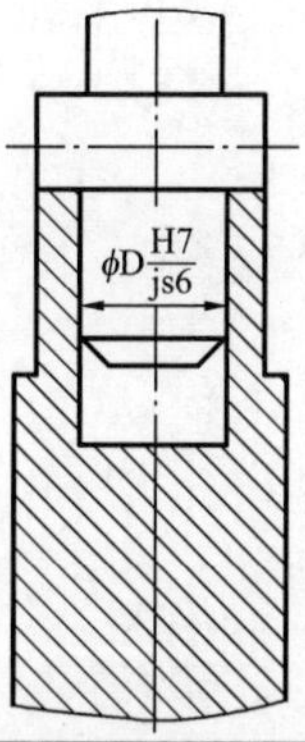
	k(K)	多用于 IT4～IT7 平均间隙接近于零的配合,用于定位配合,如滚动轴承的内、外圈分别与轴颈、外壳孔的配合,用木槌装配,下图所示的中心齿轮与轴套、齿轮轴与轴套的配合采用 H7/k6 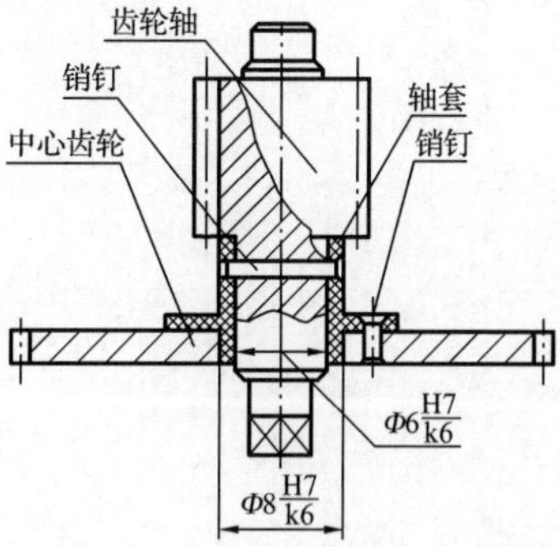
	m(M)	多用于 IT4～IT7 平均过盈较小的配合,用于精密定位的配合,如蜗轮的青铜轮缘与轮毂的配合为 H7/m6。如下图所示的 V 形块与夹具体配合采用 H7/m6 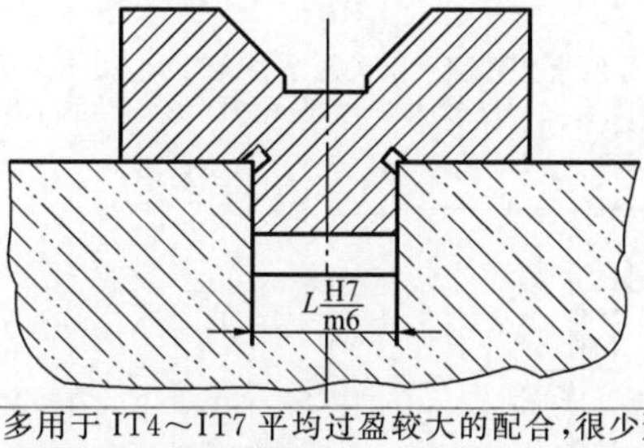
	n(N)	多用于 IT4～IT7 平均过盈较大的配合,很少形成间隙。用于加键传递较大扭矩的配合,如冲床上齿轮与轴的配合。用槌子或者压力机装配。如下图所示是夹具中的固定支承钉与夹具体的配合采用 H7/n6 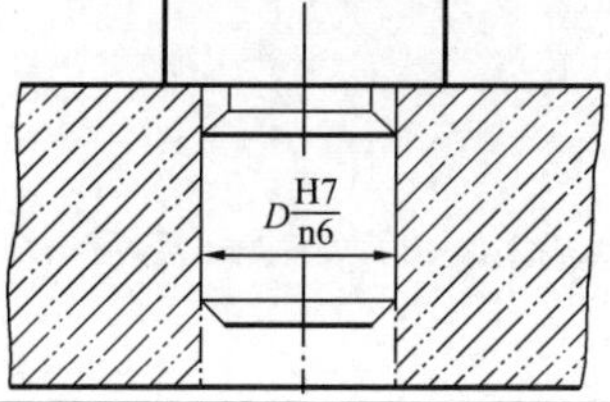

续表

配合	基本偏差	配合特性及应用
过盈配合	p(P)	小过盈配合。与 H6 或 H7 的孔形成过盈配合,而与 H8 的孔形成过渡配合。碳钢和铸铁制零件形成的配合为标准压入配合,如卷扬机的绳轮与齿圈的配合为 H7/p6。对弹性材料,如轻合金等,往往要求很小的过盈,故可采用 p(或 P)与基准件形成的配合 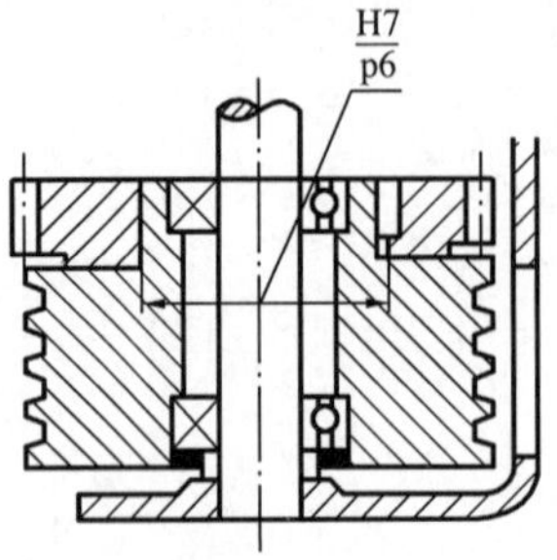
	r(R)	用于传递大扭矩或受冲击负荷而需加键的配合,如蜗轮与轴的配合为 H7/r6。配合 H8/r7 在公称尺寸小于 100 mm 时,为过渡配合 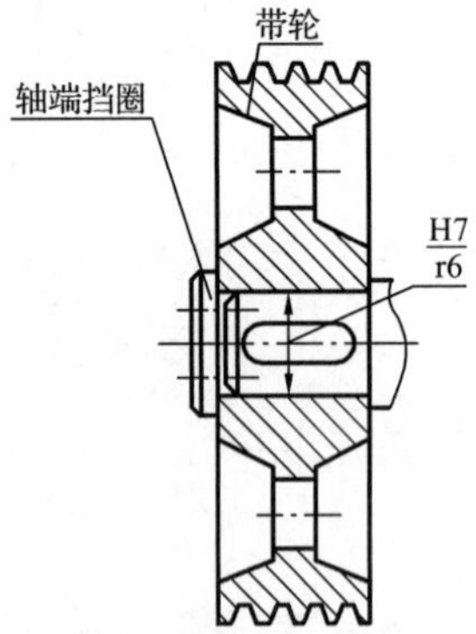
	s(S)	用于钢和铸铁制零件的永久性和半永久性结合,可产生相当大的结合力,如套环压在轴、阀座上用 H7/s6 的配合。尺寸较大时,为避免损伤配合表面,需用热胀或冷缩法装配 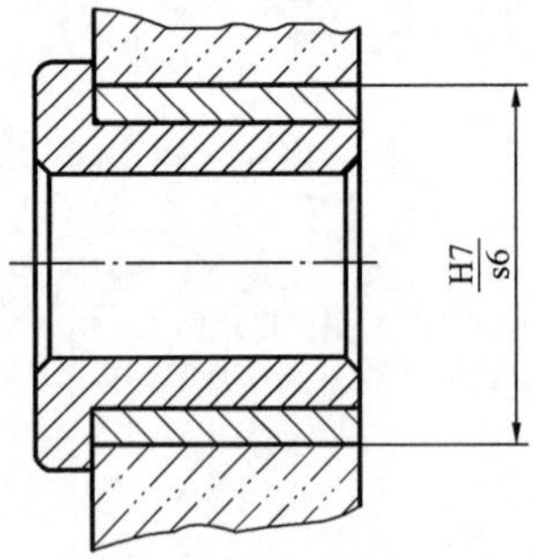
	t(T)	用于钢和铸铁制零件的永久性结合,不用键可传递扭矩,需用热胀或冷缩法装配,如联轴节与轴的配合为 H7/t6

配合	基本偏差	配合特性及应用
过盈配合	u(U)	大过盈配合,最大过盈需验算材料的承受能力,用热胀或冷缩法装配,如火车轮毂和轴的配合为 H6/u5。如下图所示的带轮部件中主动锥齿轮孔与轴的配合采用 H7/u6 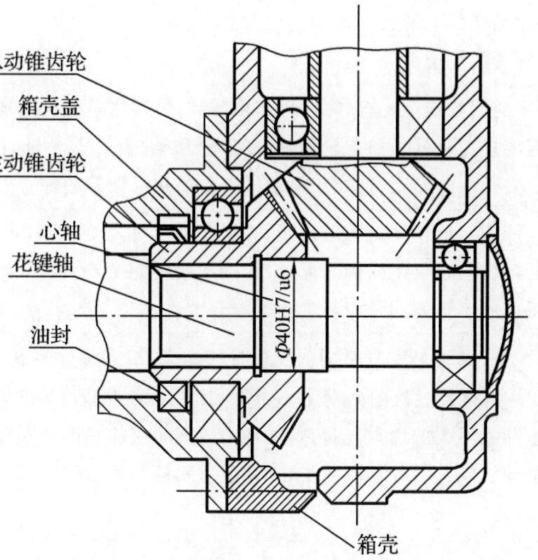 从动锥齿轮 箱壳盖 主动锥齿轮 心轴 花键轴 油封 $\phi40H7/u6$ 箱壳
	v(V)、x(X) y(Y)、z(Z)	特大过盈配合,目前使用的经验和资料很少,须经试验后才能应用,一般不推荐

表 2-15　　　　　　　　公称尺寸≤500 mm 的优先配合的应用说明

基孔制	基轴制	特性及说明
$\dfrac{H11}{c11}$	$\dfrac{C11}{h11}$	配合间隙非常大,液体摩擦较差,易产生紊流的配合。多用于很松的、转速较低的配合及大间隙、大公差的外露组件和要求装配方便的配合。如安全阀杆与套筒、农业机械和铁道车辆的轴和轴承等的配合
$\dfrac{H11}{h11}$	$\dfrac{H11}{h11}$	间隙很大的灵活转动配合,液体摩擦情况尚好。用于精度要求不高,或者有大的温度变化,高速或大的轴颈压力等情况下的转动配合。如一般通用机械中的滑键连接、空压机活塞与压杆、滑动轴承及较松的皮带轮的轴与孔的配合
$\dfrac{H9}{d9}$	$\dfrac{D9}{h9}$	具有中等间隙,带层流,液体摩擦良好的转动配合,用于精度要求一般,中等转速和中等轴颈压力的传动,也可用于易于装配的长轴或多支承的中等精度的定位配合。如机床中轴向移动的齿轮与轴、蜗轮或变速箱轴承端盖与孔、离合器活动爪与轴、手表中秒轮轴与中心管、水工机械中轴与衬套等的配合
$\dfrac{H9}{h9}$	$\dfrac{H9}{h9}$	配合间隙很小,用于有一定的相对运动,不要求自由转动,但要求精密定位的配合,也可用于转动精度高,但转速不高,以及转动时有冲击,但要求有一定的同轴度或精密性的配合。例如机床的主轴与轴承、机床的传动齿轮与轴、中等精度分度头主轴与轴套、矩形花键的定心直径、可换钻套与钻模板、拖拉机连杆衬套与曲轴、压缩机十字头轴与连杆衬套等的配合
$\dfrac{H8}{f7}$	$\dfrac{F8}{h7}$	具有较小的间隙,最小间隙为零的间隙定位配合,能较好地对准中心,常用于经常拆卸,或者在调整时需要移动或转动的连接处。工作时缓慢移动,同时要求较高的导向精度。如机床变速箱中的滑移齿轮和轴、离合器和轴、钻床横臂和立柱、往复运动的精确导向的压缩机连杆和十字头、橡胶滚筒密封轴上滚动轴承座与筒体等的配合

基孔制	基轴制	特性及说明
$\dfrac{H8}{h7}$	$\dfrac{H8}{h7}$	间隙极小的配合(最小间隙为零),常用于有较高的导向精度、零件间滑移速度很慢的配合;若结合表面较长,其形状误差较大,或在变荷载时,为防止冲击及倾斜,可用 H8/h7 代替 H7/h6。如柱塞燃油泵的调节器壳体和定位衬套、立式电动机和机座、一般电机和轴承、缝纫机大皮带轮和曲轴等的配合
$\dfrac{H7}{g6}$	$\dfrac{G7}{h6}$	最小间隙为零的间隙定位配合,零件可自由装卸,传递扭矩时可加辅助的键、销,工作时相对静止,对同心度要求比较低。如齿轮和轴、皮带轮和轴、离心器和轴、滑块和导向轴、剖分式滑动轴承和轴瓦、安全联轴器销钉和套、电动机座上口和端盖等的配合
$\dfrac{H7}{h6}$	$\dfrac{H7}{h6}$	精度低的定心配合,低精度的铰链连接,工作时无相对运动(附加紧固件)的连接。如起重机链轮与轴、对开轴瓦与轴承座两侧的配合、连接端盖的定心凸缘、一般的铰接、粗糙机构中拉杆、杠杆、农业机械中不重要的齿轮与轴等的配合
$\dfrac{H7}{k6}$	$\dfrac{K7}{h6}$	属精密定位配合,是被最广泛采用的一种过渡配合,得到过盈的概率为41.7%~45%,当基本尺寸至 3 mm 时,得到过盈的概率为37.5%,用手锤轻打即可装卸,拆卸方便,同轴度精度相当高,用于冲击荷载不大的地方,当扭矩和冲击较大时应加辅助紧固件。如机床中不滑动的齿轮和轴、中型电动机轴与联轴器或皮带轮、减速器蜗轮和轴、精密仪器、航空仪表中滚动轴承与轴等的配合
$\dfrac{H7}{n6}$	$\dfrac{N7}{h6}$	允许有较大过盈的高精度定位配合,基本上为过盈,个别情况下才有小间隙,得到过盈的概率为77.7%~82.4%,基本尺寸到 3 mm 时 H7/n6 的过盈概率为62.5%,N7/h6 的过盈概率为87.5%,平均过盈比 H7/m6、M7/h6 要大,比 H8/n7、N8/h7 也大。当承受很大的扭矩,振动及冲击荷载时,要加辅助紧固件,同轴度高,具有优良的紧密配合性,拆卸困难,多用于装配后不再拆卸的部位。如爪形离合器和轴、链轮轮缘和轮心、破碎机等振动机械中的齿轮和轴、柴油机泵座和泵缸、压缩机连杆衬套和曲轴衬套、电动机转子内径与支架等的配合
$\dfrac{H7}{p6}$	$\dfrac{P7}{h6}$	过盈定位配合,基本尺寸到 3 mm 时为过渡配合,得到过盈的概率为75%,相对平均过盈为0.00013~0.002,相对最小过盈小于 0.00043,是过盈最小的过盈配合,用于定位精度要求严格,以高的定位精度达到部件的刚性及对中要求,而内孔承受压力无特殊要求,不依靠过盈量传递摩擦负载的部位,当传递扭矩时,则需要增加辅助紧固件。是轻型压入配合,采用压力机压入装配,适用于不拆卸的轻型静连接,变形较小,精度较高的部位。如冲击振动、重载荷的齿轮和轴、压缩机十字头销轴和连杆衬套、凸轮孔和凸轮轴、轴与轴承孔的配合
$\dfrac{H7}{s6}$	$\dfrac{S7}{h6}$	中型压入配合中较松的一种过盈配合,基本尺寸大于 10 mm 时,相对平均过盈为 0.0004~0.00075,用于一般钢件,或者用于薄壁件的冷缩配合,用于铸件能得到较紧的配合;用于不加紧固件的固定连接,过盈变化也比较小,因此适用于结合精度要求比较高的场合,且应用极为广泛。如空气钻外壳盖和套筒、柴油机气门导管和气缸盖、燃油泵壳体和销轴等的配合
$\dfrac{H7}{u6}$	$\dfrac{U7}{h6}$	重型压入配合中较松的一种过盈配合,基本尺寸大于 10 mm 的相对平均过盈为 0.0005~0.00175,相对最小过盈为0~0.0033。用压力机或温差法装配,用于承受较大扭矩的钢件,不需要加紧固件即可得到十分牢固的连接。如拖拉机活塞销与活塞壳部、中型电子转子轴和联轴器、船舵尾轴和衬套等的配合

(2)分析零件的工作条件及使用要求,合理调整配合的间隙与过盈

零件的工作条件是选择配合的重要依据,用类比法选择配合时,当待定配合部位与类比对象在工作条件方面有差异时,要具体分析零件的工作条件及使用要求,考虑工作时结合件的相对位置状态(如运动速度、运动方向、停歇时间、运动精度要求等)、承受负荷情

况、润滑条件、温度变化、配合的重要性、装卸条件以及材料的物理机械性能等,可参考表 2-16 合理调整配合的间隙与过盈的大小。

表 2-16   不同工作条件影响配合间隙或过盈的趋势

具体情况	过盈	间隙	具体情况	过盈	间隙
材料强度小	减	—	装配时可能歪斜	减	增
经常拆卸	减	增	旋转速度增高	增	增
有冲击载荷	增	减	有轴向运动	—	增
工作时孔温高于轴温	增	减	润滑油黏度增大	—	增
工作时轴温高于孔温	减	增	表面趋向粗糙	增	减
配合长度增长	减	增	单件生产相对于成批生产	减	增
配合面形状和位置误差增大	减	增			

(3)考虑热变形和装配变形的影响,保证零件的使用要求

①热变形的影响

在选择公差与配合时,要注意温度条件。国家标准中规定的均为标准温度为 +20 ℃ 时的数值。当工作温度不是 +20 ℃,特别是孔、轴温度相差较大,或其线膨胀系数相差较大时,应考虑热变形的影响。这对于高温或低温下工作的机械更为重要。

【例 2-9】 铝制活塞与钢制缸体的结合,其公称尺寸为 $\phi150$ mm,工作温度:孔温 $t_h=110$ ℃,轴温 $t_s=180$ ℃,线膨胀系数:孔 $\alpha_h=12\times10^{-6}(1/℃)$,轴 $\alpha_s=24\times10^{-6}(1/℃)$,要求工作时间隙量为 0.1～0.3 mm,试选择配合。

解 由热变形引起的间隙量的变化为

$$\Delta X=150\times[12\times10^{-6}\times(110-20)-24\times10^{-6}\times(180-20)]=-0.414 \text{ mm}$$

即工作时间隙量减小,故装配时间隙量应为

$$X_{min}=0.1+0.414=0.514 \text{ mm}$$
$$X_{max}=0.3+0.414=0.714 \text{ mm}$$

按要求的最小间隙,由表 2-5 可选基本偏差为

$$a=-520 \text{ } \mu m$$

由配合公差 $T_f=0.714-0.514=0.2$ mm $=T_h+T_s$
可取 $T_h=T_s=100$ μm

由表 2-3 知,公差等级为 IT9,故选配合为 $\phi150H9/a9$。其最小间隙为 0.52 mm,最大间隙为 0.72 mm。

②装配变形的影响

在机械结构中,常遇到套筒装配变形问题。如图 2-18 所示,套筒外表面与机座孔的配合为过渡配合 $\phi80H7/u6$,套筒内表面与轴的配合为 $\phi60H7/f6$。由于套筒外表面与机座孔的配合有过盈,所以当套筒压入机座孔后,套筒内孔会收缩,直径变小。若套筒

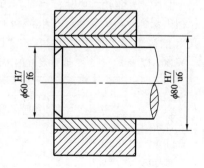

图 2-18 有装配变形的配合

内孔与轴之间原要求最小间隙为 0.03 mm,则由于装配变形,此时将实际产生过盈,不仅不能保证配合要求,甚至无法自由装配。

一般装配图上规定的配合应是装配后的要求,因此对有装配变形的套筒类零件,在设计绘图时应对公差带进行必要的修正,如将内孔公差带上移,使孔的极限尺寸加大;或用工艺措施加以保证,如将套筒压入机座孔后再精加工套筒孔,以达到其图样设计要求,从而保证装配后的要求。

(4)按国家标准规定的使用顺序进行选择

公称尺寸≤500 mm 的孔和轴公差带规定:一般选用公差带孔 105 种,轴 119 种;常用公差带(线框内)孔 44 种,轴 59 种;优先选用公差带(圆圈内)孔、轴各 13 种。选择顺序是从优先到常用最后到一般。

此外,国家标准还对公称尺寸≤500 mm 的配合规定:基孔制常用配合 59 种,优先配合 13 种;基轴制常用配合 47 种,优先配合 13 种。选择顺序是从优先到常用。

2.7 一般公差 线性尺寸的未注公差

国家标准 GB/T 1804—2000《一般公差 未注公差的线性和角度尺寸的公差》是等效采用国际标准 ISO 2768-1:1989《一般公差 第 1 部分:未注公差的线性和角度尺寸的公差》对 GB/T 1804—1992《一般公差 线性尺寸的未注公差》和 GB/T 11335—1989《未注公差角度的极限偏差》进行修订的一项标准,适用于图样上不注出上、下极限偏差的尺寸。

2.7.1 线性尺寸的一般公差的概念

线性尺寸的一般公差是指在车间普通加工工艺条件下,机床设备一般加工能力可保证的公差。在正常维护和操作情况下,它代表车间一般加工的经济加工精度。

采用一般公差的尺寸和角度,在正常车间精度保证的条件下,一般可不检验。

应用一般公差时可简化图样,使图样清晰易读。一般公差无须在图样上进行标注,突出了图样上的注出公差的尺寸,从而使人们在对这些注出尺寸进行加工和检验时给予应有的重视。

2.7.2 国家标准的有关规定

GB/T 1804—2000 对线性尺寸的一般公差规定了四个公差等级,从高到低依次为:f(精密级)、m(中等级)、c(粗糙级)、v(最粗级)。同时,对尺寸也采用了大的分段。线性尺寸的极限偏差值见表 2-17。这四个公差等级相当于 IT12,IT14,IT16 和 IT17 级。

表 2-17 线性尺寸的未注极限偏差的数值(GB/T 1804-2000) mm

公差等级	尺寸分段							
	0.5~3	>3~6	>6~30	>30~120	>120~400	>400~1 000	>1 000~2 000	>2 000~4 000
f(精密级)	±0.05	±0.05	±0.1	±0.15	±0.2	±0.3	±0.5	—
m(中等级)	±0.1	±0.1	±0.2	±0.3	±0.5	±0.8	±1.2	±2
c(粗糙级)	±0.2	±0.3	±0.5	±0.8	±1.2	±2	±3	±4
v(最粗级)	—	±0.5	±1	±1.5	±2.5	±4	±6	±8

由表 2-17 可见,不论孔和轴还是长度尺寸,其极限偏差的取值都采用对称分布的公差带,因而其使用更方便,概念更清晰。国家标准同时也对倒圆半径与倒角高度尺寸的极限偏差的数值作了规定,见表 2-18。

表 2-18　　　　　倒圆半径与倒角高度尺寸的极限偏差的数值(GB/T 1804—2000)　　　　　mm

公差等级	尺寸分段			
	0.5～3	>3～6	>6～30	>30
f(精密级)	±0.2	±0.5	±1	±2
m(中等级)	±0.2	±0.5	±1	±2
c(粗糙级)	±0.4	±1	±2	±4
v(最粗级)	±0.4	±1	±2	±4

2.7.3　线性尺寸的一般公差的表示方法

线性尺寸的一般公差主要用于较低精度的非配合尺寸。当功能上允许的公差等于或大于一般公差时,均应采用一般公差。

采用国家标准规定的一般公差,在图样上的尺寸后不注出极限偏差,而是在图样的技术要求或有关文件中,用标准号和公差等级代号进行总的标示。

例如:选用中等级时,标示为 GB/T 1804-m;选用粗糙级时,标示为 GB/T 1804-c。

习　题

2-1　什么是基孔制配合与基轴制配合? 为什么要规定基准制? 广泛采用基孔制配合的原因何在? 在什么情况下采用基轴制配合?

2-2　更正下列标注的错误:

(1)$\phi 80^{-0.021}_{-0.009}$　　　　(2)$30^{-0.039}_{0}$　　　　(3)$120^{+0.021}_{-0.021}$　　　　(4)$\phi 60\dfrac{f7}{H8}$

(5)$\phi 80\dfrac{F8}{D6}$　　　　(6)$\phi 50\dfrac{8H}{7f}$　　　　(7)$\phi 50H8^{0.039}_{0}$

2-3　判断下列说法是否正确

(1)一般来说,零件的局部实际尺寸愈接近公称尺寸愈好。

(2)偏差是个代数差,所以它可正、可负也可以为零。

(3)公差通常为正值,在个别情况下也可以为负值或零。

(4)由于过渡配合可能得到间隙,也可能得到过盈,所以,过渡配合可能是间隙配合,也可能是过盈配合。

(5)孔和轴的加工精度愈高,则其配合精度也愈高。

(6)若某配合的最大间隙为 15 μm,配合公差为 41 μm,则该配合一定是过渡配合。

2-4　填空

(1)国标规定,标准公差用_____表示,有_____级,其中最高级为_____,最低级为_____,而常用的配合公差等级为_____。

(2)国标规定,孔、轴的基本偏差各有_____种,其中 H 为_____的基本偏差代号,其基本偏差为_____极限偏差,其偏差值为_____;h 为_____的基本偏差代号,其基本偏差为_____极限偏差,其偏差值为_____。

(3)js 和 JS 的基本偏差_____。

(4)国标规定有两种配合制度:_____和_____,一般应优先选用_____,以减少_____,降低生产成本。

(5)在满足使用要求的情况下,精度等级越_____越好。

(6)配合种类分为_____、_____和_____三大类,当相配合的孔轴需有相对运动或需经常拆装时,应选_____配合。

(7)标准公差由公称尺寸和_____共同确定。

(8)基本偏差由公称尺寸和_____共同确定,一般和精度等级无关。

2-5 下面三根轴哪根精度最高?哪根精度最低?

(1)$\phi70^{+0.105}_{+0.075}$ (2)$\phi250^{-0.015}_{-0.044}$ (3)$\phi10^{0}_{-0.022}$

2-6 查表确定下列各尺寸的公差带代号:

(1)轴 $\phi18^{0}_{-0.011}$ (2)孔 $\phi120^{+0.087}_{0}$ (3)轴 $\phi50^{-0.050}_{-0.075}$ (4)孔 $\phi65^{+0.005}_{-0.041}$

2-7 查表确定下列公差带的上、下极限偏差。

(1)$\phi25f7$ (2)$\phi30JS6$ (3)$\phi30Z6$ (4)$\phi30M7$

(5)$\phi40P7$ (6)$\phi40m5$ (7)$\phi45e9$ (8)$\phi50D9$

(9)$\phi50k6$ (10)$\phi50u7$ (11)$\phi60d8$ (12)$\phi80JS8$

(13)$\phi80m6$ (14)$\phi100k6$ (15)$\phi120p7$ (16)$\phi140C10$

(17)$\phi150N7$ (18)$\phi200h11$ (19)$\phi250J6$ (20)$\phi400M8$

2-8 说明下列配合符号所表示的配合制,公差等级和配合类别(间隙配合、过渡配合或过盈配合),并查表计算其极限间隙或极限过盈,画出其尺寸公差带图。

(1)$\phi15JS8/g7$; (2)$\phi50S8/h8$;

(3)$\phi120H7/g6$ 和 $\phi120G7/h6$; (4)$\phi40K7/h6$ 和 $\phi40H7/k6$。

2-9 根据表 2-19 给出的数据求空格中应有的数据,并填入空格内。

表 2-19 习题 2-9 表 mm

公称尺寸	孔			轴			X_{max} 或 Y_{min}	X_{min} 或 Y_{max}	X_{av} 或 Y_{av}	T_f	配合代号
	ES	EI	T_h	es	ei	T_s					
$\phi25$		0				0.013	+0.074		+0.057		
$\phi14$		0				0.011	−0.012	+0.002 5			
$\phi45$		0.025		0				−0.050	−0.029 5		

2-10 有一孔、轴配合为过渡配合,孔尺寸为 $\phi80^{+0.046}_{0}$ mm,轴尺寸为 $\phi80\pm0.015$ mm,求其最大间隙和最大过盈;画出配合的孔、轴公差带图。

2-11 有一配合为 $\phi50\dfrac{N8}{h7}$,试通过查表和计算来填下列空:

(1)孔的公差为_____mm,轴公差为_____mm;

(2)孔的基本偏差是_____mm,轴的基本偏差是_____mm;

(3)由上述结论得 N8＝(　　　),h7＝(　　　);

(4)该配合的基准制是_____;配合性质是_____;

(5)该配合的配合公差等于_____ mm;

(6)计算出孔和轴的上、下极限尺寸。

2-12　在某配合中,已知孔的尺寸标注为 $\phi20^{+0.013}_{0}$,$X_{max}＝+0.032$ mm,$T_f＝0.022$ mm,求该轴的上、下极限偏差及其公差带代号。

2-13　公称尺寸为 $\phi50$ mm 的基准孔和基准轴相配合,孔、轴的公差等级相同,配合公差 $T_f＝78$ μm,试确定孔、轴的极限偏差,并写成标注形式。

2-14　画出 $\phi15$js9 的公差带图,并标注该轴的极限尺寸、极限偏差。(已知公称尺寸为 15 mm 时,IT9＝43 μm)

2-15　求 $\phi40$H8/h8 的极限间隙或极限过盈。

2-16　已知公称尺寸为 $\phi40$ mm 的一对孔、轴配合,要求其配合间隙为 41～116 μm,试确定其配合代号,并画出公差带图。

2-17　设有一公称尺寸为 $\phi110$ mm 的配合,经计算,为保证连接可靠,其过盈不得小于 40 μm;为保证装配后不发生塑性变形,其过盈不得大于 110 μm。若已决定采用基轴制,试确定该配合的孔、轴公差带代号,并画出公差带图。

2-18　图 2-19 为钻床夹具简图,试根据表 2-20 的已知条件,选择配合种类。

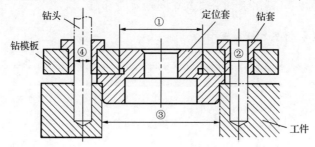

图 2-19　题 2-18 图

表 2-20　　　　　　　　　　　　　　　　**题 2-18 表**

配合种类	已知条件	配合种类
①	有定心要求,不可拆联结	
②	有定心要求,可拆联结(钻套磨损后可更换)	
③	有定心要求,孔、轴间需有轴向移动	
④	有导向要求,轴、孔间需有相对的高速转动	

第 3 章

测量技术基础

学习目的及要求

✦ 熟悉测量的基本概念

✦ 理解测量方法、计量器具的分类及常用的度量指标

✦ 掌握测量技术的基本理论和方法

3.1 概 述

3.1.1 测量与检验

在工业生产中,测量是进行质量管理的手段,是贯彻质量标准的技术保证。机器或仪器的零部件加工后是否符合设计图样的技术要求,需要经过测量或检验方能确定。

1. 测量(Measurement)

测量是指将被测量与具有确定计量单位的标准量进行比较,从而确定被测量的量值的实验过程。设在测量中,L 为被测量,E 为计量单位,q 为测量值,则

$$L = qE \tag{3-1}$$

一个完整的几何量测量过程应包括以下四个要素:

(1)被测对象

本课程研究的被测对象是机械几何量,包括长度、角度、形状和位置误差、表面粗糙度以及螺纹、齿轮等典型零件的几何参数等。

（2）计量单位

在我国规定的法定计量单位中，长度单位为米（m），角度单位为弧度（rad）及度（°）、分（′）、秒（″）。

在机械制造中，常用的长度单位是毫米（mm）；精密测量时，多采用微米（μm）；超精密测量时，多采用纳米（nm）。三者的换算关系为：$1\ \mu m = 10^{-3}\ mm$，$1\ nm = 10^{-6}\ mm$。

（3）测量方法

测量时所采用的测量原理、计量器具和测量条件的总和称为测量方法。

（4）测量精度

测量精度是指测量结果与被测量真值的一致程度。由于在测量过程中不可避免地存在测量误差，误差大说明测量结果精度低，误差小说明测量结果精度高，所以不给出测量精度，测量结果就没有意义。

2. 检验（Verification）

检验是指确定被测对象是否在规定的极限范围内，从而做出合格与否的判断。检验不需要（或不能）测得被测对象的具体量值，只需要判断其合格性。

3. 检定

检定是指计量器具的精度是否合格的实验过程。

3.1.2　长度计量单位和量值传递

长度计量单位是进行长度测量的统一标准。在我国法定计量单位制中，基本的长度计量单位是米（m）。

从法国在 18 世纪中叶给出米的最初定义开始，随着科学技术的进步，人类对米的定义也在不断发展和完善。1983 年，第十七届国际计量大会规定米的定义为："光在真空中 1/299 792 458 秒的时间间隔内行程的长度。"

以上是在理论上米的定义，使用时，需要对米的定义进行复现。我国采用碘吸收稳定的 0.633 μm 氦氖激光辐射波长来复现米。

在实际应用中，不便于也没必要用光波波长作为长度基准进行测量，而是采用各种计量器具进行测量。为了保证量值统一，必须把长度基准的量值准确地传递到计量器具和被测对象上。为此，需要从组织上和技术上建立一套严密而完整的系统，即长度量值传递系统。

在组织上，我国从国务院到地方，建立了各级计量管理机构，负责其管辖范围内的计量工作和量值传递工作。

在技术上，我国的波长基准通过两个平行的系统向下传递（图 3-1），即端面量具（量块）系统和刻线量具（线纹尺）系统。因此，量块和线纹尺都是量值传递的媒介，其中尤以量块的应用更广。

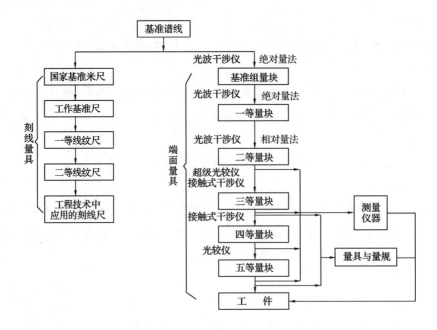

图 3-1 长度量值传递系统简图

3.1.3 量 块

量块又称块规,是一种无刻度的标准端面量具,用特殊合金钢制成,线膨胀系数小,不易变形,且耐磨性好。量块有长方体和圆柱两种,常用的是长方体。

量块上有两个相互平行、极为光滑平整的平面,称为测量面(或工作面)。从量块一个测量面的中心到与其另一测量面相研合的辅助体表面之间的垂直距离称为量块的中心长度,如图 3-2 所示,中心长度为量块的工作尺寸。量块上标出的尺寸称为量块的标称长度。

1.量块的级和等

量块按制造精度分为 5 级,即 0,1,2,3 和 K 级,其中 0 级精度最高,3 级精度最低,K 级为校准级,用来校准 0,1,2 级量块。量块的"级"主要是根据量块长度极限偏差和量块长度变动量的允许值来划分的。

图 3-2 量块的中心长度

量块按检定分为 5 等,即 1,2,3,4 和 5 等,其中 1 等精度最高,5 等精度最低。量块的"等"主要是根据检定时测量的不确定度和量块长度变动量的允许值来划分的。

2.量块的使用

量块可以按"级"或"等"使用。

量块按"级"使用时,以量块的标称长度作为工作尺寸,该尺寸包含了量块的制造误差,将被引入到测量结果中,因此测量精度不高,但因不需要加修正值,因此使用方便。

量块按"等"使用时,不以标称尺寸作为工作尺寸,而用量块经检定后所给出的实际中心长度尺寸作为工作尺寸。例如,某一标称长度为 10 mm 的量块,经检定其实际中心长度与标称长度之差为 +0.5 μm，则其中心长度为 10.000 5 mm。这样就消除了量块的制造误差的影响，提高了测量精度。但是，在检定量块时，不可避免地存在的较小测量误差被引入到测量结果中。因此，量块按"等"使用比按"级"使用的测量精度高。

　　量块按一定的尺寸系列成套生产，我国量块标准中共规定了 17 种成套的量块系列，表 3-1 为从标准中摘录的几套量块的尺寸系列。

表 3-1　　　　　　　　　　成套量块的尺寸（摘自 GB/T 6093—2001）

套　别	总块数	级　别	尺寸系列/mm	间隔/mm	块　数
1	91	0,1	0.5	—	1
			1	—	1
			1.001,1.002,…,1.009	0.001	9
			1.01,1.02,…,1.49	0.01	49
			1.5,1.6,…,1.9	0.1	5
			2.0,2.5,…,9.5	0.5	16
			10,20,…,100	10	10
2	83	0,1,2	0.5	—	1
			1	—	1
			1.005	—	1
			1.01,1.02,…,1.49	0.01	49
			1.5,1.6,…,1.9	0.1	5
			2.0,2.5,…,9.5	0.5	16
			10,20,…,100	10	10
3	46	0,1,2	1	—	1
			1.001,1.002,…,1.009	0.001	9
			1.01,1.02,…,1.09	0.01	9
			1.1,1.2,…,1.9	0.1	9
			2,3,…,9	1	8
			10,20,…,100	10	10
4	38	0,1,2	1	—	1
			1.005	—	1
			1.01,1.02,…,1.09	0.01	9
			1.1,1.2,…,1.9	0.1	9
			2,3,…,9	1	8
			10,20,…,100	10	10

　　量块的基本特性除了耐磨性、稳定性、准确性之外，还有一个重要特性——研合性。研合性是指两个量块的测量面相互接触，在不大的压力下做切向滑动就能贴附在一起的

特性。利用量块的研合性,把量块研合在一起,便可以组成所需要的各种尺寸。

在组合量块尺寸时,为获得较高的尺寸精度,应尽量减少量块组的数目,通常量块总数不超过 4 块。选用量块时,应根据所需要的组合尺寸,从最后一位数字开始选择,每选择一块量块,应使尺寸数字的位数至少减少一位。以此类推,逐一选取,直到组合成完整的尺寸。

例如,需组成的尺寸为 89.765 mm,若使用 83 块一套的量块,参考表 2-1,可按如下步骤选择量块尺寸:

$$
\begin{array}{ll}
89.765 & \cdots\cdots\cdots\text{需要的量块尺寸} \\
-1.005 & \cdots\cdots\cdots\text{第 1 块量块尺寸} \\
\hline
88.76 & \\
-1.26 & \cdots\cdots\cdots\text{第 2 块量块尺寸} \\
\hline
87.5 & \\
-7.5 & \cdots\cdots\cdots\text{第 3 块量块尺寸} \\
\hline
80 & \cdots\cdots\cdots\text{第 4 块量块尺寸}
\end{array}
$$

除可作为长度基准进行尺寸传递外,生产中还可以用量块来检定和校准计量器具,调整计量器具的零位,有时还可直接用于精密测量、精密画线和精密机床的调整。

3.2 计量器具和测量方法

3.2.1 计量器具的分类

测量仪器和测量工具统称为计量器具。通常把没有传动放大系统的测量工具称为量具,如游标卡尺、直角尺和量规等;把具有传动放大系统的测量仪器称为量仪,如机械比较仪、测长仪、电动轮廓仪等。计量器具按原理、结构特点及用途可分为:

1.标准计量器具

标准计量器具是指测量时体现标准量的计量器具,通常用来校对和调整其他计量器具,或作为标准量与被测量进行比较。标准计量器具中,只能体现某一固定量值的称为定值标准计量器具,如量块、直角尺等;能体现某一范围内多种量值的称为变值标准计量器具,如线纹尺、正多面棱体等。

2.通用计量器具

通用计量器具是指通用性较大,可用来测量某一范围内的各种尺寸(或其他几何量)并能获得具体读数值的计量器具。通用计量器具按工作原理可分为以下几类:

(1)游标类量具,如游标卡尺、游标高度尺、游标量角器等。

(2)微动螺旋类量具,如千分尺、公法线千分尺等。

(3)机械式量仪,如百分表、齿轮杠杆比较仪、扭簧比较仪等。机械式量仪用机械传动方法实现原始信号的转换。

(4)光学式量仪,如光学比较仪、万能工具显微镜、光栅测长仪、激光干涉仪、投影仪等。光学式量仪用光学方法实现原始信号的转换。

(5)电动式量仪,如电感比较仪、电动轮廓仪、圆度仪等。电动式量仪将原始信号转换为电学参数来实现几何量的测量。

(6)气动式量仪,如水柱式气动量仪、浮标式气动量仪等。气动式量仪通过气动系统的流量或压力变化实现原始信号的转换。

(7)微机化量仪,如数显万能测长仪、电脑表面粗糙度测量仪、三坐标测量仪等。微机化量仪是指在微机系统控制下,可实现测量数据的自动采集、处理、显示和打印的机电一体化量仪。

3. 量规

量规又称极限量规,是一种没有刻度(线)的专用计量器具,用于检验零件要素的实际尺寸及形状、位置的实际情况所形成的综合结果是否处于规定的范围内,从而判断零件是否合格。量规不能获得被测量的具体数值,只能判断零件是否合格,如光滑极限量规、螺纹量规、功能量规等。

4. 检验夹具

检验夹具是一种可将零件定位,能够检测较多或较复杂几何量的夹具形式的专用计量器具。它在和相应的计量器具配套使用时,可方便地检验出被测零件的各项参数。如检验滚动轴承用的各种检验夹具,可同时测出轴承套圈的尺寸和径向或端面跳动等。

3.2.2 计量器具的度量指标

计量器具的度量指标用来说明计量器具的性能和功用,也是选择和使用计量器具的重要依据。下面以机械式量仪(图 3-3)为例介绍一些常用的计量器具的度量指标。

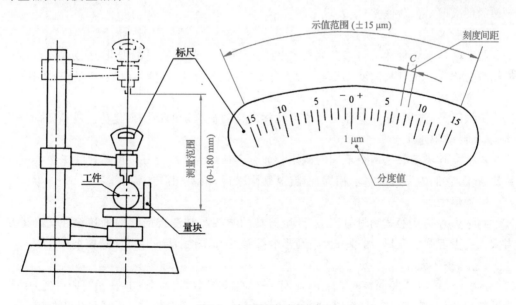

图 3-3 计量器具的度量指标

1. 刻度间距

刻度间距是指计量器具的刻度尺(或刻度盘)上两相邻刻线中心之间的距离。为了适于人眼观察和读数,刻度间距一般为 1~2.5 mm。

2. 分度值

分度值是指在计量器具的刻度尺(或刻度盘)上相邻两刻线所代表的量值。当某计量器具上有多个刻度尺且它们的分度值不全相同时,通常以最小的分度值代表该计量器具的分度值。例如,外径百分尺微分筒上相邻两刻线所代表的量值为 0.01 mm,则该计量器具的分度值为 0.01 mm。分度值是一种计量器具所能直接读出的最小单位量值。

对于数显式仪器,其分度值称为分辨率,它是指计量器具显示的最末一位数所代表的量值。一般来说,分度值越小,计量器具的精度越高。

3. 示值范围

示值范围是指计量器具所指示或显示的从最小值到最大值的范围。例如,图 3-3 中机械式量仪指示的最小值为 $-15~\mu m$,最大值为 $+15~\mu m$,所以示值范围为 $\pm 15~\mu m$。

4. 测量范围

测量范围是指计量器具所能测量的从最小值到最大值的范围。例如,某一外径百分尺的测量范围为 25~50 mm;图 3-3 中机械式量仪的测量范围取决于横臂可升降的调节范围,为 0~180 mm。

5. 示值误差

示值误差是指计量器具的示值与被测量真值之差。一般可用适当精度的量块或其他标准计量器具,来检定其示值误差。

6. 示值稳定性

示值稳定性是指在测量条件不变的情况下,对同一被测量进行多次重复测量(一般为 5~10 次)所得示值的最大变动范围。示值稳定性又称为测量重复性,通常以测量重复性误差的极限值(正、负偏差)来表示。

7. 灵敏度

灵敏度是指计量器具对被测量变化的反应能力。若被测量的变化为 ΔL,计量器具上相应变化为 Δx,则灵敏度为 $\Delta x / \Delta L$。当 ΔL 和 Δx 为同一量时,灵敏度又称放大比。

8. 灵敏限

灵敏限是指能引起计量器具示值可觉察变化的被测量的最小变化值。越精密的计量器具,其灵敏限越小。

灵敏度和灵敏限是两个不同的概念。如分度值均为 0.001 mm 的齿轮式千分表与扭簧比较仪,它们的灵敏度基本相同,但就灵敏限来说,后者比前者高。

9. 测量力

测量力是指接触式测量过程中,计量器具的测头与被测表面之间的接触压力。测量力太大会引起弹性变形,测量力太小则影响接触的可靠性,从而降低测量精度。

10. 回程误差

回程误差是指在相同测量条件下,对同一被测量进行往、返两个方向测量时所得到的两个测量值之差的绝对值。它是由计量器具中测量系统的间隙、变形和摩擦等原因引起的。

11. 修正值

修正值是指为消除计量器具的系统误差,用代数法加到测量结果上的值。计量器具修正值的大小与示值误差绝对值相等而符号相反。例如,已知某外径百分尺的示值误差为+0.01 mm,则其修正值为−0.01 mm。若测量时该百分尺读数为 20.04 mm,则测量结果为 20.04+(−0.01)=20.03 mm。

12. 不确定度

不确定度是指由于测量误差的存在导致测量值不能确定的程度。计量器具的不确定度是一项综合精度指标,它包括示值误差、示值稳定性、回程误差、灵敏限以及调整标准量误差等的综合影响,不确定度用误差界限表示。例如,分度值为 0.01 mm 的外径百分尺,在车间条件下测量一个尺寸为 50 mm 的零件时,其不确定度为±0.004 mm,这说明测量结果与被测量真值之间的差值的绝对值小于或等于 0.004 mm,即测量结果最大不会大于 50.004 mm,最小不会小于 49.996 mm。

3.2.3 测量方法的分类及特点

广义的测量方法是指测量时所采用的测量原理、计量器具和测量条件的总和。在实际工作中,往往从获得测量结果的方式方面来理解测量方法,并对其从不同的角度进行分类。

1. 按实测量与被测量的关系分类

(1)直接测量

直接测量是指用计量器具直接测量被测量的实际数值或相对于标准量的偏差的测量方法。例如,用游标卡尺、比较仪和量块测量轴径等。

(2)间接测量

间接测量是指测量与被测量有函数关系的其他量,然后再通过函数关系式求出被测量的测量方法。如图 3-4 所示,为了测量非整圆零件的半径 R,可采用弓高弦长法,通过测量其弓高 h 和弦长 s 而计算出 R,即

$$R = \frac{s^2}{8h} + \frac{h}{2} \tag{3-2}$$

为了减小测量误差,一般都采用直接测量,必要时也可采用间接测量。

2. 按测量时是否与标准量比较分类

(1)绝对测量

绝对测量是指在计量器具的读数装置上直接读出被测量全值的测量方法。例如,用游标卡尺测量轴径。

(2)相对测量

相对测量是指在计量器具的读数装置上只读出被测量相对于已知标准量的偏差值,而被测量的全值为该偏差值与已知标准量的代数和的测量方法。如图 3-5 所示为用机械式量仪测量轴径,先用与轴径公称尺寸相等的量块(或标准件)调整比较仪的零位,然后再换上被测件,在比较仪指示表上所读出的是被测件相对于标准件的偏差,因而轴径的尺寸就等于标准件的尺寸与比较仪指示表读数的代数和。

相对测量虽然不如绝对测量方便,但可以获得更高的测量精度。

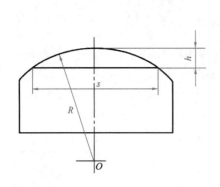

图 3-4　间接测量

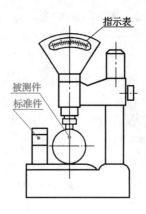

图 3-5　相对测量

3. 按测量时是否存在测量力分类

（1）接触测量

接触测量是指测量时计量器具的测头与被测件表面直接接触，并有测量力存在的测量方法。例如，用外径百分尺测量轴径、用电动轮廓仪测量表面粗糙度等。

（2）非接触测量

非接触测量是指计量器具的测头与被测件表面不接触，不存在测量力的测量方法。例如，用光切显微镜测量表面粗糙度。

接触测量会引起被测件表面和计量器具有关部分产生弹性变形，因而影响测量精度，而非接触测量则无此影响。

4. 按同时被测几何量的多少分类

（1）单项测量

单项测量是指分别而独立地测量被测件的各个几何量的测量方法。例如，用工具显微镜分别测量螺纹的中径、螺距和牙侧角。

（2）综合测量

综合测量是指同时测量被测件某些相关几何量的综合效果的测量方法。例如，用螺纹量规检验螺纹作用中径的合格性。

综合测量效率高，适用于检验被测件的合格性，但不能测出各个几何量的数值；当需要进行工艺分析时，应采用单项测量。

5. 按测量时是否存在相对运动分类

（1）静态测量

静态测量是指测量时计量器具测头与被测件表面处于相对静止状态的测量方法。例如，用游标卡尺测量轴径。

（2）动态测量

动态测量是指测量时计量器具测头与被测件表面间有相对运动的测量方法。例如，用偏摆检测仪测量跳动误差。

动态测量可测出零件上某些几何量连续变化的情况，经常用于测量零件运动精度参数。

6. 按测量在加工过程中所起的作用分类

（1）主动测量

主动测量是指在加工过程中对零件进行测量的测量方法，其测量结果用来控制零件的加工过程，从而及时防止废品的产生。

（2）被动测量

被动测量是指加工后对零件进行测量的测量方法，其测量结果只能用来判断零件是否合格，仅限于发现并剔除废品。

主动测量使检测与加工过程紧密结合，以保证产品质量；被动测量是验收产品时的一种检测方法。

7. 按决定测量结果的全部因素或条件是否改变分类

（1）等精度测量

等精度测量是指在测量过程中，影响测量精度的各因素或条件都不改变的测量方法。例如，在相同环境下，由同一人员使用同一计量器具，采用同一方法，对同一被测量进行次数相等的重复测量。

（2）不等精度测量

不等精度测量是指在测量过程中，影响测量精度的各因素或条件全部或部分有改变的测量方法。例如，在其他测量条件不变的情况下，重复测量的次数发生改变的测量。

一般情况下都采用等精度测量。

3.3　测量误差与数据处理

3.3.1　测量误差的概念

由于计量器具本身的误差、测量方法的不完善、测量环境的限制或其他因素的影响，测量时无法获得被测量的真值。测量所得到的测量值，往往只是在一定程度上近似于真值，这种偏离真值的程度在数值上即表现为测量误差。测量误差有绝对误差和相对误差之分。

1. 绝对误差 δ

绝对误差 δ 是指测得值 x 与被测量真值 x_0 之差，即

$$\delta = x - x_0 \tag{3-3}$$

一般情况下，被测量的真值是不知道的。在实际测量时，常用相对真值或不存在系统误差情况下的多次测量的算术平均值来代表真值。

由于测得值可能大于或小于真值，所以绝对误差可能是正值也可能是负值。例如，用分度值为 0.02 mm 的游标卡尺测量某零件尺寸为 40.04 mm，而该零件用高精度测量仪测量的结果（相对真值）为 40.025 mm，则该游标卡尺测量的绝对误差为 $40.04 - 40.025 = +0.015$ mm。

2. 相对误差 ε

相对误差是指测量的绝对误差的绝对值与被测量真值之比，即

$$\varepsilon = \frac{|x - x_0|}{x_0} \times 100\% \approx \frac{|\delta|}{x_0} \times 100\% \qquad (3\text{-}4)$$

若以相对误差表示上述绝对误差的实例,则有 $\varepsilon = \dfrac{0.015}{40.025} \times 100\% = 0.04\%$。

当被测量的大小相同或近似时,可用绝对误差比较测量精度的高低;当被测量的大小相差很大时,则用相对误差比较测量精度的高低。

3.3.2 测量误差的来源

产生测量误差的原因很多,主要有以下几个方面:

1.计量器具误差

计量器具误差是指与计量器具本身的设计、制造和使用过程有关的各项误差。这些误差的总和表现在计量器具的示值误差和示值稳定性上。

设计计量器具时,若结构不符合理论要求,则会产生误差。例如,用均匀刻度的刻度尺近似地代替理论上要求非均匀刻度的刻度尺所产生的误差;为了简化结构,采用近似设计的机构来实现理论要求的运动所产生的误差。

常见的一项计量器具误差是阿贝误差,即由于违背阿贝原则而引起的测量误差。阿贝原则是指在设计计量器具或测量零件时,应该将被测长度与计量器具的基准长度安置在同一条直线上,否则将会产生较大的测量误差。例如,当游标卡尺的测量原理不满足阿贝原则时,如图 3-6 所示,当游标卡尺的活动量爪有偏角 φ 时,将产生测量误差 $\delta = L' - L$。

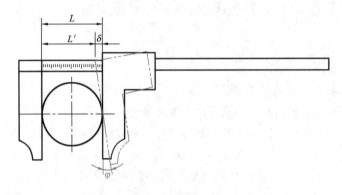

图 3-6　游标卡尺与阿贝原则

计量器具零件的制造误差、装配误差以及使用中的变形也会产生测量误差。

此外,相对测量时使用的标准量的误差,如量块的误差,也将直接反映到测量结果中。

2.测量方法误差

测量方法误差是指由于测量方法不完善(包括计算公式不准确、测量方法选择不当、测量基准不统一、工件安装不合理以及测量力等)而引起的误差。

3.测量环境误差

测量环境误差是指测量时的环境条件不符合标准条件所引起的误差。例如,温度、湿度、气压、照明等不符合标准以及计量器具上有灰尘或振动等引起的误差。其中,温度对测量结果的影响最大。我国规定测量的标准温度为 20 ℃。

4. 测量人员误差

测量人员误差是指测量人员的主观因素所引起的误差。例如,测量人员技术不熟练、注意力不集中、视觉偏差、估读错误等引起的误差。

总之,产生测量误差的因素很多,测量时应找出这些因素,并采取相应的措施,设法减少或消除它们对测量结果的影响,以保证测量精度。

3.3.3　测量误差的分类

测量误差按其性质可分为系统误差和随机误差两类。

1. 系统误差

系统误差是指在相同测量条件下重复测量某一被测量时,误差的绝对值和符号固定不变或按一定的规律变化的误差。它是在重复性条件下,对同一被测量进行无穷多次测量所得结果的平均值与被测量真值之差。

系统误差按照数值是否变化可分为定值系统误差(如在相对测量中标准器的误差等)和变值系统误差(如表盘安装偏心所造成的示值误差等)。按照对误差变化规律掌握的程度可分为已定系统误差和未定系统误差。已定系统误差的规律是确定的,因而可以设法消除或在测量结果中加以修正;但对未定系统误差,由于其变化规律未掌握,往往无法消除,而按随机误差处理。

2. 随机误差

随机误差是指在一定测量条件下,多次测量同一被测量时,测量误差的绝对值和符号以不可预定的方式变化的误差,也称偶然误差。随机误差的产生是由于测量过程中各种微小的随机因素而引起的,例如,温度的微量波动、测量力不稳定、机构间隙和摩擦力的变化等。对于任何一次测量,随机误差都是不可避免的,不能消除,但通常可以通过增加观测次数来减小。

测量误差不应与测量中产生的错误和过失相混淆。测量中的过错常称为"粗大误差"或"过失误差",它不属于定义的测量误差的范畴。粗大误差是指由于测量人员的疏忽或测量环境条件的突然变化而产生的误差,如计量器具操作不正确、读错数值、记录错误、计算错误等。通常情况下,这类误差的数值都比较大,使测量结果明显歪曲,因此应及时发现,并从测量数据中剔除。

3.3.4　测量精度的分类

测量精度是指被测量的测得值与其真值的接近程度。它和测量误差是从不同角度说明同一概念的术语。测量误差越大,测量精度越低;测量误差越小,测量精度越高。为了反映系统误差与随机误差的区别及其对测量结果的影响,测量精度可分为以下三种:

1. 精密度

精密度表示测量结果中随机误差的影响程度。若随机误差小,则精密度高。

2. 正确度

正确度表示测量结果中系统误差的影响程度。若系统误差小,则正确度高。

3. 准确度（也称精确度）

准确度表示测量结果中随机误差和系统误差综合的影响程度。若随机误差和系统误差都小，则准确度高。

一般来说，随机误差和系统误差是没有必然联系的。因此，对一个具体的测量而言，精密度高，正确度不一定高；正确度高，精密度不一定高；只有精密度和正确度都高，准确度才高。以打靶为例，图 3-7(a)所示为弹着点密集但偏离靶心，说明随机误差小而系统误差大，即精密度高而正确度低；图 3-7(b)所示为弹着点围绕靶心分布，但很分散，说明系统误差小而随机误差大，即正确度高而精密度低；图 3-7(c)所示为弹着点既分散又偏离靶心，说明随机误差与系统误差都较大，即精密度与正确度都低；图 3-7(d)所示为弹着点既围绕靶心分布而且弹着点又密集，说明系统误差与随机误差都小，即精密度与正确度都高，因而准确度也高。

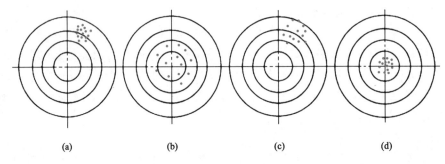

| (a) | (b) | (c) | (d) |

图 3-7 精密度、正确度和准确度

3.3.5 随机误差的特性

随机误差的数值通常不大，虽然某一次测量的随机误差大小、符号不能预料，但是进行多次重复测量，对测量结果进行统计、计算，就可以看出随机误差符合一定的统计规律，并且在大多数情况下符合正态分布规律，其正态分布曲线如图 3-8 所示。

正态分布的随机误差具有以下四个特性：

① 对称性

绝对值相等、符号相反的随机误差出现的概率相等。

② 单峰性

随机误差的绝对值越小，出现的概率越大；随机误差的绝对值越大，出现的概率越小。

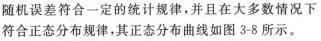

$$y = \frac{1}{\sigma\sqrt{2\pi}} e^{-\frac{\delta^2}{2\sigma^2}}$$

图 3-8 正态分布曲线

③ 抵偿性

在一定测量条件下，随机误差的代数和趋近于零。

④ 有界性

在一定测量条件下，随机误差的绝对值不会超出一定的范围。

实际使用时，可直接查正态分布积分表。下面列出几个特殊区间的概率值（设 $z = \delta/\sigma$）：

当 $z=1$ 时,$\delta=\pm\sigma$ $\phi(z)=0.341\,3$ $P=0.682\,6=68.26\%$

当 $z=2$ 时,$\delta=\pm2\sigma$ $\phi(z)=0.477\,2$ $P=0.954\,4=95.44\%$

当 $z=3$ 时,$\delta=\pm3\sigma$ $\phi(z)=0.498\,65$ $P=0.997\,3=99.73\%$

当 $z=4$ 时,$\delta=\pm4\sigma$ $\phi(z)=0.499\,97$ $P=0.999\,3=99.93\%$

由上述可见,正态分布的随机误差 99.73% 可能分布在 $\pm3\sigma$ 范围内,而超出该范围的概率仅为 0.27%,可以认为这种可能性几乎没有了。因此,可将 $\pm3\sigma$ 视为单次测量的随机误差的极限值,将该值称为极限误差,记为

$$\delta_{\lim}=\pm3\sigma=\pm3\sqrt{\frac{\sum_{i=1}^{n}\delta_i^2}{n-1}} \tag{3-5}$$

式中 δ——随机误差;

      σ——标准偏差;

      n——测量次数。

然而,$\pm3\sigma$ 不是唯一的极限误差估算值。选择不同的 z 值,就对应不同的概率,可得到不同的极限误差,其可信度也不一样。如:选 $z=2$,则 $P=95.44\%$,可信度达 95.44%。如果选 $z=3$,则 $P=99.73\%$,可信度达 99.73%。为了反映这种可信度,将这些百分比称为置信概率。在几何量测量时,一般取 $z=3$,其置信概率为 99.73%。例如某次测量的测得值为 50.002 mm,若已知标准偏差 $\sigma=0.000\,3$ mm,置信概率取 99.73%,则此测得值的极限误差为 $\pm3\times0.000\,3=\pm0.000\,9$ mm。测量结果为

$$50.002\pm3\times0.000\,3=(50.002\pm0.000\,9)\text{mm}$$

上述结果说明,该测得值的真值有 99.73% 的可能性在 50.001 1～50.002 9,可写作 $(50.002\pm0.000\,9)$ mm。

因此,单次测量结果为

$$x=x_i\pm\delta_{\lim}=x_i\pm3\sigma \tag{3-6}$$

式中,x_i 为某次测得值。

从正态分布曲线公式 $y=f(\delta)=\dfrac{1}{\sigma\sqrt{2\pi}}\mathrm{e}^{-\frac{\delta^2}{2\sigma^2}}$ 可以看出,概率密度 y 与随机误差 δ 及标准偏差 σ 有关。当 $\delta=0$ 时,y 最大,$y_{\max}=\dfrac{1}{\sigma\sqrt{2\pi}}$。不同的 σ 对应形状不同的正态分布曲线,σ 越小,$y_{\max}$ 值越大,曲线越陡,随机误差分布越集中,如图 3-9 所示。根据误差理论,正态分布曲线中心位置的平均值 $\bar{x}$ 代表被测量的真值 x_0,标准偏差 σ 代表测得值的分散程度。因此,σ 可以作为表示各测得值的精度的指标,并用来计算随机误差的极限值。

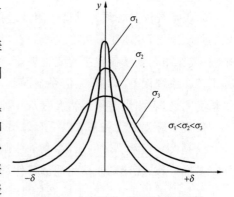

图 3-9　3 种不同 σ 的正态分布曲线

3.3.6 测量误差的数据处理

在相同的测量条件下,对同一被测量进行多次连续测量,可以得到测量列。测量列中可能存在随机误差、系统误差和粗大误差,因此,必须对这些误差进行处理。

1. 随机误差的处理

随机误差的出现是不可避免和无法消除的。为了减小其对测量结果的影响,可以用概率和数理统计的方法来估算随机误差的范围和分布规律,其处理步骤是:

(1)计算算术平均值

$$\bar{x} = \frac{1}{n} \sum_{i=1}^{n} x_i \tag{3-7}$$

(2)计算残差

$$v_i = x_i - \bar{x} \tag{3-8}$$

(3)计算单次测量值的标准偏差

$$\sigma = \sqrt{\frac{\sum_{i=1}^{n} (x_i - \bar{x})^2}{n-1}} \tag{3-9}$$

(4)计算算术平均值的标准偏差

$$\sigma_{\bar{x}} = \frac{\sigma}{\sqrt{n}} \tag{3-10}$$

(5)计算算术平均值的极限误差

$$\delta_{\lim\bar{x}} = \pm 3\sigma_{\bar{x}} \tag{3-11}$$

(6)写出测量结果

$$x_0 = \bar{x} \pm \delta_{\lim\bar{x}} = \bar{x} \pm 3\sigma_{\bar{x}} \tag{3-12}$$

2. 系统误差的发现和消除

发现系统误差必须针对具体测量过程和计量器具进行全面而仔细的分析。从数据处理的角度出发,发现变值系统误差最直观的方法是"残差观察法",即将测量列按测量顺序排列(或作图),观察各残差的变化规律。若残差大体正负相同,无显著变化规律,则可认为不存在系统误差。对于定值系统误差,可以采用"实验对比法",即改变测量条件进行不等精度测量,若测量结果仍然没有差异,则表示不存在系统误差。

发现系统误差后需采取以下有效措施加以消除:

一是误差根除法。例如,在测量前调整好计量器具的工作台、调准零位;测量基准与加工基准一致;使计量器具和被测零件都处于标准温度;等等。

二是误差修正法。对于标准量具、标准件以及测量仪器的刻度尺,可以用更精密的标准件或仪器事先检定出计量器具的系统误差,将此误差的相反数作为修正值加到测量结果上。例如,量块按"等"使用;三坐标测量机的刻度值先修正再使用;等等。

三是误差抵消法。有些情况下,可以人为地使两次测量产生的系统误差大小相等或相近,符号相反。这时,取两次测量值的平均值作为测量结果,就能够消除系统误差。例如,在工具显微镜上测量螺纹的螺距,如果零件安装后其轴线与仪器工作台移动方向不平行,则一侧螺距的测得值会大于其真值,而另一侧螺距的测得值会小于其真值,这时,取两侧螺距测得值的平均值作为测量值,就会从测量结果中消除该项系统误差。

消除和减小系统误差的关键是找出产生误差的根源和规律。实际上,系统误差不可能完全被消除。一般来说,系统误差若能减小到使其影响相当于随机误差的程度,则可认为已被消除。

3. 粗大误差的剔除

粗大误差一般数值与其他测量值相差较大,会显著地歪曲测量结果,应按一定准则加以剔除。

发现和剔除粗大误差的方法,通常是用重复测量法或者改用另一种测量方法加以核对。对于等精度多次测量值,判断和剔除粗大误差较简便的方法是 3σ 准则。

3σ 准则的依据主要来自随机误差的正态分布规律。从随机误差的特性可知,测量误差越大,出现的概率越小,误差的绝对值超过 $\pm 3\sigma$ 的概率仅为 0.27%,故认为是不可能出现的。因此,凡绝对值大于 3σ 的残差,就作为粗大误差而予以剔除,其判断式为

$$|v_i| > 3\sigma \qquad\qquad (3\text{-}13)$$

剔除具有粗大误差的测量值后,应根据剩下的测量值重新计算 σ,然后再根据 3σ 准则判断剩下的测量值中是否还存在粗大误差。每次只能剔除一个,直到剔除完为止。

当测量次数小于 10 次时,不能利用 3σ 准则剔除粗大误差。

3.3.7 直接测量列的数据处理

根据以上分析,对直接测量列的数据处理应按以下步骤进行:

1. 判断测量列中是否存在定值系统误差,若存在,应用修正法消除。
2. 计算测量列的算术平均值。
3. 计算测量列的残差。
4. 判断测量列中是否存在变值系统误差,若存在,应设法消除或减小。
5. 计算单次测量值的标准偏差。
6. 判断测量列中是否存在粗大误差,若存在,应剔除并重新组成测量列,重复上述步骤,直到无粗大误差为止。
7. 计算算术平均值的标准偏差。
8. 计算算术平均值的极限误差。
9. 写出测量结果。

【**例 3-1**】 用立式光学计对某轴同一部位进行 10 次等精度测量,测得数值见表 3-2,假设已经消除了定值系统误差,试求其测量结果。

表 3-2   **数据处理计算表**

序　　号	测得值 x_i/mm	残差 $v_i = x_i - \overline{x}$/μm	残差的平方 v_i^2/μm²
1	29.955	−2	4
2	29.958	+1	1
3	29.957	0	0
4	29.958	+1	1
5	29.956	−1	1
6	29.957	0	0
7	29.958	+1	1
8	29.955	−2	4
9	29.957	0	0
10	29.959	+2	4
$\overline{x} = 29.957$		$\sum\limits_{i=1}^{10} v_i = 0$	$\sum\limits_{i=1}^{10} v_i^2 = 16$

解

（1）计算算术平均值 $\overline{x}$

$$\overline{x} = \frac{1}{10} \sum_{i=1}^{10} x_i = 29.957 \text{ mm}$$

（2）计算残差 v_i

$$v_i = x_i - \overline{x}$$

各残差的数值见表 2-2，同时计算出 v_i^2 及累加值。

（3）判断变值系统误差

按照残差观察法，测量列中的残差大体上正负相间，无明显的变化规律，所以不存在变值系统误差。

（4）计算单次测量值的标准偏差 σ

$$\sigma = \sqrt{\frac{\sum\limits_{i=1}^{n}(x_i - \overline{x})^2}{n-1}} = \sqrt{\frac{16}{10-1}} \approx 1.3 \text{ μm}$$

（5）判断粗大误差

按照 3σ 准则，测量列中的残差的绝对值都没有大于 3σ，所以不存在粗大误差。

（6）计算算术平均值的标准偏差 $\sigma_{\overline{x}}$

$$\sigma_{\overline{x}} = \frac{\sigma}{\sqrt{n}} = \frac{1.3}{\sqrt{10}} \approx 0.41 \text{ μm}$$

（7）计算算术平均值的极限误差 $\delta_{\lim\overline{x}}$

$$\delta_{\lim\overline{x}} = \pm 3\delta_{\overline{x}} = \pm 3 \times 0.41 = \pm 1.23 \text{ μm}$$

（8）写出测量结果

$$x_0 = \overline{x} \pm \delta_{\lim\overline{x}} = 29.957 \pm 0.001\,23 \text{ mm}$$

3.3.8　间接测量列的数据处理

间接测量的特点是所需的测量值 y 不是直接测出的，而是通过测量与之有关的独立

量值 $x_1, x_2, \cdots, x_n$ 后,经过函数关系式计算而得到的。设间接被测量 y 与多个直接被测量 $x_1, x_2, \cdots, x_n$ 之间的函数关系为

$$y = f(x_1, x_2, \cdots, x_n) \tag{3-14}$$

式中　　y——间接测量求出的量值;

　　　　x_i——各个直接测量得到的量值。

1. 系统误差的合成

若直接测量值 x_i 存在系统误差 Δx_i,对式(3-14)全微分就可求得被测量 Y 的系统误差为

$$\Delta Y = \frac{\partial f}{\partial x_1} \Delta x_1 + \frac{\partial f}{\partial x_2} \Delta x_2 + \cdots + \frac{\partial f}{\partial x_n} \Delta x_n = \sum_{i=1}^{n} \frac{\partial f}{\partial x_i} \Delta x_i \tag{3-15}$$

式中　　$\dfrac{\partial f}{\partial x_i}$——直接测量值 x_i 的误差传递系数。

式 3-15 为间接测量列的系统误差传递公式。

2. 随机误差的合成

设直接测量各分量 x_i 为随机变量,且相互独立,则 y 的方差与各分量的方差有如下关系

$$\sigma_y^2 = \left(\frac{\partial f}{\partial x_1} \sigma_{x_1}\right)^2 + \left(\frac{\partial f}{\partial x_2} \sigma_{x_2}\right)^2 + \cdots + \left(\frac{\partial f}{\partial x_n} \sigma_{x_n}\right)^2 \tag{3-16}$$

式中　　σ_y——间接测量求出的量值的标准偏差;

　　　　σ_{x_i}——各个直接测量得到的量值的标准偏差。

若各分量均为正态分布,在置信概率为 99.73% 的条件下,各分量的测量极限误差为 $\delta_{\lim x_i} = \pm 3\sigma_{x_i}$,则 y 的测量极限误差(置信概率为 99.73%)为

$$\delta_{\lim y} = \pm 3\sigma_y = \pm 3 \sqrt{\left(\frac{\partial f}{\partial x_1} \sigma_{x_1}\right)^2 + \left(\frac{\partial f}{\partial x_2} \sigma_{x_2}\right)^2 + \cdots + \left(\frac{\partial f}{\partial x_n} \sigma_{x_n}\right)^2}$$
$$= \pm \sqrt{\left(\frac{\partial f}{\partial x_1} \delta_{\lim x_1}\right)^2 + \left(\frac{\partial f}{\partial x_2} \delta_{\lim x_2}\right)^2 + \cdots + \left(\frac{\partial f}{\partial x_n} \delta_{\lim x_n}\right)^2} \tag{3-17}$$

式中　　$\delta_{\lim y}$——间接测量求出的量值的极限偏差;

　　　　$\delta_{\lim x_i}$——各个直接测量得到的量值的极限偏差。

【例 3-2】 用弓高弦长法测量某圆弧样板的半径,若测得值 $s = 500.012$ mm,$h = 50$ mm,它们的系统误差和测量极限误差分别为

$$\Delta s = +0.004 \text{ mm}, \Delta h = -0.001 \text{ mm}$$
$$\delta_{s\lim} = \pm 0.002 \text{ mm}, \delta_{h\lim} = \pm 0.000\,6 \text{ mm}$$

试求半径的测量结果。

解:

(1)确定间接测量的函数关系式,计算被测半径的数值 R

$$R = \frac{s^2}{8h} + \frac{h}{2} = \frac{500.012^2}{8 \times 50} + \frac{50}{2} = 650.03 \text{ mm}$$

(2)计算被测半径的系统误差

由于测得值 s 和 h 中含有系统误差,所以被测半径的数值中也含有系统误差,由式

(3-13),得

$$\Delta R = \frac{\partial R}{\partial s}\Delta s + \frac{\partial R}{\partial h}\Delta h = \frac{s}{4h}\Delta s + (-\frac{s^2}{8h^2}+\frac{1}{2})\Delta h$$

$$= \frac{500.012}{4\times50}\times(+0.004)+(-\frac{500.012^2}{8\times50^2}+\frac{1}{2})\times(-0.001)$$

$$= +0.022 \text{ mm}$$

(3)计算被测半径的测量极限误差

由式(3-14),得

$$\delta_{R\lim} = \pm\sqrt{(\frac{\partial R}{\partial s})^2\delta_{s\lim}^2 + (\frac{\partial R}{\partial h})^2\delta_{h\lim}^2}$$

$$= \pm\sqrt{(\frac{s}{4h})^2\delta_{s\lim}^2 + (-\frac{s^2}{8h^2}+\frac{1}{2})^2\delta_{h\lim}^2}$$

$$= \pm\sqrt{(\frac{500.012}{4\times50})^2\times0.002^2 + (-\frac{500.012^2}{8\times50^2}+\frac{1}{2})^2\times0.0006^2}$$

$$= \pm0.009 \text{ mm}$$

(4)写出测量结果

$$R_0 = (R-\Delta R)\pm\delta_{R\lim} = (650.03-0.022)\pm0.009 = 650.008\pm0.009 \text{ mm}$$

习 题

3-1 一个完整的测量过程包括哪几个要素?

3-2 量块的"级"和"等"是根据什么划分的?按"级"使用和按"等"使用有何不同?

3-3 以机械式量仪为例说明计量器具的常用度量指标。

3-4 试说明下列术语的区别:

(1)示值范围与测量范围;

(2)直接测量与间接测量;

(3)绝对测量与相对测量。

3-5 试述测量误差的分类及特性。

3-6 仪器读数在 40 mm 处的示值误差为 +0.003 mm,当用它测量工件时,读数正好是 40 mm,请问工件的实际尺寸是多少?

3-7 试利用 91 块一套的量块组合下列尺寸(mm):29.875,42.116,37.632。

3-8 对 300 mm 的轴用两种方法测量,其测量极限误差分别为 $\delta_{1\lim}=\pm12$ μm,$\delta_{2\lim}=\pm10$ μm;用第三种方法测量尺寸为 100 mm 的孔,测量极限误差为 $\delta_{3\lim}=\pm8$ μm。试问哪种测量方法的精确度最高?哪种最低?

3-9 在同一测量条件下,用机械式光较仪重复测量某轴的同一部位直径 10 次,各次测量值按测量顺序分别为(单位为 mm):

10.042   10.043   10.040   10.043   10.042

10.043　　　10.040　　　　10.042　　　　10.043　　　　10.042

设测量列中不存在定值系统误差,试确定:

(1)测量列算术平均值;

(2)判断测量列中是否存在变值系统误差;

(3)测量列中单次测量值的标准偏差;

(4)测量列中是否存在粗大误差;

(5)测量列算术平均值的标准偏差;

(6)测量列算术平均值的测量极限误差;

(7)以第四次测量值作为测量结果的表达式;

(8)以测量列算术平均值作为测量结果的表达式。

3-10　如图 3-10 所示的零件,其测量结果为:$d_1 = 30.02 \pm 0.01$ mm,$d_2 = 50.05 \pm 0.02$ mm,$l = 40.01 \pm 0.03$ mm,试求中心距 L 及其测量精度。

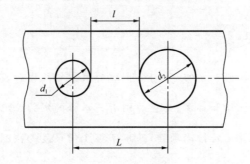

图 3-10　中心距的测量

第 4 章

几何公差及其检测

学 习 目 的 及 要 求

✦ 了解几何公差和几何要素的基本概念、理解典型的几何公差带的定义和特征

✦ 掌握几何公差的识读和标注、公差原则有关术语的定义、含义及应用

✦ 理解几何误差的评定及检测原则,基本掌握几何误差的检测方法

4.1 概 述

4.1.1 几何公差的作用

如图 4-1 所示的光轴,尽管其各段的截面尺寸都在 $\phi28f7$ 的尺寸范围内,但由于轴发生弯曲,所以孔、轴配合时就不能满足配合要求,甚至无法装配。

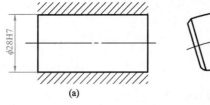 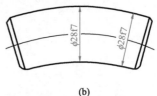

(a)   (b)

图 4-1　配合示意图

图 4-2(a)所示为一阶梯轴图样,要求 ϕd_1 表面为理想圆柱面,ϕd_1 轴线应与 ϕd_2 左端面相垂直。图 4-2(b)所示为加工后的实际零件,ϕd_1 表面圆柱度不好,ϕd_1 轴线与端面也不垂直,前者为形状误差,后者为方向误差(两者均为几何误差)。

由上述两例可知,为保证机器零件的互换性或达到配合性质的要求,仅仅研究零件的尺寸公差是远远不够的,还必须对零件提出形状、方向和位置等方面的精度要求,也就是形成零件的实际要素(现称提取要素)与理想要素(现称拟和要素)的相符合程度。

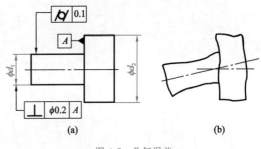

图 4-2　几何误差

零件加工后,其表面、中心线、中心面等的实际形状、方向和位置相对于所要求的理想形状、方向和位置,不可避免地存在着误差,该误差是由于机床精度、加工方法等多种因素形成的,称为几何误差。

几何误差对机械产品工作性能的影响不容忽视,是衡量产品质量的重要指标。例如:圆柱零件的圆度、圆柱度误差会使配合间隙不均,加剧磨损,或各部分过盈不一致,影响连接强度;机床导轨的直线度误差会使移动部件运动精度降低,影响机床加工质量;齿轮箱上各轴承孔的位置误差,将影响齿轮传动的齿面接触精度和齿侧间隙;轴承盖上各螺钉孔的位置不正确,会影响其装配等。

因此,设计零件时,必须根据零件的功能要求并考虑制造时的经济性,对零件的几何误差加以必要和合理的限制,正确给定几何公差。

我国已经把几何公差标准化,最新颁布的国家标准有:《产品几何技术规范(GPS) 几何公差　形状、方向、位置和跳动公差标注》(GB/T 1182—2008);《产品几何技术规范(GPS)　公差原则》(GB/T 4249—2009);《产品几何技术规范(GPS)　几何公差　最大实体要求、最小实体要求和可逆要求》(GB/T 6671—2009);《产品几何技术规范(GPS)几何公差　基准和基准体系》(GB/T 17851—2008)。

需要指出的是,既要注意现行 GPS 标准在术语上的变化,又要注意术语本身定义和内涵的变化。

4.1.2　几何公差的研究对象——几何要素

各种零件尽管形状特征不同,但均可将其分解成若干基本几何体。基本几何体均由点、线、面构成,这些点、线、面称为几何要素(简称要素)。如图 4-3 所示的零件就可以看成由球、圆锥台、圆柱和圆锥等基本几何体组成。组成这个零件的几何要素有:

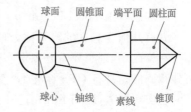

图 4-3　零件几何要素示例

点——如球心、锥顶;

线——如轴线、圆锥素线、圆柱素线;

面——如球面、圆锥面、端平面、圆柱面。

几何公差研究的对象,就是零件要素本身的形状精度及相关要素之间相互的方向和位置等精度问题。几何要素及其术语的定义已在第 2 章中介绍,几何要素及其定义间的相互关系如图 4-4 所示。

制图	工件	工件的替代	
		提取	拟合

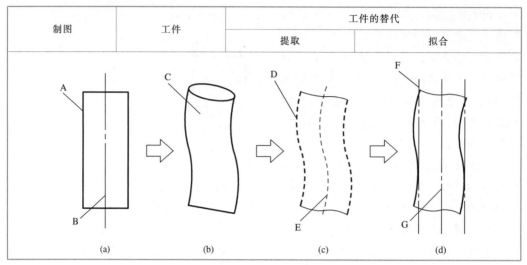

图 4-4 圆柱形表面各种要素间的关系

A—公称组成要素；B—公称导出要素；C—实际要素；D—提取组成要素；

E—提取导出要素；F—拟合组成要素；G—拟合导出要素

1. 几何要素存在于以下三个范畴

（1）设计的范畴

设计的范畴指设计者对未来工件的设计意图的一些表述，包括公称组成要素、公称导出要素。

（2）工件的范畴

工件的范畴指物质和实物的范畴，包括实际组成要素、工件实际表面。

（3）检验和评定的范畴

通过用计量器具进行检验来表示，以提取足够多的点来代表实际工件，并通过滤波、拟合、构建等操作后对照规范进行评定，包括提取组成要素、提取导出要素、拟合组成要素和拟合导出要素。

2. 几何要素的分类

（1）按存在状态分类

①理想要素（Ideal Feature）

具有几何学意义的要素称为理想要素。理想要素是没有任何误差的纯几何的点、线、面。在检测中，理想要素是评定实际要素几何误差的依据。理想要素在实际生产中是不可能得到的。现行 GPS 标准将"理想要素"改为"拟合要素"。

②实际要素（Real Feature）

零件上实际存在的要素称为实际要素。由于加工误差是不可避免的，所以实际要素总是偏离其拟合要素，即实际要素是具有几何误差的要素。

对具体零件而言，国家标准规定，实际要素测量时由提取要素来代替。由于测量误差总是客观存在的，因此，实际要素并非是该要素的真实状态。

（2）按在几何公差中所处地位分类

①提取组成要素（Measured Feature）

给出了几何公差要求的要素称为提取组成要素。提取组成要素也就是需要研究和测量的要素。在图 4-5 中的 ϕd_1 圆柱面和台阶面、ϕd_2 圆柱中心线等都给出了几何公差的要求，因此都是提取组成要素。现行 GPS 标准将"被测实际要素"改为"被测提取要素"。

②基准要素（Datum Feature）

用来确定提取组成要素的理想方向或（和）位置的要素称为基准要素。理想的基准要素简称为基准，在图样上用基准符号表示。如图 4-5 中标有基准符号的 ϕd_1 圆柱的中心线用来确定 ϕd_1 圆柱台阶面的方向和 ϕd_2 圆柱中心线的位置，因此是基准要素。

（3）按功能关系分类

①单一要素（Single Feature）

仅对要素本身提出几何公差要求的要素称为单一要素。单一要素与零件上其他要素无功能关系。如图 4-5 中 ϕd_1 圆柱面为提取要素，给出了圆柱度公差要求，但与零件上其他要素无相对方向和位置要求，因此属于单一要素。

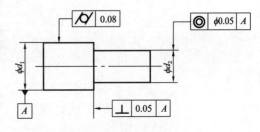

②关联要素（Associated Feature）

图 4-5　零件几何要素

与零件上其他要素有功能关系的要素称为关联要素，在图样上关联要素均给出方向公差（或位置公差、跳动公差）要求。如图 4-5 中 ϕd_2 圆柱中心线相对于 ϕd_1 圆柱中心线有同轴的功能要求，ϕd_1 圆柱台阶面对 ϕd_1 圆柱中心线有垂直功能要求，因此，ϕd_2 圆柱中心线和 ϕd_1 圆柱台阶面均为关联要素。

（4）按几何特征分类

①组成要素（Integral Feature）

构成零件外形且能直接为人们所感觉到的点、线、面称为组成要素。如图 4-3 中的球面、圆锥面、端平面、素线等都属于组成要素。现行 GPS 标准将"轮廓要素"改为"组成要素"。

②导出要素（Derived Feature）

由一个或几个组成要素得到的中心点、中心线和中心面称为导出要素，它是随着组成要素的存在而存在的。如图 4-3 中的球心、轴线等均为导出要素。现行 GPS 标准将"中心要素"改为"导出要素"。

4.2　几何公差的标注

4.2.1　几何公差的类型、特征项目、符号及附加符号

国家标准 GB/T 1182—2008 规定，几何公差的公差类型分为形状公差、方向公差、位置公差和跳动公差四大类，共有 19 项，用 14 种特征符号表示。其中，形状公差特征项目有 6 个，它们是对单一要素提出的要求，因此没有基准要求；方向公差特征项目有5个，位

置公差特征项目有 6 个,跳动公差特征项目有 2 个,它们都是对关联要素提出的要求,因此在绝大多数情况下都有基准要求。当几何特征为线轮廓度和面轮廓度时,若无基准要求,则为形状公差;若有基准要求,则为方向公差或位置公差。几何公差特征的名称和符号见表 4-1,附加符号见表 4-2。

表 4-1 　　　　　　　　　　　几何公差特征的名称和符号

公差类型	几何特征的名称	符　号	有无基准要求
形状公差	直线度	—	无
	平面度	▱	无
	圆度	○	无
	圆柱度	⌀	无
	线轮廓度	⌒	无
	面轮廓度	⌓	无
方向公差	平行度	//	有
	垂直度	⊥	有
	倾斜度	∠	有
	线轮廓度	⌒	有
	面轮廓度	⌓	有
位置公差	位置度	⊕	有或无
	同心度(用于中心点)	◎	有
	同轴度(用于轴线)	◎	有
	对称度	=	有
	线轮廓度	⌒	有
	面轮廓度	⌓	有
跳动公差	圆跳动	↗	有
	全跳动	↗↗	有

表 4-2 　　　　　　　　　　　　　附加符号

说　明	符　号	说　明	符　号
提取组成要素	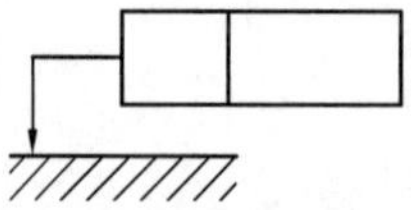	延伸公差带	Ⓟ
基准要素	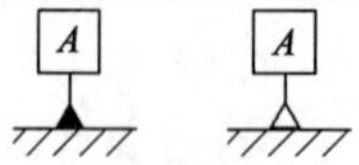 A ／ A	最大实体要求	Ⓜ
基准目标	$\frac{\phi 2}{A1}$	最小实体要求	Ⓛ
理论正确尺寸	50	自由状态条件(非刚性零件)	Ⓕ

说　明	符　号	说　明	符　号
全周（轮廓）		大径	MD
包容要求	Ⓔ	中径、节径	PD
可逆要求	Ⓡ	线素	LE
公共公差带	CZ	不凸起	NC
小径	LD	任意横截面	ACS

注:GB/T 1182—1996 中规定的基准符号为

4.2.2　几何公差标注

在技术图样中,几何公差采用框格标注,如图 4-6 所示。几何公差的标注包括:公差框格、提取组成要素(被测要素)及指引线、公差特征符号、几何公差值及有关符号、基准符号及相关要求符号等。

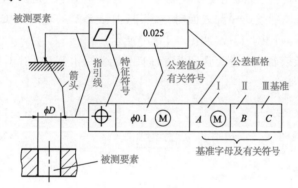

图 4-6　公差框格

1. 公差框格

公差要求在矩形方框中给出,该方框由两格或多格组成。几何公差框格应水平绘制。公差框格自左至右填写以下内容,如图 4-7 所示。

第一格,填写几何公差特征符号;第二格,填写几何公差值和有关符号,公差值用线性公差值,若公差带是圆形或圆柱形,则在公差值前加“ϕ”,如图 4-7(c)、图 4-7(e)所示。若是球形,则加“Sϕ”。如图 4-7(d)所示;第三格及以后各格,填写表示基准的字母和有关符号。

用一个基准字母表示单个基准,如图 4-7(b)所示;用几个字母表示基准体系,如图 4-7(c)、图 4-7(d)所示;用“字母—字母”表示公共基准,如图 4-7(e)所示。

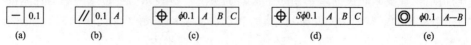

图 4-7　公差框格填写示例

(1)当某项公差应用于几个相同的要素时,应在公差框格的上方提取要素的尺寸之前注明要素的个数,并在两者之间加上符号"×",如图 4-8 所示。

(2)如果需要限制提取要素在公差带内的形状,应在公差框格的下方注明,如图 4-9 所示。

(3)如果需要就某个要素给出几种几何特征的公差,且测量方向相同时,为方便起见,可将一个框格放在另一个框格的下面,用同一指引线指向提取要素,如图 4-10 所示。若测量方向不完全相同,则应分开标注。

图 4-8 应用于几个   图 4-9 限制提取要素在公差带   图 4-10 测量方向相同的同一
相同要素的标注   内"不凸起"的标注   要素多项要求的标注

2. 提取要素及指引线

用带箭头的指引线连接框格与提取要素,指引线原则上从框格一端的中间位置引出,指引线的箭头应指向公差带的宽度或直径方向。具体标注方法是:

(1)当公差涉及轮廓线或轮廓表面时,箭头指向该要素的轮廓线或其延长线(但必须与尺寸线明显错开),如图 4-11(a)和图 4-11(b)所示。

(2)当公差涉及表面时,箭头也可以指向引出线的水平线,引出线引自被测面,如图 4-11(c)所示。

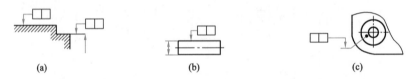

图 4-11 提取组成要素为组成要素的标注

(3)当公差涉及要素的中心线、中心面或中心点时,箭头应位于相应尺寸线的延长线上,如图 4-12 所示。

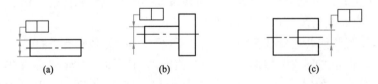

图 4-12 提取组成要素为导出要素的标注

3. 基准

对有方向、位置和跳动公差要求的零件,在图样上必须标明基准。

与提取组成要素相关的基准用一个大写的英文字母表示。字母水平书写在基准方格内,与一个涂黑的或空白的三角形(涂黑的和空白的基准三角形含义相同)相连以表示基准,如图 4-13 所示,表示基准的字母还应标注在公差框格内。

为了避免误解,基准字母不得采用 E,I,J,M,O,P,L,R,F。

图 4-13　基准代号

带基准字母的基准三角形应按如下规定放置：

（1）当基准要素是轮廓线或轮廓面时，基准三角形放置在要素的轮廓线或其延长线上（但应与尺寸线明显错开），如图 4-14（a）所示；基准三角形也可放置在该轮廓面引出线的水平线上，如图 4-14（b）所示。

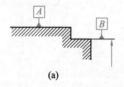

图 4-14　基准要素为轮廓线或轮廓面的标注

（2）当基准是尺寸要素确定的轴线、中心平面或中心点时，基准三角形应放置在该尺寸线的延长线上，如图 4-15 所示；如果没有足够的位置标注基准要素尺寸的两个箭头，则其中一个箭头可用基准三角形代替，如图 4-15（b）和图 4-15（c）所示。

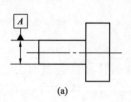 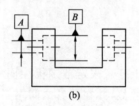 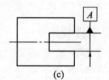

图 4-15　基准要素为导出要素的标注

如果只以要素的某一局部为基准，则应用粗点画线标示出该部分并加注尺寸，如图 4-16 所示。

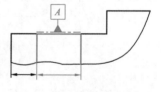

图 4-16　局部基准要素的标注

4.特殊表示方法

（1）全周符

当轮廓度特征适用于横截面的整周轮廓或由该轮廓所示的整周表面时，应采用"全周"符号标注，如图 4-17 所示。

（2）螺纹、齿轮和花键的标注

以螺纹轴线为提取要素或基准要素时，默认为螺纹中径圆柱的轴线，否则应另有说明，例如用"MD"表示大径，用"LD"表示小径，如图 4-18 和图 4-19 所示。

以齿轮、花键轴线为提取要素或基准要素时，需说明所指的要素，如用"PD"表示节径，用"MD"表示大径，用"LD"表示小径。

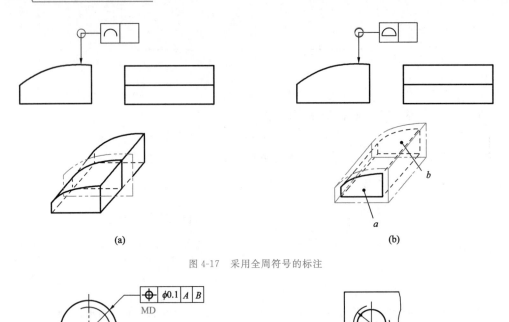

图 4-17 采用全周符号的标注

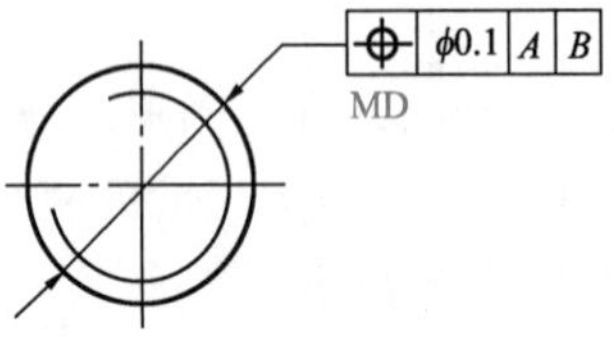

图 4-18 适用于大径轴线的提取组成要素的标注 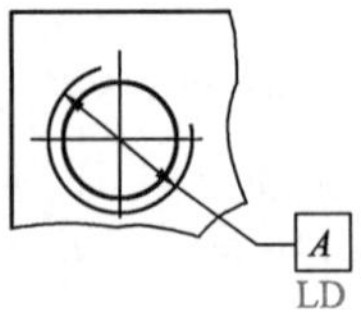   图 4-19 适用于小径轴线的基准要素的标注

（3）限定性规定

①当需要对整个提取要素上任意限定范围标注同样几何特征的公差时，可在公差值的后面加注限定范围的线性尺寸值，并在两者之间用斜线隔开，如图 4-20(a)所示；如果标注的是两项或两项以上同样几何特征的公差，则如图 4-20(b)所示。

图 4-20 几何公差限定范围的标注

②如果给出的公差仅适用于要素的某一指定局部，则应采用粗点画线示出该局部的范围，并加注尺寸，如图 4-21 所示。

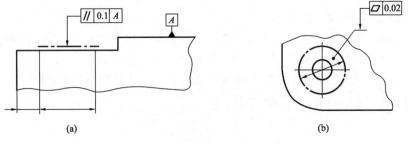

图 4-21 提取组成要素局部限定的标注

(4)理论正确尺寸

当给出一个或一组要素的位置、方向或轮廓度公差时,分别用来确定其理论正确位置、方向或轮廓的尺寸称为理论正确尺寸(TED)。

TED 也用于确定基准体系中各基准之间的方向、位置关系。

TED 没有公差,并标注在一个方框中,如图 4-22 所示。

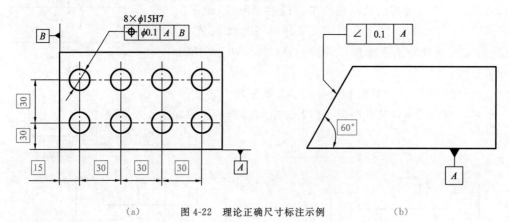

（a） 图 4-22 理论正确尺寸标注示例 （b）

(5)延伸公差带

一般来说,图样上给出的几何公差如果没有特别说明,其公差带只控制零件上相应的实体部分,即公差带的长度仅仅是提取要素的全长。但是,在产品设计或工艺装备设计中,常会遇到需要通过控制被测零件的位置误差来控制与被测零件相装配的其他零件的位置精度的情况。尤其是在有些时候,为了满足装配要求,可以将位置公差(主要是位置度和对称度)的公差带延伸到提取要素实体之外,或者根本不包括提取要素的长度,这就是延伸公差。由此可见,延伸公差带表示的是提取要素延伸了一段距离后的要求。

延伸公差带采用符号 ⓟ 表示,该符号应置于图样上公差框格中的形位公差值后面,延伸公差带的最小延伸范围和位置应在图样上相应视图中用细双点划线表示并标注相应的延伸尺寸及在该尺寸前加注符号 ⓟ。

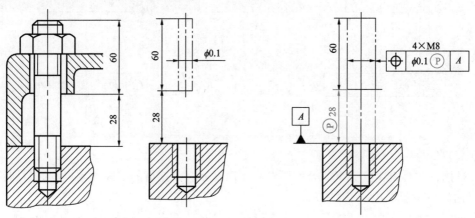

图 4-23 延伸公差带的标注

在图 4-23 中,被螺钉(或螺柱)连接的零件里,有一个零件的孔是螺纹孔(或过盈配合孔),而其他零件的孔均为光孔,且孔径大于螺钉直径。为了使装配时螺钉能顺利拧进螺纹孔,不产生干涉(图 4-24),有三种方法:一是同时缩小光孔和螺纹孔的位置度公差;二是同时给定位置度公差和较严的垂直度公差以控制提取中心线的倾斜;三是采用延伸公差,可在保证装配的前提下采用尽可能大的公差。显然,前面两种方法要增加零件的制造成本,第三种方法比较经济。

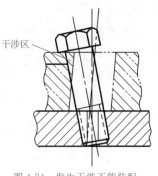

图 4-24　发生干涉不能装配

(6)具有相同几何特征和公差值的分离要素

具有相同几何特征和公差值的若干分离要素的标注如图 4-25 所示。

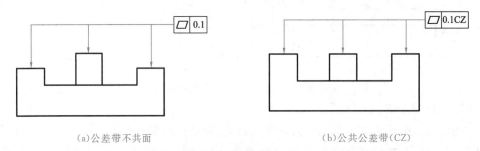

(a)公差带不共面　　　　　　　　　　(b)公共公差带(CZ)

图 4-25　要求相同的分离提取组成要素的标准

(7)最大实体要求、最小实体要求和可逆要求

最大实体要求、最小实体要求和可逆要求的标注如图 4-26~图 4-28 所示。

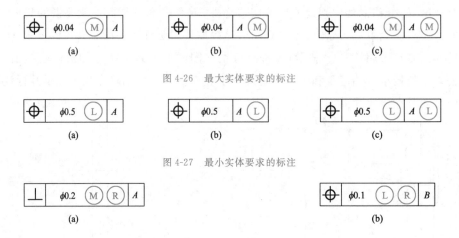

图 4-26　最大实体要求的标注

图 4-27　最小实体要求的标注

图 4-28　可逆要求的标注

(8)自由状态下的要求

非刚性零件自由状态下的公差要求应该用在相应公差值的后面加注规范的附加符号"Ⓕ"的方法表示,如图 4-29 所示。

非刚性零件在自由状态下的允许变形量应满足装配条件下的几何公差要求(装配应在正常的受力状态下进行)。

图 4-29　自由状态下的标注

　　任何零件均受重力影响,其变形量与零件在自由状态时的放置方向有关。当标注零件在自由状态下的几何公差时,应在图样上注出造成零件变形的各种因素(如重力方向、支撑状态等)。

4.2.3　几何公差带

　　几何公差带是由一个或几个理想的几何线或面所限定的、由线性公差值表示其大小的,用来限制提取(实际)要素变动的区域。它是一个几何图形,只要提取要素完全落在给定的公差带内,就表示提取要素的几何精度符合设计要求。和尺寸公差带不同,几何公差带根据几何公差项目和具体标注的不同,其形状也可能不同。主要的几何公差带的形状如图 4-30 所示。

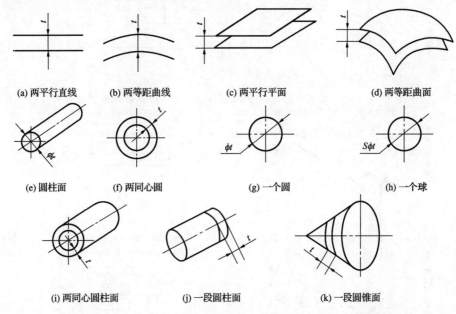

图 4-30　主要的几何公差带的形状

　　几何公差带具有形状、大小、方向和位置四个要素。几何公差带的形状由提取要素的理想形状和给定的公差特征所决定。几何公差带的大小由公差值确定,指的是公差带的宽度或直径等。几何公差带的方向是指与公差带延伸方向相互垂直的方向,通常为指引线箭头所指的方向。几何公差带的位置有固定和浮动两种:公差带位置固定是指图样上基准要素的位置已经确定,其公差带的位置不再变动;公差带位置浮动是指公差带的位置可以随实际尺寸的变化而变动。一般而言,形状公差的公差带的位置是浮动的,其余的公差带的位置是固定的。如平面度,其公差带的位置随实际平面所处的位置不同而浮动;而同轴度,其公差带的位置与基准轴线同在一条直线上而且固定。

4.3 几何公差及公差带

4.3.1 形状公差及公差带

形状公差(Form Tolerance)是指单一提取(实际)要素的形状所允许的变动全量。

形状公差带是限制单一提取(实际)要素变动的区域,合格零件的提取(实际)要素应位于此区域内。

形状公差带的定义、标注及解释见表 4-3。

表 4-3 形状公差带的定义、标注及解释

几何特征		公差带的形状和定义	标注示例和解释
直线度	在给定平面内	公差带为在给定平面内和给定方向上,间距等于公差值 t 的两平行直线所限定的区域 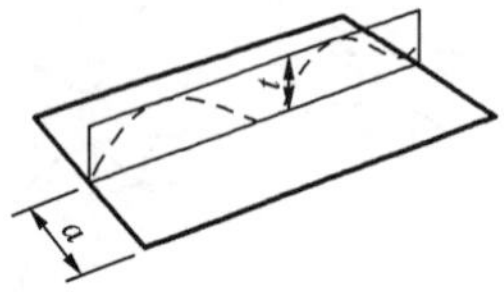 a—任一距离	在任一平行于图示投影面的平面内,上平面的被测提取线应限定在间距等于 0.1 mm 的两平行直线之间 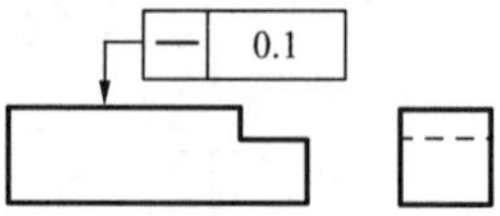 — 0.1
	在给定方向上	在给定方向上,公差带为间距等于公差值 t 的两平行平面所限定的区域 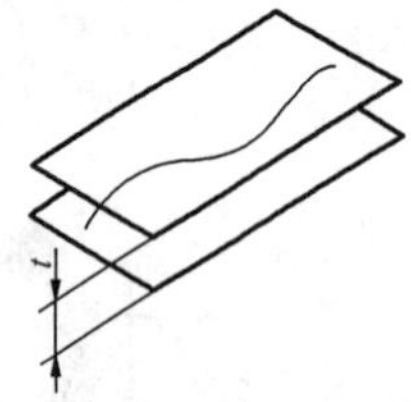	刀口尺的被测提取棱边应限定在间距等于 0.03 mm 的两平行平面之间 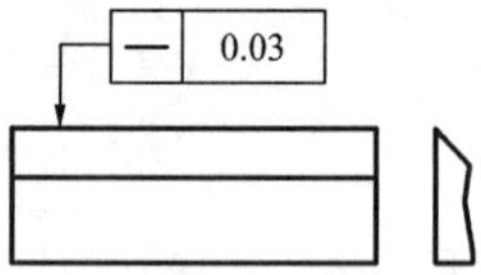 — 0.03
	在任意方向上	在任意方向上,公差带为直径等于公差值 ϕt 的圆柱面所限定的区域 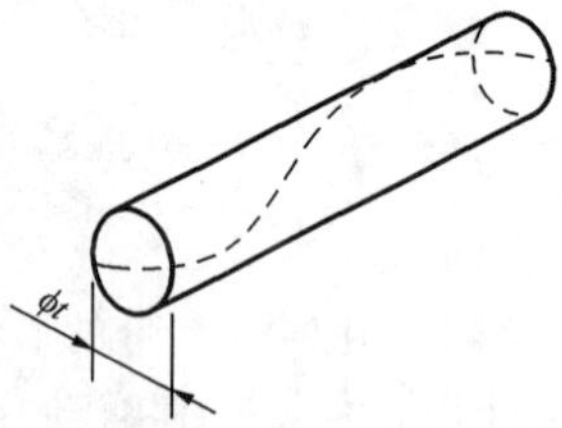	圆柱面的被测提取中心线应限定在直径等于公差值 $\phi 0.08$ mm 的圆柱面内 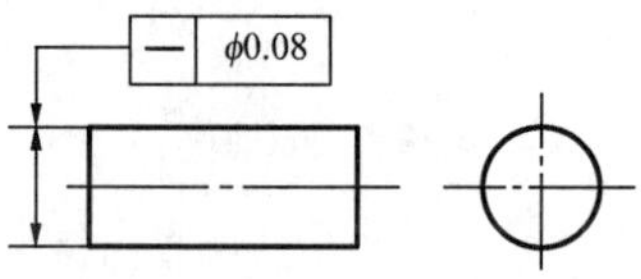 — $\phi 0.08$
平面度	在给定方向上	公差带为间距等于公差值 t 的两平行平面所限定的区域 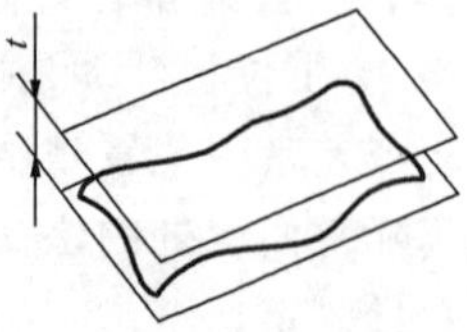	被测提取表面应限定在间距等于 0.06 mm 的两平行平面之间 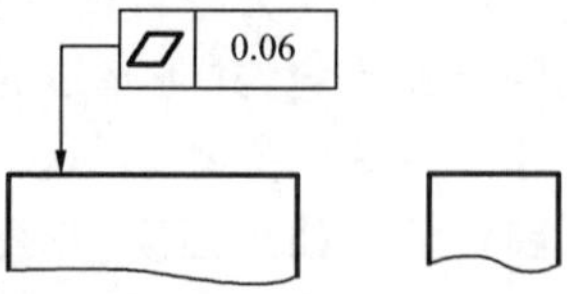 ◻ 0.06

续表

几何特征		公差带的形状和定义	标注示例和解释
圆度	在横截面内	公差带为在给定横截面内，半径差为公差值 t 的两同心圆所限定的区域	在圆柱面的任意横截面内，被测提取圆周应限定在半径差为公差值 0.02 mm 的两共面同心圆之间
			在圆锥面的任意横截面内，被测提取圆周应限定在半径差等于 0.1 mm 的两共面同心圆之间
圆柱度	/	公差带为半径差等于公差值 t 的两同轴圆柱面所限定的区域 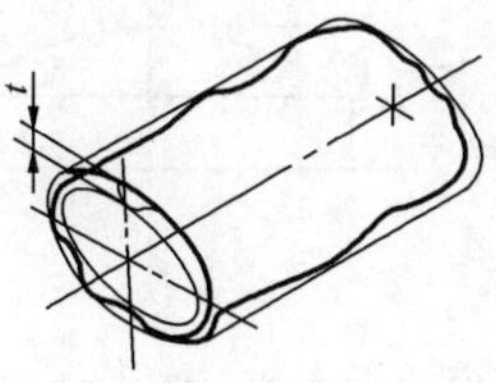	被测提取圆柱面应限定在半径差等于公差值 0.05 mm 的两同轴圆柱面之间 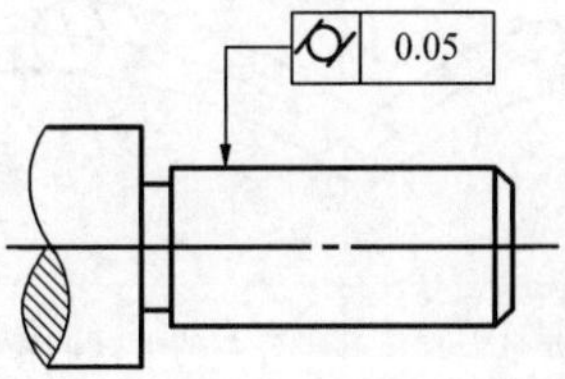

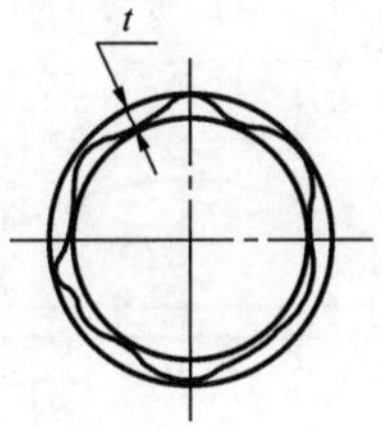

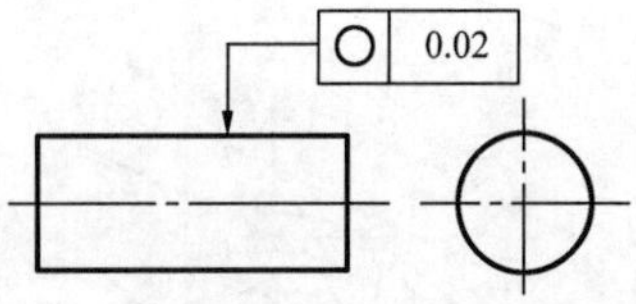

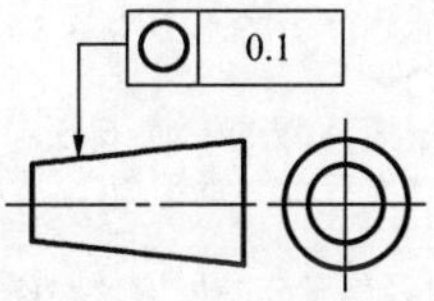

4.3.2 轮廓度公差及公差带

线轮廓度公差和面轮廓度公差统称为轮廓度公差。轮廓度公差无基准要求时为形状公差，有基准要求时为方向、位置公差。轮廓度公差带定义、标注和解释见表 4-4。

表 4-4 轮廓度公差带定义、标注和解释

几何特征		公差带的形状和定义	标注示例和解释
线轮廓度	无基准	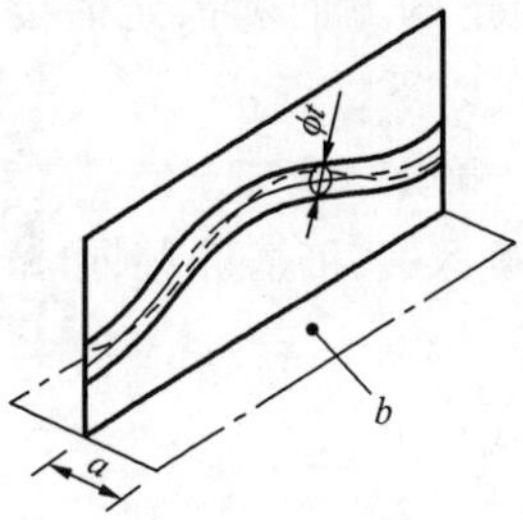 公差带为直径等于公差值 t，圆心位于提取要素理论正确几何形状上的一系列圆的两包络线所限定的区域	在任一平行于图示投影面的截面内，被测提取轮廓线应限定在直径等于 0.04 mm、圆心位于提取要素理论正确几何形状上的一系列圆的两等距包络线之间 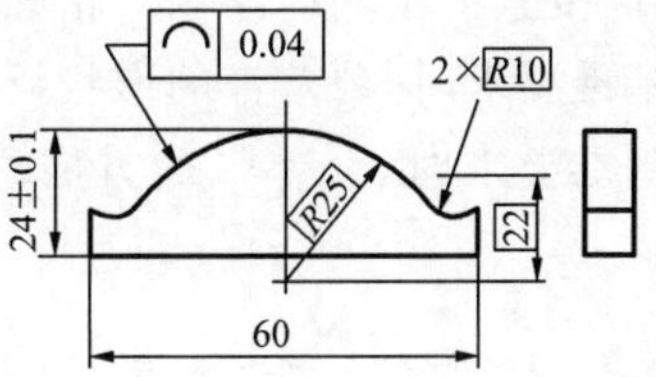
		a—任一距离；b—垂直于右图所在平面	

几何特征		公差带的形状和定义	标注示例和解释
线轮廓度	有基准	公差带为直径等于公差值 t、圆心位于由基准平面 A 和基准平面 B 确定的提取要素理论正确几何形状上的一系列圆的两包络线所限定的区域 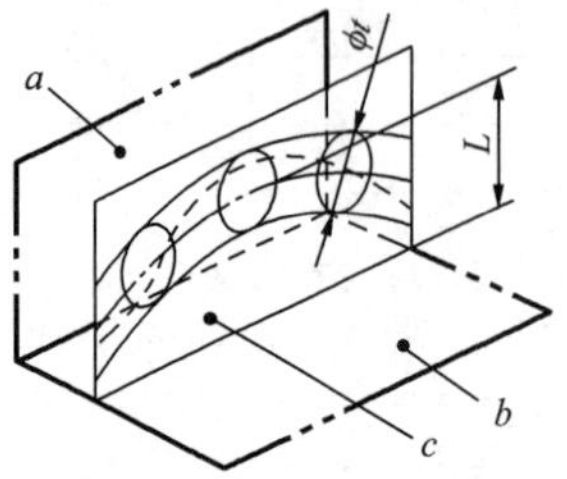 a、b—基准平面 A、基准平面 B； c—平行于基准平面 A 的平面	在任一平行于图示投影面的截面内，被测提取轮廓线应限定在直径等于 0.04 mm、圆心位于由基准平面 A 和基准平面 B 确定的提取要素理论正确几何形状上的一系列圆的两等距包络线之间 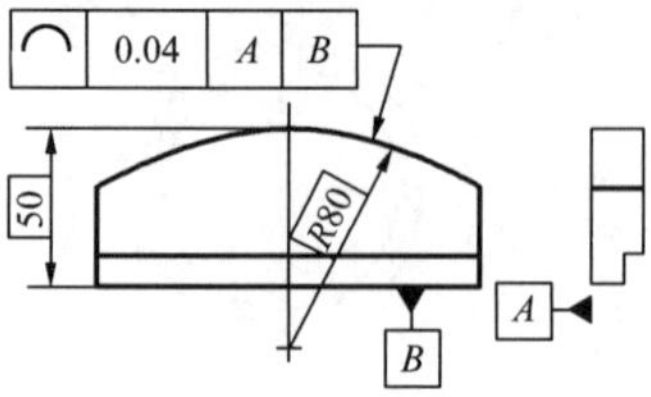
面轮廓度	无基准	公差带为直径等于公差值 t、球心位于提取要素理论正确几何形状上的一系列圆球的两包络面所限定的区域 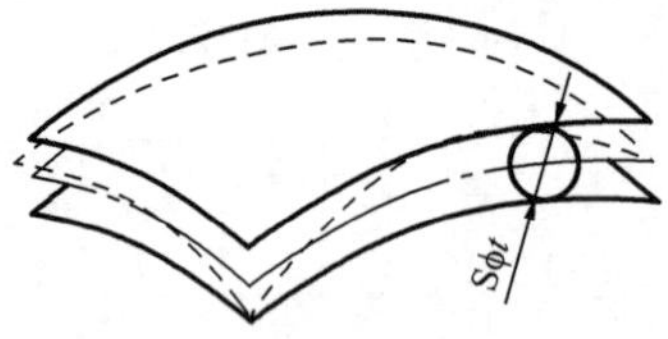 	被测提取轮廓面应限定在直径等于 0.02 mm、球心位于提取要素理论正确几何形状上的一系列圆球的两等距包络面之间 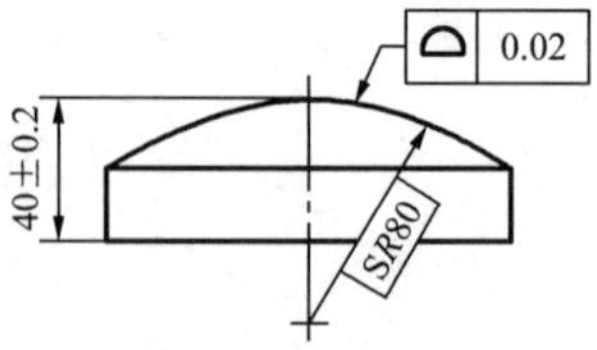
	有基准	公差带为直径等于公差值 t、球心位于由基准平面 A 确定的提取要素理论正确几何形状上的一系列圆球的两包络面所限定的区域 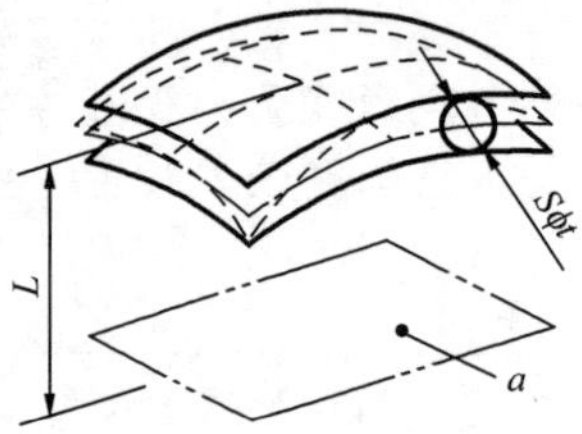 a—基准平面 A； L—理论正确几何图形的顶点至基准平面 A 的距离	被测提取轮廓面应限定在直径等于 0.1 mm、球心位于由基准平面 A 确定的提取要素理论正确几何形状上的一系列圆球的两等距包络面之间 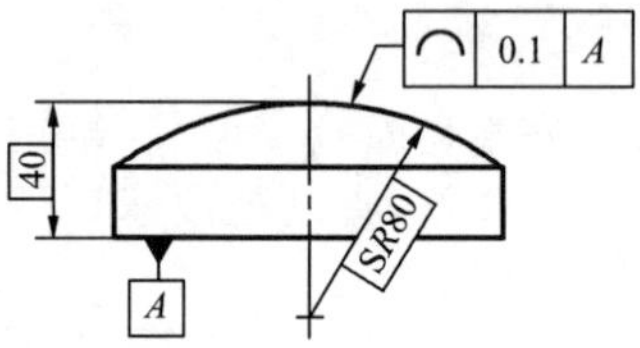

形状公差带（不含轮廓度）的特点是没有基准，无确定的方向和固定的位置。其方向和位置随实际要素的不同而浮动。轮廓度的公差带具有以下特点：

（1）无基准要求时，公差带的形状只由理论正确尺寸确定。

（2）有基准要求时，公差带的方向、位置由理论正确尺寸和基准共同确定。

4.3.3 方向公差及公差带

方向公差是关联被测提取要素对基准在方向上允许的变动全量。包括平行度、垂直度和倾斜度三项。

当提取要素对基准的理想方向为 0° 时，方向公差为平行度；为 90° 时，方向公差为垂直度；为其他任意角度时，方向公差为倾斜度。

方向公差带具有以下特点：

(1)方向公差带相对于基准有确定的方向。并且在相对基准保持确定方向的条件下，公差带的位置是浮动的。

(2)方向公差带具有综合控制提取要素的方向和形状的功能。在保证功能要求的前提下，当对某一提取要素给出了方向公差时，通常不再对该提取要素给出形状公差，只有在对提取要素的形状精度有特殊的较高要求时，才另行给出形状公差，且此时形状公差的数值应该小于方向公差的数值。

方向公差带定义、标注及解释见表 4-5。

表 4-5　　　　　　　　　　方向公差带定义、标注及解释

几何特征		公差带的形状和定义	标注示例和解释
平行度	面对面	公差带为间距等于公差值 t 且平行于基准平面的两平行平面所限定的区域 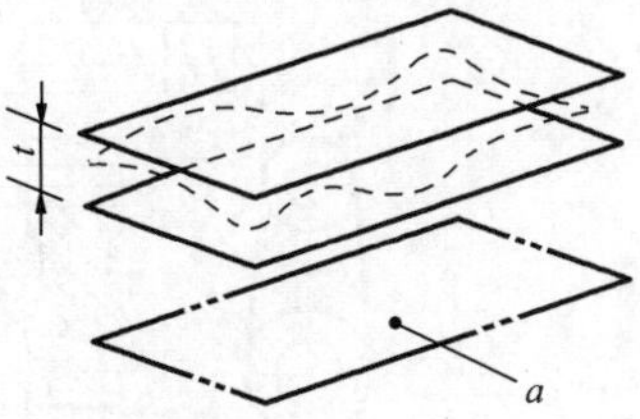 a—基准平面	被测提取表面应限定在间距等于 0.01 mm 且平行于基准平面 D 的两平行平面之间 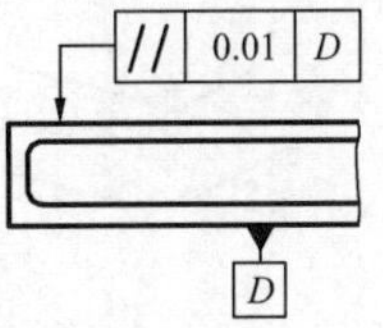
	线对面	公差带为间距等于公差值 t 且平行于基准平面的两平行平面所限定的区域 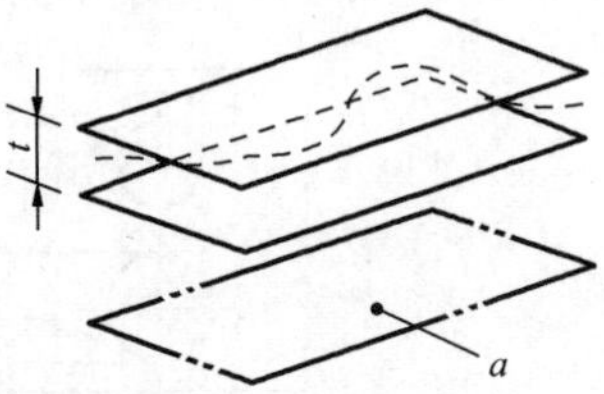 a—基准平面	被测孔的被测提取轴线应限定在间距等于 0.01 mm 且平行于基准平面 B 的两平行平面之间 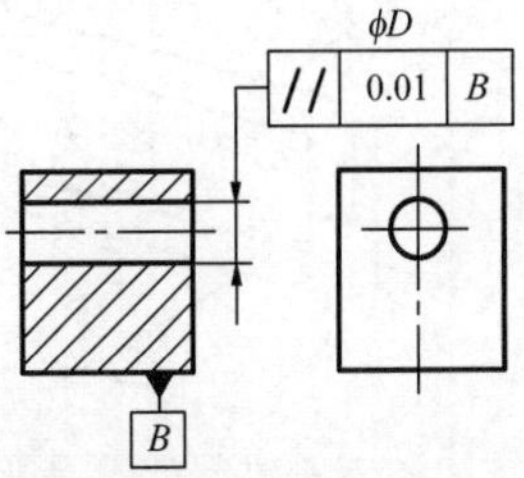
	面对线	公差带为间距等于公差值 t 且平行于基准轴线的两平行平面所限定的区域 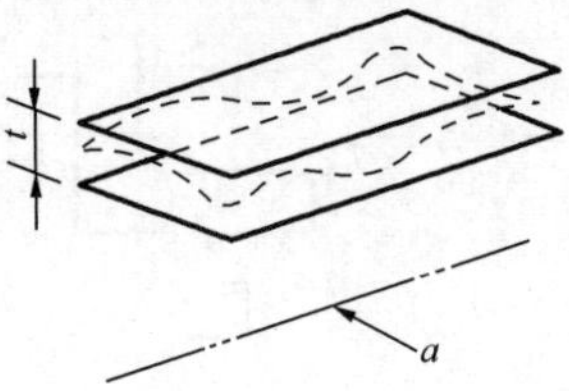 a—基准轴线	被测提取表面应限定在间距等于 0.1 mm 且平行于基准轴线 C 的两平行平面之间 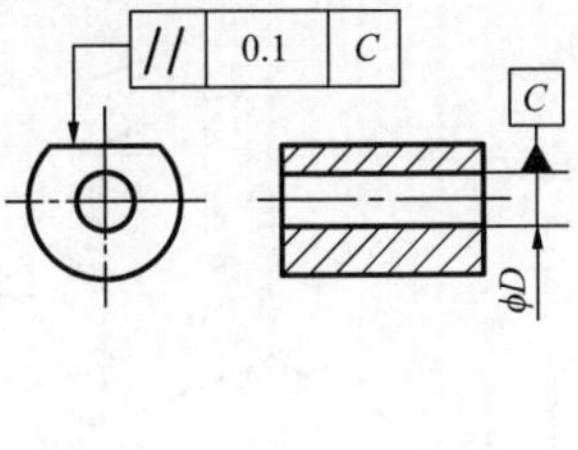

几何特征		公差带的形状和定义	标注示例和解释
平行度	线对线	**在给定方向上** 公差带为在给定方向上的间距等于公差值 t 且平行于基准轴线的两平行平面所限定的区域 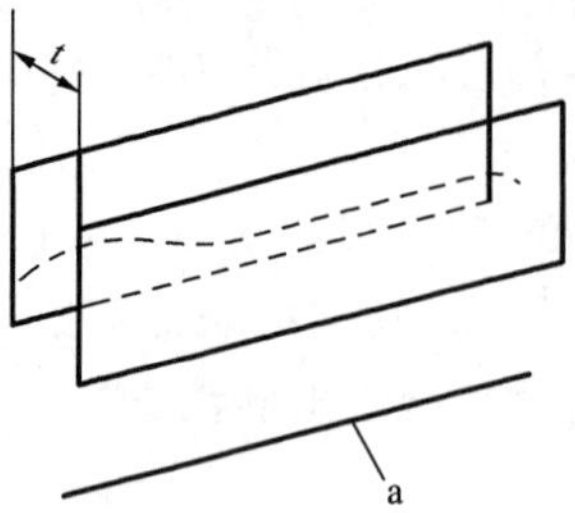 a—基准轴线	被测孔的被测提取轴线应限定在间距等于 0.2 mm，在给定的方向上且平行于基准轴线 A 的两平行平面之间 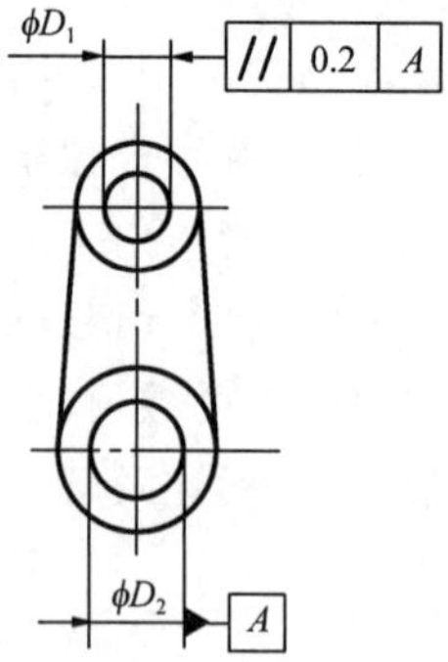
		在任意方向上 公差带为直径等于公差值 ϕt，且轴线平行于基准轴线的圆柱面所限定的区域 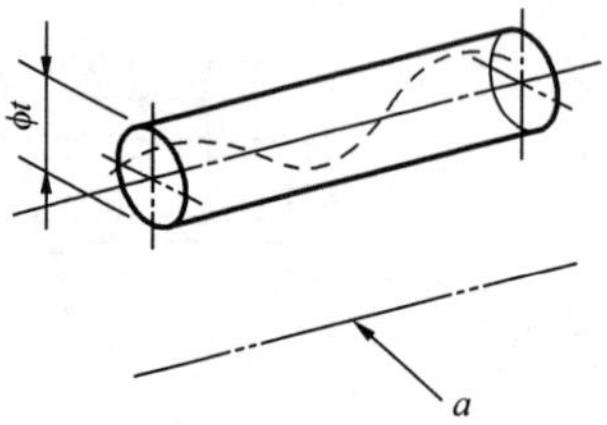 a—基准轴线	被测孔的被测提取轴线应限定在直径等于 $\phi 0.03$ mm，且平行于基准轴线 A 的圆柱面内 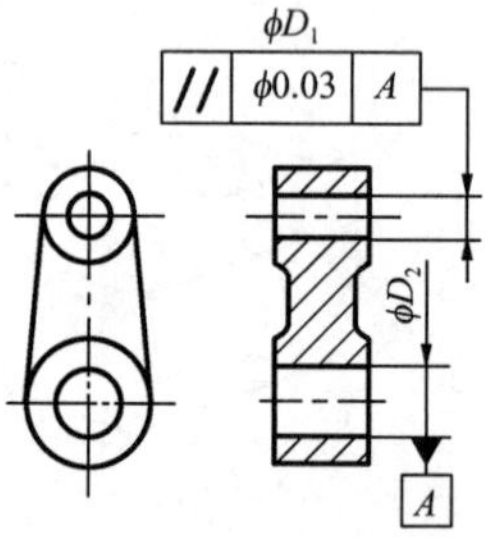
	线对基准体系	公差带为间距等于公差值 t、平行于基准轴线 A 且垂直于基准平面 B 的两平行平面所限定的区域 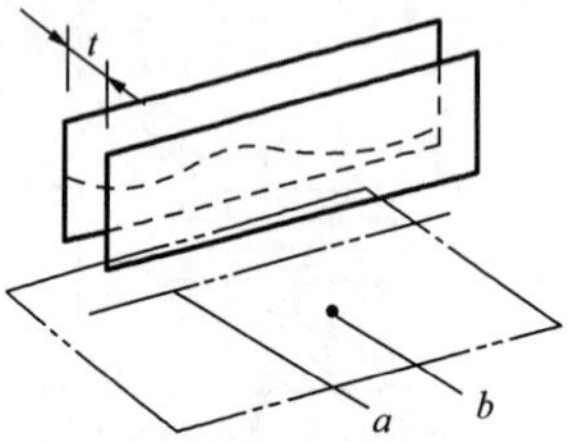 a—基准轴线；b—基准平面	被测提取中心线应限定在间距等于 0.1 mm 的两平行平面之间。该两平行平面平行于基准轴线 A 且垂直于基准平面 B 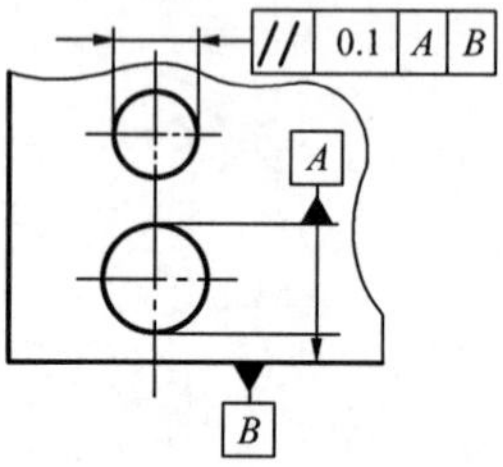
垂直度	面对面	公差带为间距等于公差值 t 且垂直于基准平面的两平行平面所限定的区域 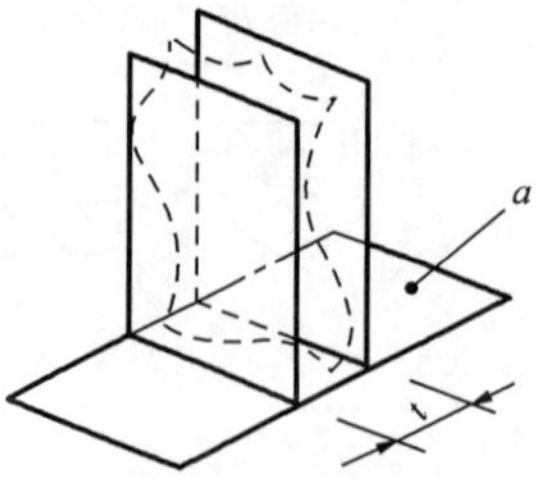 a—基准平面	被测提取表面应限定在间距等于 0.08 mm 且垂直于基准平面 A 的两平行平面之间 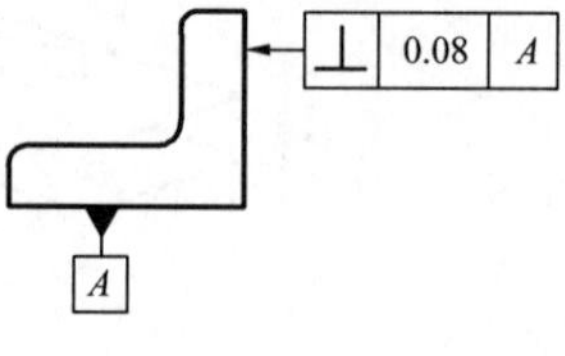

续表

几何特征		公差带的形状和定义	标注示例和解释
倾斜度	线对线	被测直线与基准直线在同一平面上,公差带为距离等于公差值 t 的两平行平面所限定的区域。该两平行平面按给定角度倾斜于基准轴线 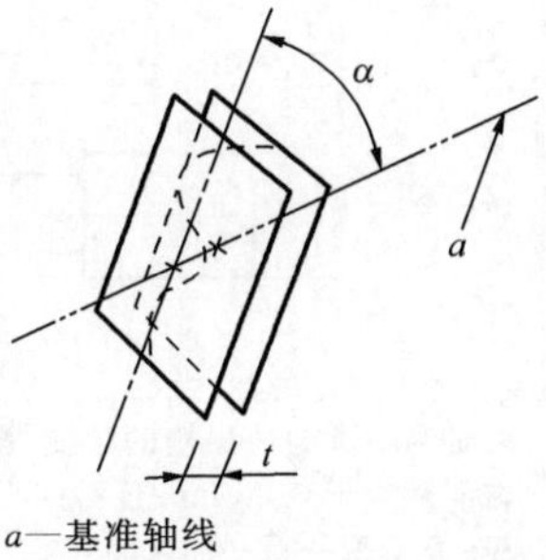 a—基准轴线	被测孔的被测提取中心线应限定在间距等于 0.08 mm 的两平行平面之间。该两平行平面按理论正确角度 60° 倾斜于公共基准轴线 $A-B$ 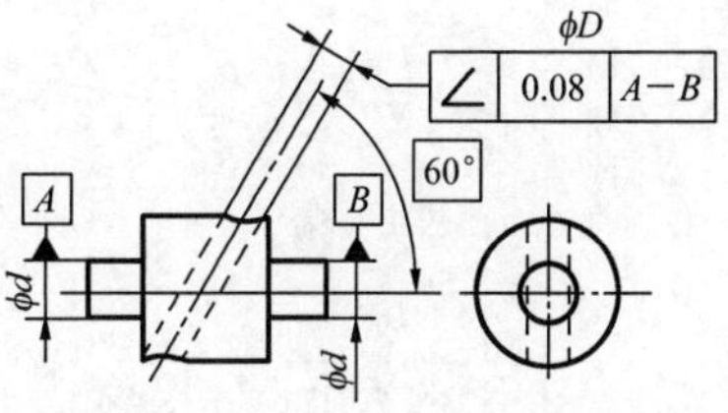

4.3.4　位置公差及公差带

位置公差是关联被测提取要素对基准在位置上允许的变动全量。拟合要素的位置由基准和理论正确尺寸确定。包括同心度、同轴度、对称度、位置度、线轮廓度和面轮廓度等六项。

位置公差中,同心度涉及圆心;同轴度涉及轴线;对称度涉及的要素有中心线和中心平面;位置度涉及的要素包括点、线、面以及成组要素。

位置公差带的特点如下:

(1)位置公差带相对于基准具有确定的位置,其中,位置度的公差带位置由理论正确尺寸确定,而同轴度和对称度的理论正确尺寸为零,图上可省略不注。

(2)位置公差带具有综合控制提取要素位置、方向和形状的功能。在保证功能要求的前提下,当对某一提取要素给出了位置公差,通常不再对该提取要素给出方向和形状公差,只有在对提取要素的方向和形状精度有特殊的较高要求时,才另行给出其方向和形状公差,且此时形状公差的数值应该小于方向公差的数值,方向公差的数值应该小于位置公差的数值。

位置公差带定义、标注及解释见表 4-6。

表 4-6　　　　　　　　　　位置公差带定义、标注及解释

几何特征		公差带的形状和定义	标注示例和解释
同心度	点的同心度	公差带为直径等于公差值 ϕt 的圆周所限定的区域。该圆周的圆心与基准点重合 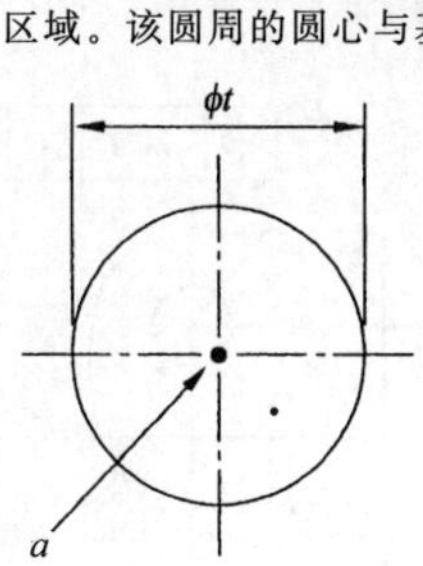 a—基准点	在任意截面内(ACS),内圆的被测提取中心点应限制在直径等于 $\phi 0.1$ mm,且以基准点为圆心的圆周内 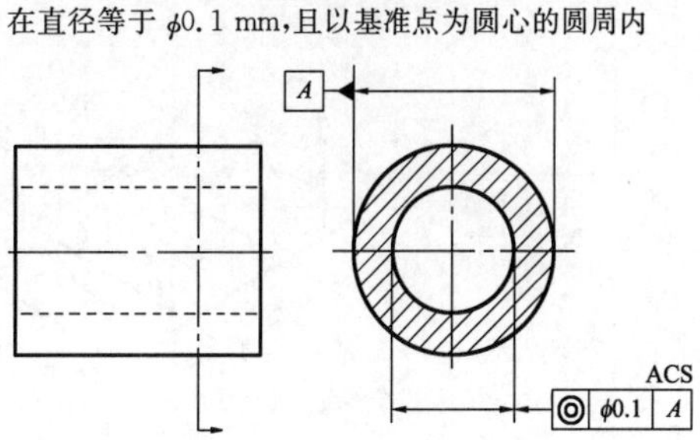

几何特征		公差带的形状和定义	标注示例和解释
同轴度	线的同轴度	公差带为直径等于公差值 ϕt，且轴线与基准轴线重合的圆柱面所限定的区域 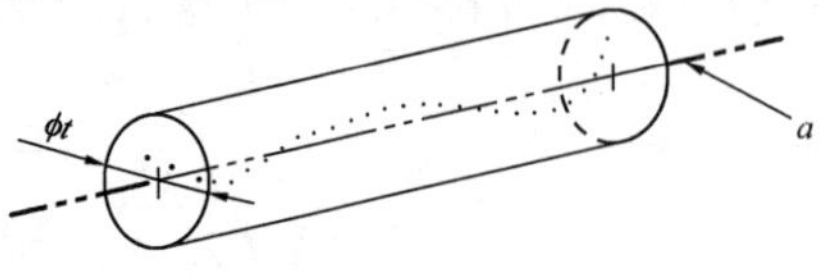 a—基准轴线	被测圆柱面的实际轴线应限制在直径等于 $\phi 0.04$ mm，且轴线与基准轴线 A 重合的圆柱面内 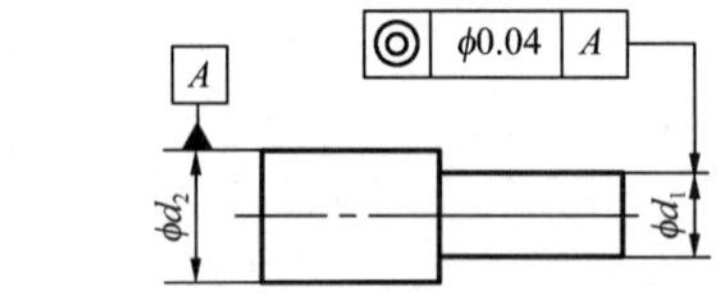
对称度	面对面	公差带为间距等于公差值 t，且对称于基准中心平面的两平行平面所限定的区域 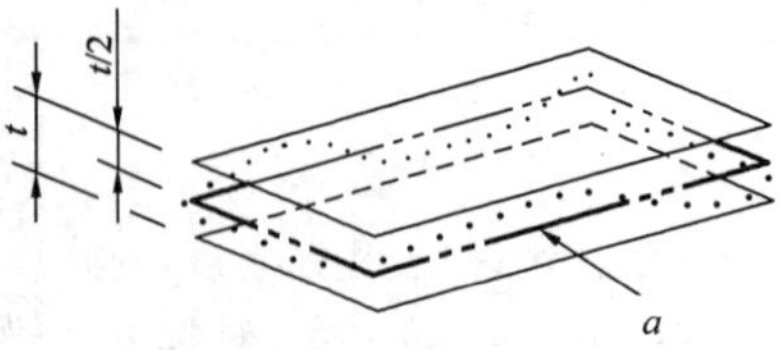 a—基准中心平面	两端为半圆的被测槽的被测提取中心平面应限定在间距等于 0.08 mm 且对称于公共基准中心平面 $A-B$ 的两平行平面之间 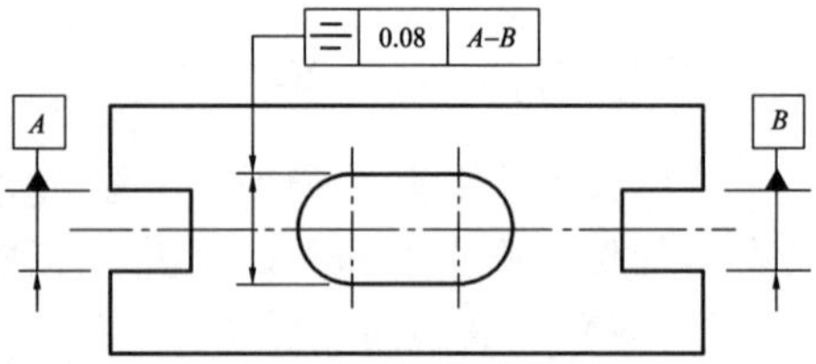
	面对线	公差带为间距等于公差值 t，且对称于基准轴线的两平行平面所限定的区域 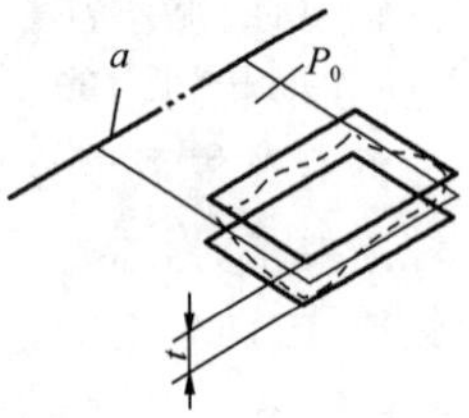 a—基准轴线； P_0—通过基准轴线的理想平面	宽度为 b 的被测键槽的被测提取中心平面应该限制在距离等于公差值的两平行平面之间。该两平行平面对称于基准轴线 B，即对称于通过基准轴线 B 的理想平面 P_0。 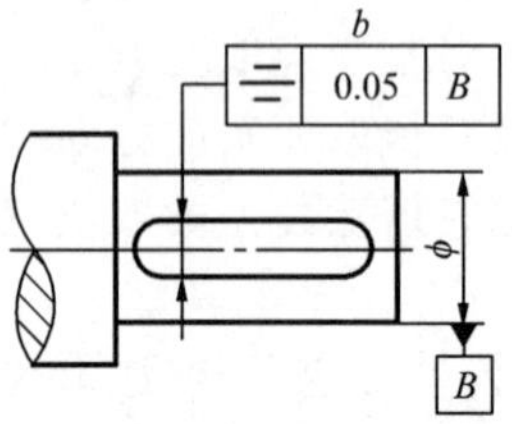
位置度	点的位置度	公差带为直径等于公差值 ϕt 的圆所限定的区域。该圆的中心的理论正确位置由基准线 a、b 和理论正确尺寸确定 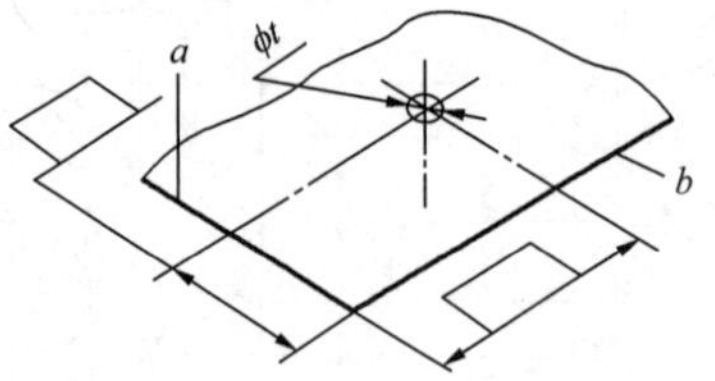 a、b—基准线	被测提取圆心应该限制在直径等于 $\phi 0.1$ mm 的圆内。该圆的中心应处于由基准线 A、B 和理论正确尺寸确定的理论正确位置上 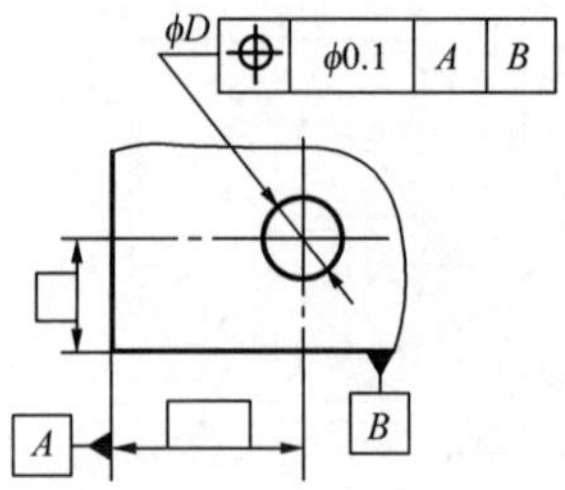

几何特征		公差带的形状和定义	标注示例和解释
位置度	线的位置度	公差带为直径等于公差值 ϕt 的圆柱面所限定的区域。该圆柱面的轴线的理论正确位置由基准平面 a、b、c 和理论正确尺寸确定 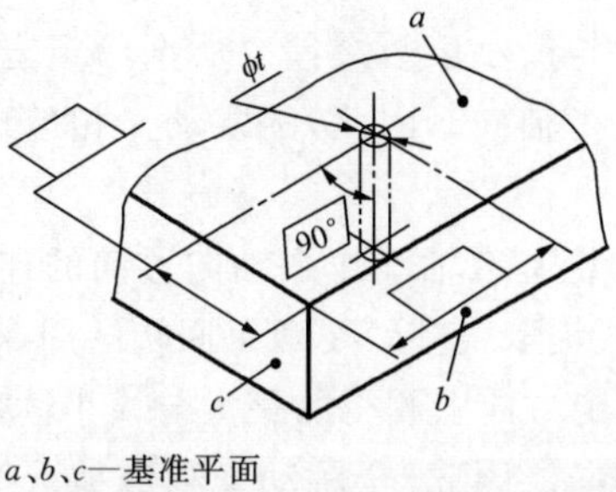 a、b、c—基准平面	被测孔的被测提取轴线应该限制在直径等于 $\phi0.1$ mm 的圆柱面内。该圆柱面的轴线应处于由基准平面 A、B、C 和理论正确尺寸确定的理论正确位置上 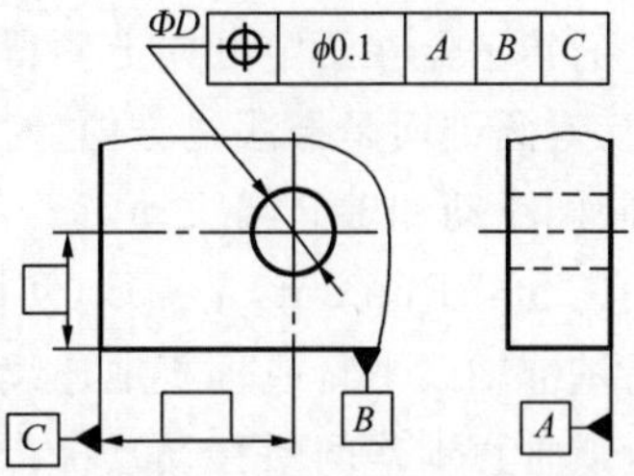
	面的位置度	公差带为距离等于公差值 t，且对称于被测表面理论正确位置的两个平行平面之间的区域。该理论正确位置由基准平面、基准轴线和理论正确尺寸、理论正确角度确定 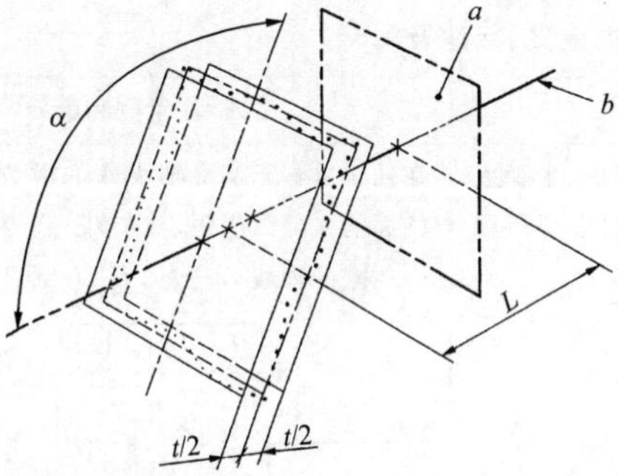 a—基准平面； b—基准轴线	被测提取表面应限定在间距等于 0.05 mm 且对称于被测提取表面理论正确位置的两平行平面之间。该理论正确位置由基准平面 A、基准轴线 B 和理论正确尺寸 15 mm、理论正确角度 105°确定 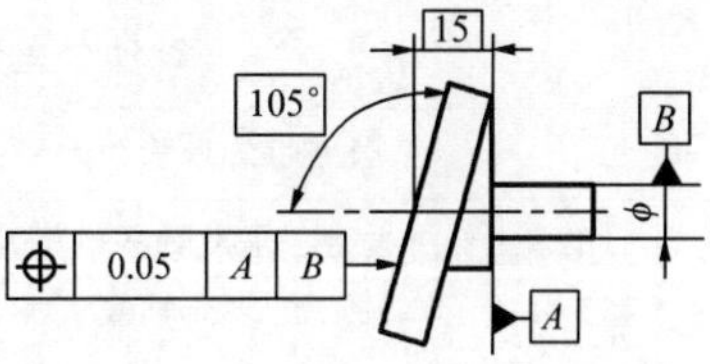
	成组要素的位置度	公差带为直径等于公差值 ϕt 的圆柱面内的区域，公差带的轴线的位置由相对于三基面体系的理论正确尺寸确定 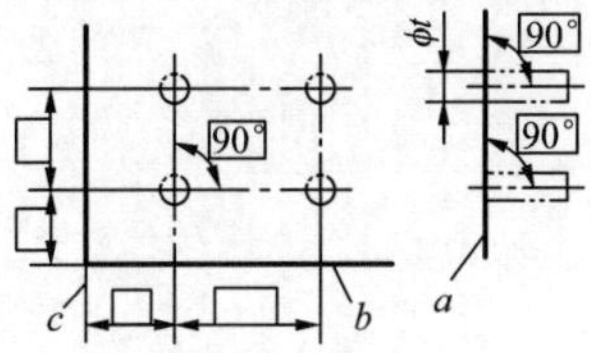 a、b、c—基准平面	每一个被测轴线都应该限制在直径等于 $\phi0.1$ mm，且以相对于 A、B、C 基准表面（基准平面）所确定的理想位置为轴线的圆柱面内 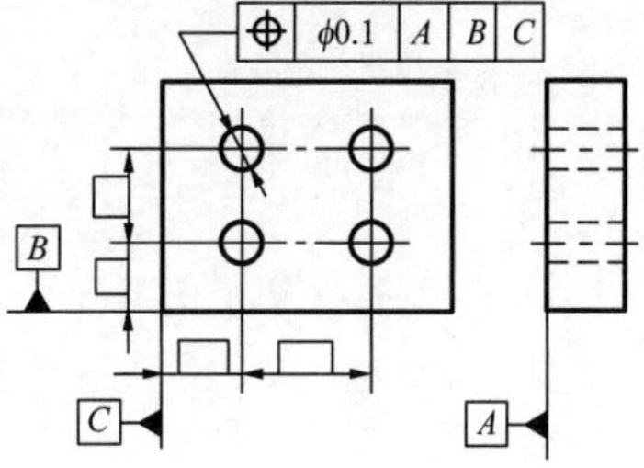

4.3.5 跳动公差及公差带

跳动公差是关联实际要素绕基准轴线回转一周或连续回转时所允许的最大跳动量。包括圆跳动和全跳动。当关联实际要素绕基准轴线回转一周时为圆跳动;绕基准轴线连续回转时为全跳动。

圆跳动(Circular Run-out)是提取(实际)要素绕基准轴线作无轴向移动回转一周时,由位置固定的指示器在给定方向上测得的最大与最小读数之差。所谓给定方向,对圆柱面是指径向,对圆锥面是指法线方向,对端面是指轴向。因此,圆跳动又相应地分为径向圆跳动、斜向圆跳动和轴向圆跳动。

全跳动(Total Run-out)是提取(实际)要素绕基准轴线作无轴向移动的连续回转,同时指示器沿基准轴线平行或垂直地连续移动(或提取(实际)要素每回转一周,指示器沿基准轴线平行或垂直地作间断移动),由指示器给定方向上测得的最大与最小读数之差。所谓给定方向,对圆柱面是指径向,对端面是指轴向。因此,全跳动又相应地分为径向全跳动和轴向全跳动。

跳动公差具有综合控制的功能,即确定提取要素的形状、方向和位置方面的精度。比如,轴向全跳动公差综合控制端面对基准轴线的垂直度和端面的平面度误差;径向全跳动公差综合控制同轴度和圆柱度等误差。

跳动公差带定义、标注及解释见表 4-7。

表 4-7　　跳动公差带的定义、标注及解释

几何特征		公差带的形状和定义	标注示例和解释
圆跳动	径向圆跳动	公差带为任一垂直于基准轴线的横截面内、半径差等于公差值 t,圆心在基准轴线上的两同心圆所限定的区域 *a*—基准轴线;*b*—横截面	在任一垂直于基准轴线 A 的横截面内,被测圆柱面的实际圆应限定在半径差等于公差值、圆心在基准轴线 A 上的两同心圆之间

几何特征		公差带的形状和定义	标注示例和解释
圆跳动	轴向（端面）圆跳动	公差带为半径为测量半径的圆柱面上的区域,该圆柱面的轴线与基准轴线同轴,圆柱面的轴向距离为公差值 t 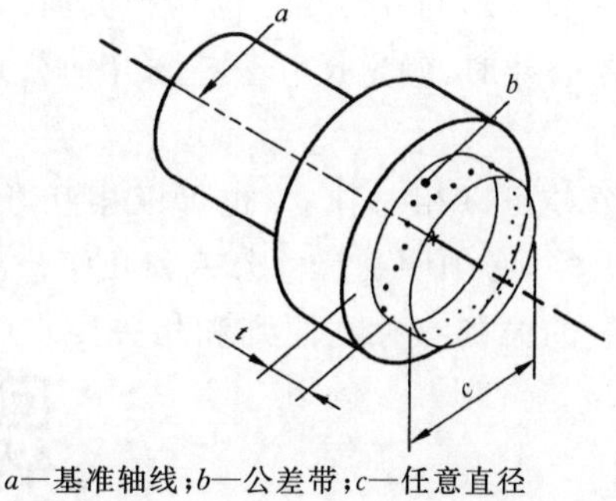 *a*—基准轴线;*b*—公差带;*c*—任意直径	在与基准轴线 D 同轴线的任一直径的圆柱截面上,实际圆应限定在轴向距离等于 0.1 mm 的两个等径圆之间 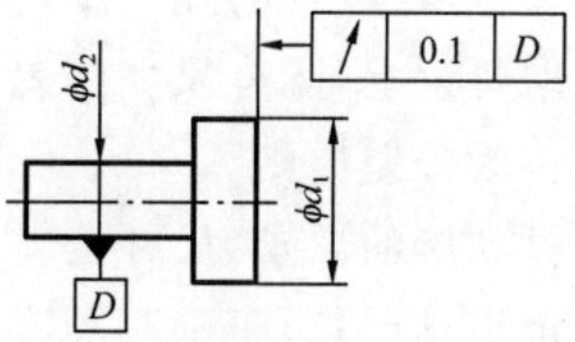
	斜向（法向）圆跳动	公差带为圆锥面上的区域,该圆锥面的轴线与基准轴线同轴,圆锥面的轴向距离为公差值 t 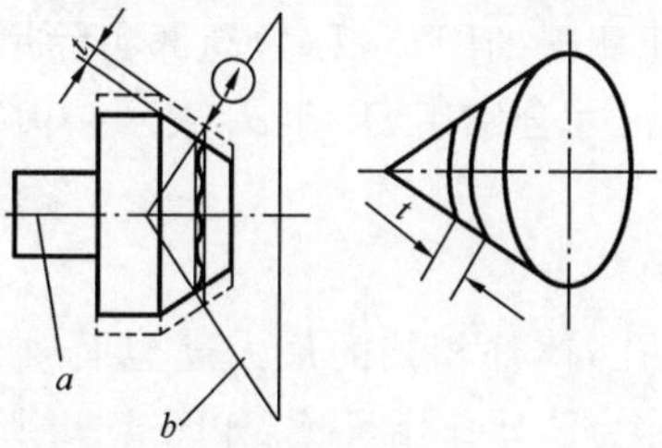 *a*—基准轴线;*b*—圆锥截面	在与基准轴线 C 同轴线的任一圆锥截面上,实际线应限定在素线方向间距等于 0.1 mm 的直径不相等的两个圆之间 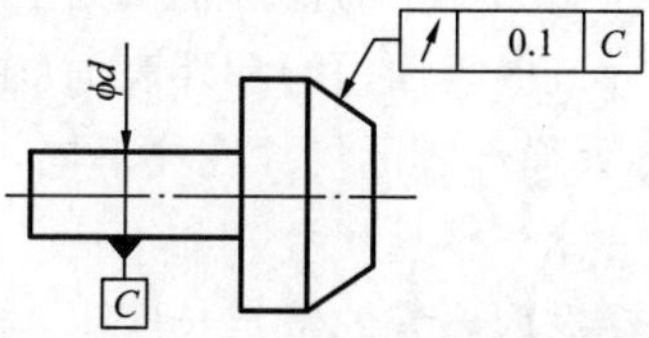
全跳动	径向全跳动	公差带为半径差等于公差值 t 且轴线与基准轴线重合的两个圆柱面所限定的区域 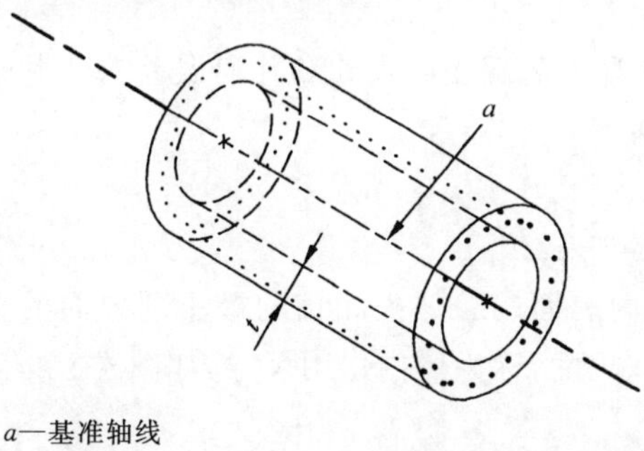 *a*—基准轴线	被测圆柱面的整个实际表面应限定在半径差等于 0.1 mm 且轴线与公共基准轴线 $A-B$ 重合的两个圆柱面之间 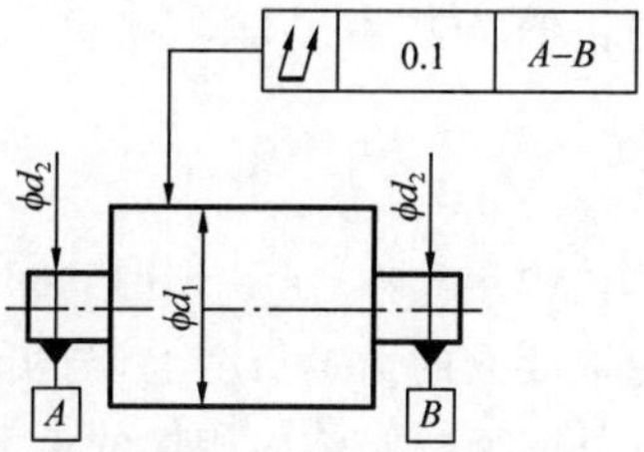
	轴向（端面）全跳动	公差带为两平行平面之间的区域,两平行平面之间的距离为公差值 t,两平行平面和基准轴线垂直 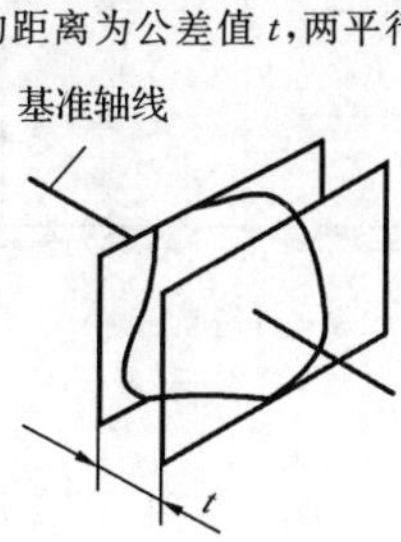 基准轴线	实际端表面应限定在间距等于 0.1 mm 且垂直基准轴线 D 的两平行平面之间 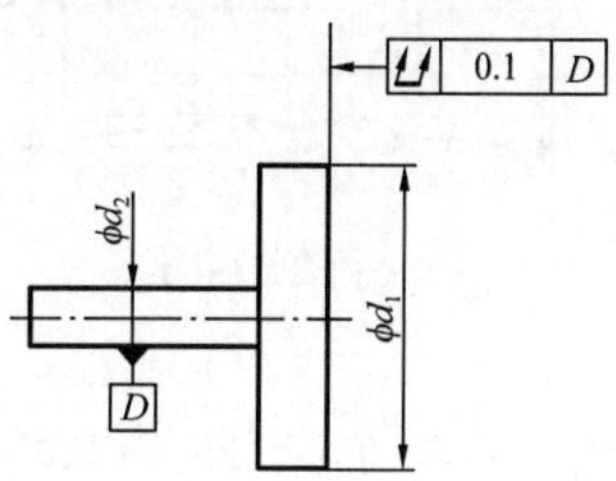

4.4 几何公差与尺寸公差的关系——公差原则

尺寸公差用于控制零件的尺寸误差,保证零件的尺寸精度要求;几何公差用于控制零件的几何误差,保证零件的几何精度要求。它们是影响零件质量的两个方面。

同一提取要素上,既有尺寸公差又有几何公差时,确定尺寸公差与几何公差之间相互关系的原则称为公差原则。

根据零件功能的要求,尺寸公差和几何公差可以相对独立,也可以相互影响,互为补偿。为了保证设计要求,正确判断零件是否合格,必须明确尺寸公差和几何公差的内在联系。根据国家标准,处理尺寸公差和几何公差的原则有独立原则和相关要求(包容要求、最大实体要求、最小实体要求、可逆要求)。

4.4.1 术语及定义

1. 局部实际尺寸(Actual Local Size)

在实际要素的任意正截面上,两对应点之间测得的距离,称为局部实际尺寸(简称实际尺寸),内表面(孔)和外表面(轴)的局部实际尺寸分别用 D_a 和 d_a 表示。由于误差的存在,各处局部实际尺寸往往不同,如图 4-31 所示。

2. 体外作用尺寸(External Function Size,EFS)

在提取要素的给定长度上,与实际内表面(孔)体外相接的最大理想面或与实际外表面(轴)体外相接的最小理想面的直径或宽度,称为体外作用尺寸,如图 4-31 所示。

对于单一要素,实际内、外表面的体外作用尺寸分别用 D_{fe} 和 d_{fe} 表示。

对于关联要素,该理想面的中心线或中心平面,必须与基准保持图样上给定的几何关系。

从图 4-31 可以看出,体外作用尺寸是由局部实际尺寸和几何误差综合形成的,即

$$D_{fe} = D_a - f_{几何} \tag{4-1}$$

$$d_{fe} = d_a + f_{几何} \tag{4-2}$$

3. 体内作用尺寸(Internal Function Size,IFS)

在提取要素的给定长度上,与实际内表面(孔)体内相接的最小理想面的直径或宽度或与实际外表面(轴)体内相接的最大理想面,称为体内作用尺寸,如图 4-31 所示。

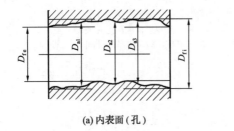

(a) 内表面(孔)　　　　　　　　　(b) 外表面(轴)

图 4-31　实际尺寸和作用尺寸

对于单一要素,实际内表面和外表面的体内作用尺寸分别用 D_{fi} 和 d_{fi} 表示。

对于关联要素,该理想面的轴线或中心平面,必须与基准保持图样上给定的几何关系。

从图 4-31 可以看出,体内作用尺寸也是由提取组成要素的局部尺寸和几何误差综合形成的。即

$$d_{fi} = d_a - f_{几何} \tag{4-3}$$
$$D_{fi} = D_a + f_{几何} \tag{4-4}$$

必须注意,作用尺寸是由实际尺寸和几何误差综合形成的,对每个零件不尽相同;对于关联要素(关联体外作用尺寸为 D'_{fe}、d'_{fe}),理想面的轴线或中心平面必须与基准保持图样上给定的几何关系。如图 4-32 所示。

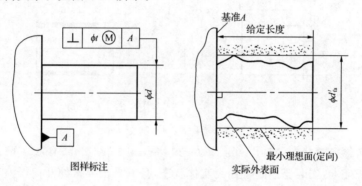

图 4-32 关联要素的体外作用尺寸

4. 最大实体状态(Maximum Material Condition,MMC)

假定提取组成要素的局部尺寸处处位于极限尺寸且使其具有实体最大时的状态。

5. 最大实体尺寸(Maximum Material Size,MMS)

确定要素最大实体状态的尺寸称为最大实体尺寸。内表面(孔)和外表面(轴)的最大实体尺寸分别用 D_M 和 d_M 表示。对于内表面,最大实体尺寸是其下极限尺寸 D_{min}。对于外表面,最大实体尺寸是其上极限尺寸 d_{max};即

$$D_M = D_{min} \tag{4-5}$$
$$d_M = d_{max} \tag{4-6}$$

如图 4-33(a)所示轴的最大实体尺寸就是轴的上极限尺寸,即 $d_M = d_{max} = \phi 30$ mm,如图 4-33(b)所示。

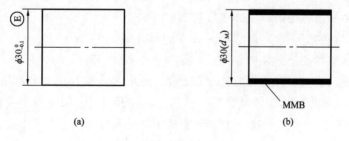

图 4-33 单一要素的最大实体尺寸和边界

6. 最小实体状态(Least Material Condition,LMC)

假定提取组成要素的局部尺寸处处位于极限尺寸且使其具有实体最小时的状态。

7. 最小实体尺寸（Least Material Size，LMS）

确定要素最小实体状态的尺寸称为最小实体尺寸。内表面（孔）和外表面（轴）的最小实体尺寸分别用 D_L 和 d_L 表示。对于内表面，最小实体尺寸是其上极限尺寸 D_{max}。对于外表面，最小实体尺寸是其下极限尺寸 d_{min}。即

$$D_L = D_{max} \tag{4-7}$$

$$d_L = d_{min} \tag{4-8}$$

如图 4-34(a)所示孔，其最小实体尺寸就是孔的上极限尺寸，即 $D_L = D_{max} = \phi 30.1$ mm，如图 4-34(b)所示。

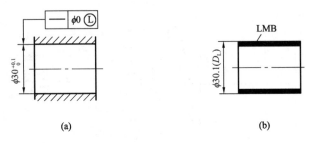

图 4-34　单一要素的最小实体尺寸和边界

8. 最大实体实效状态（Maximum Material Virtual Condition，MMVC）

在给定长度上，实际要素处于最大实体状态，且其导出要素的几何误差等于给出公差值时的综合极限状态。

9. 最大实体实效尺寸（Maximum Material Virtual Size，MMVS）

最大实体实效状态下的体外作用尺寸称为最大实体实效尺寸。

对于单一要素，内表面（孔）和外表面（轴）的最大实体实效尺寸分别用 D_{MV} 和 d_{MV} 表示。对于内表面，最大实体实效尺寸等于其最大实体尺寸 D_M 减去导出要素的几何公差值 t；对于外表面，最大实体实效尺寸等于其最大实体尺寸 d_M 加上导出要素的几何公差值 t。即

$$D_{MV} = D_M - t = D_{min} - t \tag{4-9}$$

$$d_{MV} = d_M + t = d_{max} + t \tag{4-10}$$

10. 最小实体实效状态（Least Material Virtual Condition，LMVC）

在给定长度上，实际要素处于最小实体状态，且其导出要素的几何误差等于给出公差值时的综合极限状态称为最小实体实效状态。

11. 最小实体实效尺寸（Least Material Virtual Size，LMVS）

最小实体实效状态下的体内作用尺寸称为最小实体实效尺寸。

对于单一要素，内表面（孔）和外表面（轴）的最小实体实效尺寸分别用 D_{LV} 和 d_{LV} 表示。对于内表面，最小实体实效尺寸等于其最小实体尺寸 D_L 加上导出要素的几何公差值 t；对于外表面，最小实体实效尺寸等于其最小实体尺寸 d_L 减去导出要素的几何公差值 t。即

$$D_{LV} = D_L + t = D_{max} + t \tag{4-11}$$

$$d_{LV} = d_L - t = d_{min} - t \tag{4-12}$$

12. 边界(Boundary)

边界是指由设计者给定的具有理想形状的极限包容面。这里所说的包容面,既包括外表面(轴),也包括内表面(孔)。边界的尺寸是指极限包容面的直径或距离。当极限包容面为圆柱面时,其直径为边界尺寸;当极限包容面为两平行平面时,其距离为边界尺寸。

按照边界尺寸的不同,有关边界的具体名词包括:

(1)最大实体边界(Maximum Material Boundary,MMB)

最大实体边界是指具有理想形状且边界尺寸为最大实体尺寸的包容面。

单一要素的最大实体边界如图 4-33(b)所示,为直径等于 $\phi30$ mm 的理想圆柱面。

关联要素的最大实体边界的导出要素还必须与基准保持图样上给定的几何关系,如图 4-35 所示。

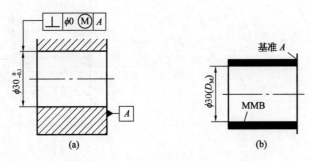

图 4-35 关联要素的最大实体边界

(2)最小实体边界(Least Material Boundary,LMB)

最小实体边界是指具有理想形状且边界尺寸为最小实体尺寸的包容面。

单一要素的最小实体边界如图 4-36(b)所示,为直径等于 $\phi30.1$ mm 的理想圆柱面。

对于关联要素,其最小实体边界的导出要素必须与基准保持图样上给定的几何关系,如图 4-36 所示。

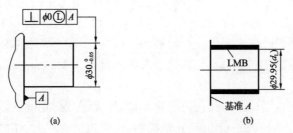

图 4-36 关联要素的最小实体边界

(3)最大实体实效边界(Maximum Material Virtual Boundary,MMVB)

最大实体实效边界即具有理想形状且边界尺寸为最大实体实效尺寸的包容面。

单一要素的最大实体实效边界如图 4-37 所示,边界为 $\phi19.98$ mm 的理想圆柱面(边界尺寸 $=D_{MV}=D_M-t=D_{min}-t=\phi20-\phi0.02=\phi19.98$ mm)。

(4)最小实体实效边界(Least Material Virtual Boundary,LMVB)

最小实体实效边界即具有理想形状且边界尺寸为最小实体实效尺寸的包容面。

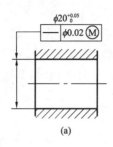

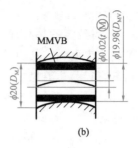

图 4-37　单一要素的最大实体实效边界

单一要素的最小实体实效边界如图 4-38 所示,边界为 $\phi20.07$ mm 的理想圆柱面(边界尺寸 $=D_{LV}=D_L+t=D_{max}+t=\phi20.05+\phi0.02=\phi20.07$ mm)。

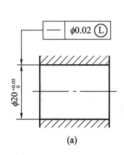

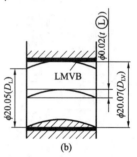

图 4-38　单一要素的最小实体实效边界

4.4.2　独立原则

1.含义

独立原则(Independent Principle,IP)是指图样上给定的每一尺寸和几何(形状、方向或位置)要求均是独立的,应分别满足要求。

具体地说,就是尺寸公差仅控制提取组成要素的实际尺寸的变动量(把实际尺寸控制在给定的极限尺寸范围内),不控制该要素本身的几何公差(如圆柱要素的圆度和轴线的直线度误差、平面要素的平面度误差等);而几何公差控制实际提取组成要素对其拟合要素的形状、方向、位置等的变动量,与该要素的实际尺寸无关。

2.标注

采用独立原则时,图样上不做任何附加标记,即无 Ⓔ、Ⓜ、Ⓛ、Ⓡ 等符号。表明尺寸误差由尺寸公差控制,几何误差由几何公差控制,两者互不联系,相互之间也不存在补偿关系。

如图 4-39 所示,其含义为:无论实际尺寸是多少,轴线的直线度误差不允许大于 $\phi0.01$ mm,即几何误差不受尺寸公差的控制,实际尺寸为 $\phi19.979\sim\phi20$ mm,也不受轴线直线度公差的控制。

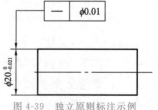

图 4-39　独立原则标注示例

3.应用

独立原则是尺寸公差和几何公差相互关系遵循的基本原则,它的应用最广。

4.4.3 包容要求

1.含义

采用包容要求的要素,其实际轮廓应遵守最大实体边界。按照此要求,如果实际要素达到最大实体状态,就不得有任何几何误差;只有在实际要素偏离最大实体状态时,才允许存在与偏离量相关的几何误差。

具体要求为:提取组成要素的体外作用尺寸不得超越最大实体尺寸,局部实际尺寸不得超越最小实体尺寸。

对于内表面(孔) $\quad D_{fe} \geqslant D_M = D_{min} \quad$ 且 $D_a \leqslant D_L = D_{max}$ (4-13)

对于外表面(轴) $\quad d_{fe} \leqslant d_M = d_{max} \quad$ 且 $d_a \geqslant d_L = d_{min}$ (4-14)

2.标注

采用包容要求时,应在其尺寸极限偏差或尺寸公差代号之后加注符号"Ⓔ",如图 4-40(a)所示。

如图 4-40(a)所示的轴,提取圆柱面应在其最大实体边界(MMB)之内,该边界的尺寸为最大实体尺寸(MMS)ϕ30 mm ,其局部实际尺寸不得小于(LMS)ϕ29.987 mm 。即 $d_{fe} \leqslant \phi$30 mm,$d_a \geqslant \phi$29.987 mm。

图 4-40(b)~(g)列出了该轴在轴向截面和横向截面内允许的几种极限状态:

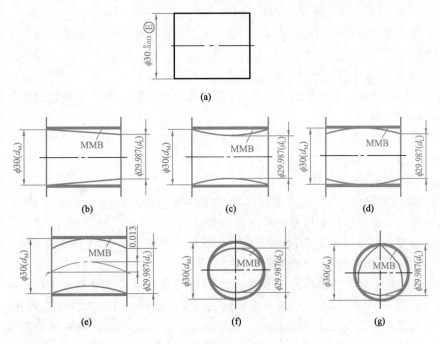

图 4-40 包容要求应用示例

(1)实际外圆柱面的体外作用尺寸不能超出最大实体边界(ϕ30 mm)。当轴的提取组成要素的局部尺寸处处为最大实体尺寸 ϕ30 mm 时,不允许轴线有直线度误差。

(2)当轴的提取组成要素的局部尺寸偏离最大实体尺寸时,才允许有轴线的直线度误差。例如,当轴的提取组成要素的局部尺寸处处为 ϕ29.990 mm 时,轴线的直线度误差的

最大允许为 $\phi 30 - \phi 29.990 = \phi 0.010$ mm;当轴的提取组成要素的局部尺寸处处为最小实体尺寸 $\phi 29.987$ mm 时,轴线的直线度误差的最大允许为 $\phi 0.013$ mm(尺寸公差值),如图 4-40(e)所示。

(3)轴的提取组成要素的局部尺寸不能小于最小实体尺寸 $\phi 29.987$ mm。

3. 应用

包容要求是将尺寸误差和几何误差同时控制在尺寸公差范围内的一种公差要求,主要用于必须保证配合性质的单一要素。

4.4.4 最大实体要求

1. 含义

采用最大实体要求的要素,其实际轮廓应遵守其最大实体实效边界(MMVB)。按照此要求,如果实际要素达到最大实体状态,则其允许的最大几何误差是图上所标注的几何公差值;如果实际要素偏离最大实体状态时,即其实际尺寸偏离最大实体尺寸时,允许的几何误差可以增加,增加量可等于实际尺寸对最大实体尺寸的偏移量(偏离多少就可增加多少),其最大增加量等于提取要素的尺寸公差值。

具体要求为:体外作用尺寸不得超越最大实体实效尺寸,且局部实际尺寸应在公差带所规定的上极限尺寸和下极限尺寸之间。即

对于内表面(孔) $D_{fe} \geqslant D_{MV} = D_{min} - t$ 且 $D_{min} = D_M \leqslant D_a \leqslant D_L = D_{max}$ (4-15)

对于外表面(轴) $d_{fe} \leqslant d_{MV} = d_{max} + t$ 且 $d_{min} = d_L \leqslant d_a \leqslant d_M = d_{max}$ (4-16)

2. 标注

(1)最大实体要求应用于提取组成要素

最大实体要求应用于提取组成要素时,应在几何公差框格中的公差值后面加注符号"Ⓜ",如图 4-41(a)所示。

根据图 4-41(a)中公差值后面的符号和标注对象可知,它是最大实体要求在提取组成要素上的应用,且提取组成要素是单一要素,轴的尺寸公差与几何公差(轴线的直线度)应符合最大实体要求,其含义如下:

①实际轴的体外作用尺寸不能超出最大实体实效边界($\phi 20 + \phi 0.1 = \phi 20.1$ mm)。当轴的提取组成要素的局部尺寸处处为最大实体尺寸 $\phi 20$ mm 时,轴线直线度误差的最大允许值为图样上给定的公差值 $\phi 0.1$ mm(轴线的直线度公差 $\phi 0.1$ mm 是该轴为其最大实体状态时给定的),如图 4-41(b)所示。

②当轴的实际尺寸偏离最大实体尺寸时,轴线的直线度误差可以大于规定的公差值 $\phi 0.1$ mm。如图 4-41(c)所示,当轴的提取组成要素的局部尺寸处处为 $\phi 19.9$ mm 时,轴线的直线度误差的最大允许值为 $\phi 20.1 - \phi 19.9 = \phi 0.2$ mm;当轴的提取组成要素的局部尺寸处处为最小实体尺寸 $\phi 19.7$ mm 时,轴线的直线度误差的最大允许值为 $\phi 0.4$ mm(尺寸公差值与几何公差值之和),如图 4-41(d)所示。提取组成要素的局部尺寸与直线度公差的关系如图 4-41(e)(动态公差图)所示。

③轴的提取组成要素的局部尺寸不能超出下极限尺寸 $\phi 19.7$ mm 与上极限尺寸 $\phi 20$ mm 的范围。

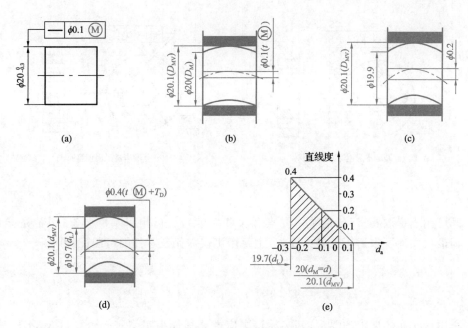

图 4-41　最大实体要求应用于提取组成要素示例

（2）最大实体要求应用于基准要素

最大实体要求应用于基准要素时，基准要素应遵守的边界有两种情况：

①基准要素本身采用最大实体要求时，应遵守最大实体实效边界。此时，基准代号应直接标注在形成该最大实体实效边界的几何公差框格下面，如图 4-42 所示。

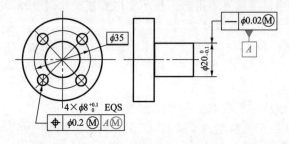

图 4-42　最大实体要求应用于基准要素且基准本身采用最大实体要求

图 4-42 表示最大实体要求应用于均布四孔（$4 \times \phi 8^{+0.1}_{0}$）的轴线对基准轴线的任意方向位置度公差，且最大实体要求也应用于基准要素，基准轴线本身的任意方向的直线度公差采用最大实体要求。因此对于均布四孔的位置度公差，基准要素应遵守由直线度公差确定的最大实体实效边界，其边界尺寸为 $d_{MV} = d_M + t = (20 + 0.02)$ mm ＝ 20.02 mm。

②基准本身不采用最大实体要求时，应遵守最大实体边界。此时，基准代号应标注在基准的尺寸线处，其连线与尺寸线对齐。

基准要素不采用最大实体要求可能有遵循独立原则或采用包容要求两种情况。

图 4-43（a）表示基准本身遵循独立原则（未注几何公差）。因此基准要素应遵守其最大实体边界，其边界尺寸为基准要素的最大实体尺寸 $D_M = \phi 20$ mm。

图 4-43（b）表示基准本身采用包容要求。因此基准要素也应遵守其最大实体边界，其边界尺寸为基准要素的最大实体尺寸 $D_M = \phi 20$ mm。

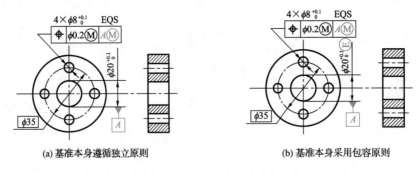

(a) 基准本身遵循独立原则　　　　(b) 基准本身采用包容原则

图 4-43　最大实体要求应用于基准要素,基准本身不采用最大实体要求

3. 应用

既可用于提取要素(包括单一要素和关联要素),又可用于基准要素;但都是导出要素。即最大实体要求适用于导出要素,主要用于仅需保证零件的可装配性时。

4.4.5　最小实体要求

1. 含义

采用最小实体要求的要素,其实际轮廓应遵守其最小实体实效边界(LMVB)。按照此要求,如果实际要素达到最小实体状态,则其允许的最大几何误差是图上所标注的几何公差值;如果实际要素偏离最小实体状态时,即其实际尺寸偏离最小实体尺寸时,允许的几何误差可以增加,增加量可等于实际尺寸对最小实体尺寸的偏移量(偏离多少就可增加多少),其最大增加量等于提取要素的尺寸公差值。

具体要求为:体内作用尺寸不得超出最小实体实效尺寸,且局部实际尺寸应在公差带所规定的上极限尺寸和下极限尺寸之间。即

对于内表面(孔)　$D_{fi} \leqslant D_{LV} = D_{max} + t$　　且 $D_{min} = D_M \leqslant D_a \leqslant D_L = D_{max}$　　(4-17)

对于外表面(轴)　$d_{fi} \geqslant d_{LV} = d_{min} - t$　　且 $d_{min} = d_L \leqslant d_a \leqslant d_M = d_{max}$　　(4-18)

2. 标注

(1)最小实体要求应用于提取要素

最小实体要求应用于提取组成要素时,应在几何公差框格中的公差值后面加注符号"Ⓛ",如图 4-44(a)所示。

根据图 4-44(a)中公差值后面的符号和标注对象可知,是最小实体要求在提取组成要素上的应用,且提取组成要素是关联要素,孔的尺寸公差与几何公差(轴线的位置度)应符合最小实体要求,其含义如下:

①实际孔的体内作用尺寸不能超出最小实体实效边界,直径为($\phi 8.25 + \phi 0.4 = \phi 8.65$ mm),轴线的理论正确位置由理论正确尺寸 6 mm 确定。当孔的局部实际尺寸处处为最小实体尺寸 $\phi 8.25$ mm 时,轴线的位置度误差的最大允许值为图样上给定的公差值 $\phi 0.4$ mm(轴线的位置度公差 $\phi 0.4$ mm 是该孔为其最小实体状态时给定的),如图 4-44(b)所示。

②当孔的实际尺寸偏离最小实体尺寸时,轴线的位置度误差可以大于规定的公差值 $\phi 0.4$ mm。如图 4-44(c)所示,当孔的局部实际尺寸处处为 $\phi 8.05$ mm 时,轴线的位置度误差的最大允许值为 $\phi 8.65 - \phi 8.05 = \phi 0.6$ mm;当孔的局部实际尺寸处处为最大实体尺寸 $\phi 8$ mm 时,轴线的位置度误差的最大允许值为 $\phi 0.65$ mm(尺寸公差值与几何公差值之

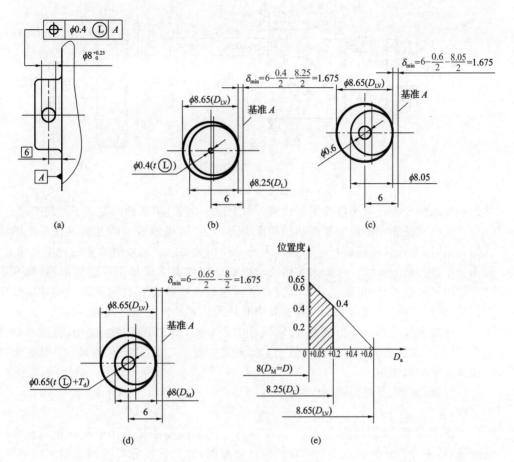

图 4-44　最小实体要求应用示例

和),如图 4-44(d)所示。该孔的局部尺寸与其轴线的位置度公差的关系如图 4-44(e)(动态公差图)所示。

③孔的局部实际尺寸不能超出下极限尺寸 $\phi8$ mm 与上极限尺寸 $\phi8.25$ mm 的范围。

(2)最小实体要求应用于基准要素

最小实体要求应用于基准要素时,基准要素应遵守的边界也有两种情况:

①基准要素本身采用最小实体要求时,应遵守最小实体实效边界。此时基准代号应直接标注在形成该最小实体实效边界的几何公差框格下面,如图 4-45(a)所示。

②基准要素本身不采用最小实体要求时,应遵守最小实体边界。此时基准代号应标注在基准的尺寸线处,其连线与尺寸线对齐,如图 4-45(b)所示。

3. 应用

最小实体要求一般用于标有位置度、同轴度、对称度等项目的关联要素,很少用于单一要素。最小实体要求运用于导出要素,主要用于需要保证零件的强度和最小壁厚的场合。

4.4.6　可逆要求

采用最大实体要求和最小实体要求时,只允许将尺寸公差补偿给几何公差。那么尺

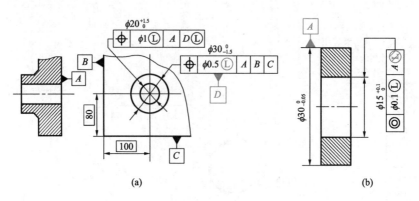

图 4-45　最小实体要求应用于基准要素

寸公差与几何公差是否可以相互补偿呢？针对这一问题，国家标准定义了可逆要求。

可逆要求是指在不影响零件功能的前提下，当提取组成要素的几何误差小于给定的几何公差时，允许其相应的尺寸公差增大的一种相关要求。可逆要求是一种反补偿要求，仅用于注有公差的要求。在最大实体要求或最小实体要求附加了可逆要求后，改变了尺寸要素的尺寸公差，用可逆要求可以充分地利用最大实体实效状态和最小实体实效状态的尺寸，在制造可能性的基础上，可逆要求允许尺寸和几何公差之间相互补偿。

可逆要求仅适用于导出要素，即轴线或中心平面，但它不能独立使用，也没有自己的边界；可逆要求是最大实体要求和最小实体要求的附加要求，它必须与最大实体要求或最小实体要求一起使用。

1. 可逆要求用于最大实体要求时

（1）含义

可逆要求用于最大实体要求时，除了具有上述最大实体要求用于提取组成要素时的含义外，还表示当几何误差小于给定的几何公差时，也允许实际尺寸超出最大实体尺寸；当几何误差为零时，允许尺寸的超出量最大，为几何公差值，从而实现尺寸公差与几何公差的相互转换。此时，提取组成要素仍遵守最大实体实效边界。

具体要求是：体外作用尺寸不得超越最大实体实效尺寸，提取组成要素的局部尺寸不得超越最小实体尺寸。

对于内表面（孔）　$D_{fe} \geqslant D_{MV} = D_{min} - t$ 　　且 $D_a \leqslant D_L = D_{max}$ 　　　　　　(4-19)

对于外表面（轴）　$d_{fe} \leqslant d_{MV} = d_{max} + t$ 　　且 $d_a \geqslant d_L = d_{min}$ 　　　　　　(4-20)

（2）标注

可逆要求与最大实体要求合用时，应将符号Ⓡ标注在最大实体要求符号Ⓜ的后面，即"ⓂⓇ"，如图 4-46（a）所示。

图 4-46（a）所示图样中，当轴的实际尺寸偏离最大实体尺寸 $\phi20$ mm 时，允许轴线的直线度误差增大，同时，当轴线的直线度误差小于 $\phi0.1$ mm 时，也允许轴的直径增大，当轴线直线度误差为零时，轴的实际尺寸可增大到 $\phi20.1$ mm，如图 4-46（b）所示。图 4-46（c）为其动态公差图。

2. 可逆要求用于最小实体要求时

（1）含义

可逆要求用于最小实体要求时，除了具有上述最小实体要求用于提取组成要素时的

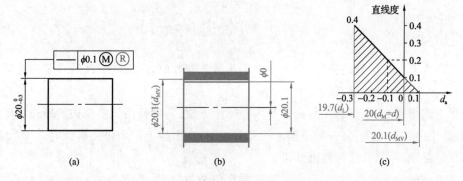

图 4-46　可逆要求用于最大实体要求示例

含义外,还表示当几何误差小于给定的几何公差时,也允许实际尺寸超出最小实体尺寸;当几何误差为零时,允许尺寸的超出量最大,为几何公差值,从而实现尺寸公差与几何公差的相互转换。此时,提取组成要素仍遵守最小实体实效边界。

具体要求是:体内作用尺寸不得超越最小实体实效尺寸,提取组成要素的局部尺寸不得超越最大实体尺寸。

对于内表面(孔)　$D_{fi} \leqslant D_{LV} = D_{max} + t$　　　且 $D_a \geqslant D_M = D_{min}$　　　　　(4-21)

对于外表面(轴)　$d_{fi} \geqslant d_{LV} = d_{min} - t$　　　且 $d_a \leqslant d_M = d_{max}$　　　　　(4-22)

(2)标注

可逆要求与最小实体要求合用时,应将符号Ⓡ标注在最小实体要求符号"Ⓛ"的后面,即"ⓁⓇ"。

如图 4-47(a)所示为 $\phi 8^{+0.025}_{\ 0}$ 孔的中心线对基准平面的任意的方向的位置度公差采用可逆的最小实体要求。当孔处于最小实体状态时,其中心线对基准平面的位置度公差为 0.4 mm。若孔的中心线对基准平面的位置度误差小于给出的公差值,则允许孔的实际尺寸超出其最小实体尺寸(即大于 8.25 mm),但必须保证其定位体内作用尺寸不超出其定位最小实体实效尺寸(即 $D_{fi} \leqslant D_{LV} = D_L + t = 8.25 + 0.4 = 8.65$ mm)。所以当孔的中心线对基准平面任意方向的位置度误差为零时,其实际尺寸可达最大值,即等于孔定位最小实体实效尺寸 8.65 mm,如图 4-47(b)所示。其动态公差图如图 4-47(c)所示。

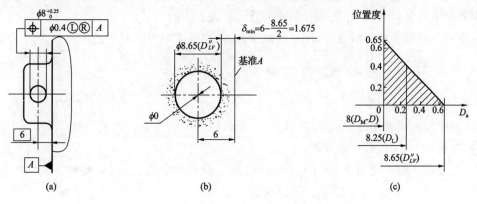

图 4-47　可逆要求用于最小实体要求

4.5 几何公差的选择

正确地选择几何公差项目,合理地确定几何公差数值,对提高产品的质量和降低制造成本,具有十分重要的意义。

在工程图样上,零件的几何公差有两种标注方法,一种是用公差框格的形式在图样上标注,即注出几何公差;另一种是按未注公差规定,在图样上不用公差框格的形式标注,不论标注与否,零件都有几何精度要求。

对于注出的几何公差,主要应正确选择几何公差项目、几何公差数值(或公差等级)、基准和公差原则等四个方面。

4.5.1 几何公差项目的选择

选择几何公差项目时可以从以下几个方面考虑:

1.零件的几何特征

零件的几何特征不同,会产生不同的几何误差。例如圆柱零件,可选择圆度、圆柱度、中心线的直线度及素线的直线度等;平面零件可选择平面度;槽类零件可选择对称度;阶梯孔、轴可选择同轴度;凸轮类零件可选择轮廓度等。

2.零件的功能要求

根据对零件功能要求的不同,应给出不同的几何公差。例如圆柱零件,当仅需要顺利装配时,可选择中心线的直线度;安装齿轮的箱体孔,为保证齿轮的正确啮合,应提出箱体孔的平行度要求;为保证机床工作台或刀架运动轨迹的精度,需要对导轨提出直线度或平面度要求;为使箱体、箱盖等零件上各螺栓孔能顺利装配,应提出孔组的位置度要求等。

3.检测的方便性和经济性

在满足功能要求的前提下,应充分考虑检测的方便性和经济性。例如,对轴类零件可用径向全跳动综合控制圆柱度、同轴度;用轴向全跳动代替端面对轴线的垂直度。因为跳动误差检测方便,又能较好地控制相应的几何误差。

在满足功能要求的前提下,应尽量减少公差项目,以获得较好的经济效益。

4.5.2 几何公差数值(或公差等级)的选择

1.几何公差值的规定

(1)除线轮廓度和面轮廓度外,其他12项几何特征都规定有公差数值。其中,除位置度外,其他11项又都有公差等级。

(2)公差等级一般划分为12级,即1～12级,精度依次降低,仅圆度和圆柱度划分为13级,即0～12级,见表4-8～表4-12(摘自GB/T 1184—1996)。

表 4-8　　　　　　　　直线度和平面度公差值(GB/T 1184—1996)　　　　　　　　　μm

主参数 L/mm	公差等级											
	1	2	3	4	5	6	7	8	9	10	11	12
≤10	0.2	0.4	0.8	1.2	2	3	5	8	12	20	30	60
>10~16	0.25	0.5	1	1.5	2.5	4	6	10	15	25	40	80
>16~25	0.3	0.6	1.2	2	3	5	8	12	20	30	50	100
>25~40	0.4	0.8	1.5	2.5	4	6	10	15	25	40	60	120
>40~63	0.5	1	2	3	5	8	12	20	30	50	80	150
>63~100	0.6	1.2	2.5	4	6	10	15	25	40	60	100	200
>100~160	0.8	1.5	3	5	8	12	20	30	50	80	120	250
>160~250	1	2	4	6	10	15	25	40	60	100	150	300
>250~400	1.2	2.5	5	8	12	20	30	50	80	120	200	400
>400~630	1.5	3	6	10	15	25	40	60	100	150	250	500
>630~1 000	2	4	8	12	20	30	50	80	120	200	300	600
>1 000~1 600	2.5	5	10	15	25	40	60	100	150	250	400	800
>1 600~2 500	3	6	12	20	30	50	80	120	200	300	500	1 000
>2 500~4 000	4	8	15	25	40	60	100	150	250	400	600	1 200
>4 000~6 300	5	10	20	30	50	80	120	200	300	500	800	1 500
>6 300~10 000	6	12	25	40	60	100	150	250	400	600	1 000	2 000

主参数 L 图例

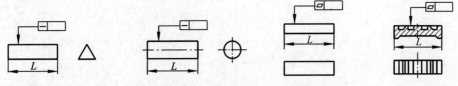

表 4-9　　　　　　　　圆度和圆柱度公差值(GB/T 1184—1996)　　　　　　　　　μm

主参数 d,D/mm	公差等级												
	0	1	2	3	4	5	6	7	8	9	10	11	12
≤3	0.1	0.2	0.3	0.5	0.8	1.2	2	3	4	6	10	14	25
>3~6	0.1	0.2	0.4	0.6	1	1.5	2.5	4	5	8	12	18	30
>6~10	0.12	0.25	0.4	0.6	1	1.5	2.5	4	6	9	15	22	36
>10~18	0.15	0.25	0.5	0.8	1.2	2	3	5	8	11	18	27	43
>18~30	0.2	0.3	0.6	1	1.5	2.5	4	6	9	13	21	33	52
>30~50	0.25	0.4	0.6	1	1.5	2.5	4	7	11	16	25	39	62
>50~80	0.3	0.5	0.8	1.2	2	3	5	8	13	19	30	46	74
>80~120	0.4	0.6	1	1.5	2.5	4	6	10	15	22	35	54	87
>120~180	0.6	1	1.2	2	3.5	5	8	12	18	25	40	63	100
>180~250	0.8	1.2	2	3	4.5	7	10	14	20	29	46	72	115
>250~315	1.0	1.6	2.5	4	6	8	12	16	23	32	52	81	130
>315~400	1.2	2	3	5	7	9	13	18	25	36	57	89	140
>400~500	1.5	2.5	4	6	8	10	15	20	27	40	63	97	155

主参数 d,D 图例

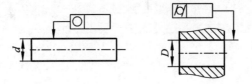

表 4-10　　　　　平行度、垂直度和倾斜度公差(GB/T 1184—1996)　　　　　μm

主参数 L,d(D)/mm	公差等级											
	1	2	3	4	5	6	7	8	9	10	11	12
≤10	0.4	0.8	1.5	3	5	8	12	20	30	50	80	120
>10~16	0.5	1	2	4	6	10	15	25	40	60	100	150
>16~25	0.6	1.2	2.5	5	8	12	20	30	50	80	120	200
>25~40	0.8	1.5	3	6	10	15	25	40	60	100	150	250
>40~63	1	2	4	8	12	20	30	50	80	120	200	300
>63~100	1.2	2.5	5	10	15	25	40	60	100	150	250	400
>100~160	1.5	3	6	12	20	30	50	80	120	200	300	500
>160~250	2	4	8	15	25	40	60	100	150	250	400	600
>250~400	2.5	5	10	20	30	50	80	120	200	300	500	800
>400~630	3	6	12	25	40	60	100	150	250	400	600	1 000
>630~1 000	4	8	15	30	50	80	120	200	300	500	800	1 200
>1 000~1 600	5	10	20	40	60	100	150	250	400	600	1 000	1 500
>1 600~2 500	6	12	25	50	80	120	200	300	500	800	1 200	2 000
>2 500~4 000	8	15	30	60	100	150	250	400	600	1 000	1 500	2 500
>4 000~6 300	10	20	40	80	120	200	300	500	800	1 200	2 000	3 000
>6 300~10 000	12	25	50	100	150	250	400	600	1 000	1 500	2 500	4 000

主参数 $d(D)$,L 图例

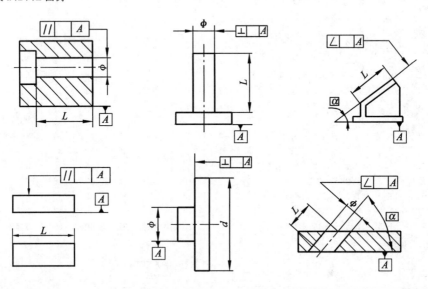

表 4-11 同轴度、对称度、圆跳动和全跳动公差值(GB/T 1184—1996) μm

主参数 d(D),B,L/ mm	公差等级											
	1	2	3	4	5	6	7	8	9	10	11	12
≤1	0.4	0.6	1.0	1.5	2.5	4	6	10	15	25	40	60
>1~3	0.4	0.6	1.0	1.5	2.5	4	6	10	20	40	60	120
>3~6	0.5	0.8	1.2	2	3	5	8	12	25	50	80	150
>6~10	0.6	1	1.5	2.5	4	6	10	15	30	60	100	200
>10~18	0.8	1.2	2	3	5	8	12	20	40	80	120	250
>18~30	1	1.5	2.5	4	6	10	15	25	50	100	150	300
>30~50	1.2	2	3	5	8	12	20	30	60	120	200	400
>50~120	1.5	2.5	4	6	10	15	25	40	80	150	250	500
>120~250	2	3	5	8	12	20	30	50	100	200	300	600
>250~500	2.5	4	6	10	15	25	40	60	120	250	400	800
>500~800	3	5	8	12	20	30	50	80	150	300	500	1 000
>800~1 250	4	6	10	15	25	40	60	100	200	400	600	1 200
>1 250~2 000	5	8	12	20	30	50	80	120	250	500	800	1 500
>2 000~3 150	6	10	15	25	40	60	100	150	300	600	1 000	2 000
>3 150~5 000	8	12	20	30	50	80	120	200	400	800	1 200	2 500
>5 000~8 000	10	15	25	40	60	100	150	250	500	1 000	1 500	3 000
>8 000~10 000	12	20	30	50	80	120	200	300	600	1 200	2 000	4 000

主参数 d(D),B,L 图例

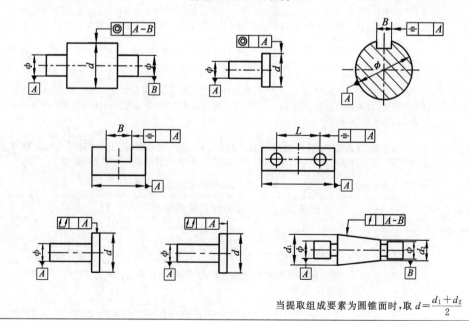

当提取组成要素为圆锥面时,取 $d = \dfrac{d_1 + d_2}{2}$

注:使用同轴度公差值时,应在表中查得的数值前加注"ϕ"。

表 4-12 位置度公差值数系(摘自 GB/T 1184—1996) μm

1	1.2	1.5	2	2.5	3	4	5	6	8
1×10^n	1.2×10^n	1.5×10^n	2×10^n	2.5×10^n	3×10^n	4×10^n	5×10^n	6×10^n	8×10^n

注:n 为正整数。

2. 几何公差值的选用

几何公差值的选用主要根据零件的使用性能、结构特征、加工的可能性和经济性等因素综合考虑。

几何公差值(公差等级)常用类比法选择。表 4-13～表 4-16 可供参考。

选择的原则是:在满足使用要求的前提下,选择最大的公差值(最低的公差等级)。

表 4-13 直线度、平面度公差等级及应用场合

公差等级	应用场合
1,2	用于精密量具、测量仪器以及精度要求较高的精密机械零件。如 0 级样板、平尺、0 级宽平尺、工具显微镜等精密测量仪器的导轨面,喷油嘴针阀体端面平面度,液压泵柱塞套端面的平面度等
3	用于 0 级及 1 级宽平尺工作面,1 级样板、平尺工作面,测量仪器圆弧导轨的直线度,测量仪器的测杆等
4	用于量具、测量仪器和机床导轨。如 1 级宽平尺、0 级平板,测量仪器的 V 形导轨,高精度平面磨床的 V 形导轨和滚动导轨,轴承磨床及平面磨床床身直线度等
5	用于 1 级平板,2 级宽平尺,平面磨床纵导轨、垂直导轨、立柱导轨和平面磨床的工作台,液压龙门刨床身导轨面,转塔车床床身导轨面,柴油机进气门导杆等
6	用于 1 级平板、卧式车床床身导轨面,龙门刨床导轨面,滚尺机立柱导轨、床身导轨及工作台、自动车床床身导轨、平面磨床床身导轨、平面磨床垂直导轨、卧式镗床和铣床工作台及机床主轴箱导轨等工作面,柴油机进气门导杆直线度,柴油机机体上部结合面等
7	用于 2 级平板,分度值为 0.02 mm 游标卡尺尺身的直线度,机床主轴箱体、柴油机气门导杆、滚齿机床床身导轨的直线度,镗床工作台、摇臂钻底座工作台面,液压泵盖的平面度、压力机导轨及滑块工作面
8	用于 2 级平板、车床溜板箱体、机床传动箱体、自动车床底座的直线度,汽缸盖结合面、汽缸座、内燃机连杆分离面的平面度,减速机壳体的结合面
9	用于 3 级平板、机床溜板箱、立钻工作台、螺纹磨床的挂轮架、金相显微镜的载物台、柴油机汽缸体连杆的分离面,缸盖的结合面,阀片的平面度,空气压缩机汽缸体,柴油机缸孔环面的平面度以及辅助机构及手动机械的支撑面
10	用于 3 级平板、自动板床床身平面度、车床挂轮架的平面度,柴油机汽缸体,摩托车的箱体,汽车变速箱的壳体与汽车发动机缸盖结合面,阀片的平面度以及液压,管件和法兰的连接面等
11,12	用于易变形的薄片,如离合器的摩擦片、汽车发动机缸盖的结合面等

表 4-14 圆度、圆柱度公差等级及应用场合

公差等级	应用场合
1	高精度量仪主轴、高精度机床主轴,滚动轴承滚珠和滚柱面等
2	精密量仪主轴、外套、阀套,高压油泵柱塞及套,纺锭轴承,高速柴油机进、排气门,精密机床主轴轴颈,针阀圆柱塞及柱塞套
3	工具显微镜套管外圆,高精度外圆磨床轴承,磨床砂轮主轴套筒,喷油嘴针阀体,精密微型轴承内、外圈

续表

公差等级	应用场合
4	较精密机床主轴,精密机床主轴箱孔,高压阀门活塞,活塞销、阀体孔,工具显微镜顶针高压液压泵柱塞,较高精度滚动轴承配合轴,铣削动力头箱体孔等
5	一般量仪主轴,测杆外圆,陀螺仪轴颈,一般机床主轴及主轴箱孔,柴油机、汽油机活塞,活塞销孔,铣削动力头轴承箱座孔,高压空气压缩机十字头销,活塞,较低精度滚动轴承配合轴承
6	仪表端盖外圆,一般机床主轴及箱体孔,中等压力下液压装置工作面(包括泵、压缩机的活塞和汽缸),汽车发动机凸轮轴,纺机锭子,通用减速器轴颈,高速船用发动机曲轴,拖拉机曲轴主轴颈
7	大功率低速柴油机曲轴、活塞、活塞销、连杆、汽缸,高速柴油机箱体孔,千斤顶或压力液压缸活塞,液压传动系统的分配机构,机车传动轴,水泵及一般减速器轴颈
8	低速发动机、减速器、大功率曲轴轴颈,气压机连杆盖、体,拖拉机汽缸体、活塞,炼胶机冷铸轴辊,印刷机传墨辊,内燃机曲轴,柴油机体孔、凸轮轴、拖拉机、小型船用柴油机汽缸盖
9	空气压缩机缸体,液压传动筒,通用机械杠杆与拉杆用套筒销子,拖拉机活塞环、套筒孔
10	印染机导布辊、绞车、吊车、起重机滑动轴承轴颈等

表 4-15　　　　　　　　　　　平行度、垂直度公差等级及应用示例

公差等级	面对面平行度应用示例	面对线、线对线平等度应用示例	垂直度应用示例
1	高精度机床,高精度测量仪器以及量具等主要基准面和工作面		高精度机床、高精度测量仪器以及量具等主要基准面和工作面
2,3	精密机床,精密测量仪器,量具以及夹具的基准面和工作面	精密机床上重要箱体上轴孔对基准面及对其他孔的要求	精密机床导轨,普通机床重要导轨,机床主轴轴向定位面,精密机床主轴轴肩端面、齿轮测量仪的芯轴,光学分度头芯轴端面,精密刀具、量具工作面和基准面
4,5	卧式车床、测量仪器、量具的基准面和工作面,高精度轴承座孔,端盖,挡圈的端面	机床主轴孔对基准面要求,重要轴承孔对基准面要求,床头箱体重要孔间要求,齿轮泵的端面等	普通精度机床主要基准面和工作面,回转工作台端面,一般导轨,主轴箱体孔、刀架、砂轮架及工作台回转中心,一般轴肩对其轴线
9,10	低精度零件,重型机械滚动轴承端盖	柴油机和煤气发动机的曲轴孔、轴颈等	花键轴轴肩端面,传动带运输机法兰盘等端面、轴线,手动卷扬机及传动装置中轴承端面,减速器壳体平面等
11,12	零件的非工作面,绞车、运输机上用的减速器壳体平面		农业机械齿轮端面等

注:①在满足设计要求的前提下,考虑到零件加工的经济性,对于线对线和线对面的平行度和垂直度公差等级,应选用低于面对面的平行度和垂直度公差等级;

②使用本表选择面对面平行度和垂直度时,宽度应不大于 1/2 长度,否则应降低一级公差等级选用。

表 4-16   同轴度、对称度、跳动公差等级及应用场合

公差等级	应用场合
5,6,7	应用范围较广的公差等级。用于几何精度要求较高、尺寸公差等级为 8 级及高于 8 级的零件。5 级常用于机床轴颈,计量仪器的测量杆,汽轮机主轴、柱塞液压泵转子,高精度滚动轴承外圈,一般精度滚动轴承内圈,回转工作台端面跳动。7 级用于内燃机曲轴、凸轮墨辊的轴颈、键槽
8,9	常用于几何精度要求一般,尺寸公差等级为 9 级和 11 级的零件。8 级用于拖拉机发动机分配轴轴颈,与 9 级精度以下齿轮相配的轴、水泵叶轮、离心泵体、棉花精梳机前、后滚子,键槽等。9 级用于内燃机汽缸套配合面、自行车中轴

用类比法确定几何公差值时,还应注意以下几个问题:

(1)各公差值之间应注意协调,对同一要素给出多项几何公差要求的一般原则是:

在几何公差内部   形状公差值<方向公差值<位置公差值<跳动公差值

在几何公差外部   几何公差值<尺寸公差值

即   形状公差值<方向公差值<位置公差值<跳动公差值<尺寸公差值

但应注意以下特殊情况:细长轴轴线的直线度公差远大于尺寸公差;位置度和对称度公差往往与尺寸公差相当;当几何公差与尺寸公差相等时,对同一要素按包容要求处理。

(2)综合公差大于单项公差,如圆柱度公差大于圆度公差、素线和中心线直线度公差。

(3)对于结构复杂、刚性较差或不易加工和测量的零件(如细长轴),可适当降低 1~2 级。

(4)通常情况下,提取组成要素的表面粗糙度评定参数值 Ra 应小于其形状公差值,一般为形状公差值的 20%~25%,对于高精度的小尺寸零件,Ra 可达到形状公差值的 50%~70%。

(5)有关国家标准已对几何公差作出规定的,应按相应的国家标准确定。例如,与滚动轴承相配合的轴和箱体孔的圆柱度公差、机床导轨的直线度公差等。

3. 未注几何公差的规定

为简化图样,对一般机床加工就能保证的几何精度,就不必在图样上注出几何公差值。图样上未标明几何公差值的要素,其几何精度由未注几何公差控制。

国家标准(GB/T 1184—1996)对直线度、平面度、垂直度、对称度和圆跳动的未注几何公差进行了规定,将其分为 H、K、L 三个公差等级,H 级最高,L 级最低。它们的数值分别见表 4-17~表 4-20。其他项目如线轮廓度、面轮廓度、倾斜度、位置度和全跳动,均由各要素的注出公差或未注几何公差、线性尺寸公差或角度公差控制。

选用时应在技术要求中注出标准号及公差等级代号,如未注几何公差按 GB/T 1184-K 选用。

表 4-17   直线度、平面度的未注公差值(GB/T 1184—1996)   mm

公差等级	公称长度范围					
	~10	>10~30	>30~100	>100~300	>300~1 000	>1 000~3 000
H	0.02	0.05	0.1	0.2	0.3	0.4
K	0.05	0.1	0.2	0.4	0.6	0.8
L	0.1	0.2	0.4	0.8	1.2	1.6

注:"公称长度"对于直线度是指提取长度;对于平面度是指平面较长一边的长度,对于圆平面,则是指直径。

表 4-18　　　　　　垂直度的未注公差值(GB/T 1184—1996)　　　　　　mm

公差等级	公称长度范围			
	~100	>100~300	>300~1 000	>1 000~3 000
H	0.2	0.3	0.4	0.5
K	0.4	0.6	0.8	1
L	0.6	1	1.5	2

表 4-19　　　　　　对称度的未注公差值(GB/T 1184—1996)　　　　　　mm

公差等级	公称长度范围			
	~100	>100~300	>300~1 000	>1 000~3 000
H	0.5			
K	0.6		0.8	1
L	0.6	1	1.5	2

表 4-20　　　　　　圆跳动的未注公差值(GB/T 1184—1996)　　　　　　mm

公差等级	圆跳动公差值
H	0.1
K	0.2
L	0.5

几点说明:

(1)圆度的未注公差值等于工作直径公差值,但不能大于表 4-20 中的径向圆跳动的未注公差值。

(2)圆柱度的未注公差值不作规定。原因是:圆柱度误差是由圆度、直线度和相对素线的平行度误差综合形成的,而这三项误差均分别由它们的注出公差或未注公差控制。如果对圆度误差有较高的要求,则可以采用包容要求或注出圆柱度公差值。

(3)平行度的未注公差值等于给定的尺寸公差值或直线度和平面度未注公差值中的较大者。应取两要素中较长者作为基准,若两要素长度相等,则可任选其一为基准。

(4)该标准对同轴度的未注公差值未作规定,在极限状况下,可以和表 4-20 中规定的径向圆跳动的公差值相等。应取两要素中较长者作为基准,若两要素长度相等,则可任选其一为基准。

4.5.3　基准的选择

确定提取组成要素方向、位置的拟合要素称为基准。

零件上的要素都可以作为基准。选择基准时,主要应根据零件的功能和设计要求,并兼顾基准统一原则和零件结构特征,通常可从以下几个方面来考虑:

(1)从设计考虑,应根据零件形体的功能要求及要素间的几何关系来选择基准。例如,对于旋转的轴件,常选用与轴承配合的轴颈表面或轴线作为基准。

（2）从加工、测量角度考虑,应选择在工具、夹具、量具中定位的相应要素作为基准,并考虑这些要素作为基准时要便于设计工具、夹具、量具,还应尽量使测量基准与设计基准统一。

（3）从装配关系考虑,应选择零件相互配合、相互接触的表面作为基准,以保证零件的正确装配。

（4）当以铸造、锻造或焊接等未经切削加工的毛面为基准时,应选择最稳定的表面作为基准,或在基准要素上指定一些点、线、面(基准目标)来建立基准。

（5）当采用多个基准时,应从提取组成要素的使用要求考虑基准要素的顺序。通常选择对提取组成要素使用影响最大的表面,或者定位最稳定的表面作为第一基准。

总之,比较理想的基准是设计、加工、测量和装配基准是同一要素,也就是遵守基准统一的原则。

4.5.4 公差原则的选择

选择公差原则时,应根据提取组成要素的功能要求,并考虑采用该公差原则的可行性与经济性。

1.独立原则

独立原则是处理几何公差与尺寸公差关系的基本原则。主要应用在以下场合:

（1）尺寸精度和几何精度要求都较严格,并需分别满足要求。如齿轮箱体上的孔,为保证与轴承的配合和齿轮的正确啮合,要求分别保证孔的尺寸精度和孔中心线的平行度要求;轴承内、外圈滚道的尺寸精度与几何精度要求。

（2）尺寸精度与几何精度相差较大。如印刷机的滚筒、轧钢机的轧辊等零件,尺寸精度要求低,圆柱度要求高;平板的尺寸精度要求低,平面度要求高;冲模架的下模座尺寸精度要求不高,平行度要求高。以上这些尺寸精度和几何精度相差较大,均应分别满足。

（3）为保证运动精度、密封性等特殊要求,单独提出与尺寸精度无关的几何公差要求。如为保证机床导轨运动精度,提出直线度要求,与尺寸精度无关;汽缸套内孔与活塞配合,为了内、外圆柱面均匀接触,并有良好的密封性,在保证尺寸精度的同时,还要单独保证很高的圆度、圆柱度要求。

（4）零件上的未注几何公差一律遵循独立原则。如退刀槽倒角、圆角等非功能要素。

运用独立原则时,需用通用计量器具分别检测零件的尺寸和几何公差,检测较不方便。

2.包容要求

（1）主要用于需要保证配合性质,特别是要求精密配合的场合。用最大实体边界来控制零件的尺寸和几何误差的综合结果,以保证配合要求的最小间隙或最大过盈。例如 $\phi30H7$ Ⓔ 的孔与 $\phi30h6$ Ⓔ 的轴配合,可以保证最小间隙为零。

（2）用于尺寸公差与几何公差间无严格比例关系要求的场合。如一般孔与轴的配合,只要作用尺寸不超过最大实体尺寸,提取组成要素的局部尺寸不超过最小实体尺寸,均可采用包容要求。

选用包容要求时,可用光滑极限量规来检测实际尺寸和体外作用尺寸,检测方便。

3. 最大实体要求

最大实体要求主要用于保证可装配性的场合。如用于穿过螺栓的通孔的位置度公差。

选用最大实体要求时,其实际尺寸用两点法测量,体外作用尺寸用功能量规(位置量规)进行检测,其检测方法简单易行。

4. 最小实体要求

最小实体要求主要用于需要保证零件的强度和最小壁厚等场合。如为了保证最小壁厚不小于某个极限值;某表面至理想中心的最大距离不大于某个极限值;保证零件的对中性时,均应选用最小实体要求来满足要求。

选用最小实体要求时,因其体内作用尺寸不可能用量规检测,故一般采用测量壁厚或要素间的实际距离等近似方法。

5. 可逆要求与最大(或最小)实体要求联用

可逆要求与最大(或最小)实体要求联用能充分利用公差带,扩大了实际尺寸的范围,使实际尺寸超过了最大(或最小)实体尺寸而体外(或体内)作用尺寸未超过最大(或最小)实体实效尺寸的废品变为合格品,提高了经济效益。

4.5.5　几何公差选用和标注实例

图 4-48 所示为减速器的齿轮轴根据减速器对该轴的功能要求、几何特征和装配要求等选用的几何公差。

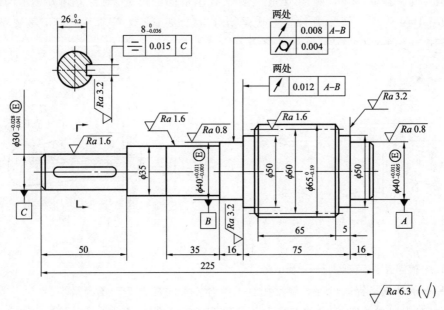

图 4-48　齿轮轴几何公差应用示例

两个 $\phi40$ mm 的轴颈与滚动轴承的内圈相配合,采用包容要求,以保证配合性质;为了保证装配后轴承的几何精度,与滚动轴承配合的轴颈在采用包容要求的前提下,又进一步提出了圆柱度公差为 0.004 mm 的要求;两轴颈上安装滚动轴承后,将分别装配到相对应的箱体孔内,为了保证轴承外圈与箱体孔的配合性质,需限制两轴颈的同轴度误差,故又规定了两轴颈的径向圆跳动公差 0.008 mm。

ϕ50 mm 轴颈的两个轴肩都是止推面,起一定的定位作用,故给出了两轴肩相对于公共基准轴线 A-B 的轴向圆跳动公差 0.012 mm,ϕ30 mm 轴颈与轴上零件配合,有配合性质要求,因此也采用包容要求,为了保证齿轮的正确啮合,对 ϕ30 mm 轴颈上的键槽提出了对称度公差为 0.015 mm 的要求,基准为键所在轴颈的轴线。

4.6 几何误差的检测

几何误差是指提取组成要素对其拟合要素的变动量。在几何误差测量中,是将提取要素作为组成要素,根据几何误差值是否在几何公差的范围内来判断零件是否合格。

4.6.1 形状误差及其评定

1.形状误差(form error)

形状误差是指提取(实际)要素对其拟合要素的变动量。该拟合要素的位置要符合最小条件。

将提取(实际)要素与其拟合要素比较,如果提取(实际)要素与拟合要素完全重合,则形状误差为零;如果提取(实际)要素对其拟合要素有偏离,其偏离(变动)量即为形状误差。但对同一提取(实际)要素,若拟合要素处于不同的位置,则会得到大小不同的变动量,如图 4-49 所示。因此,在评定形状误差时,拟合要素相对于提取(实际)要素的位置,应遵循形状误差评定原则——最小条件。

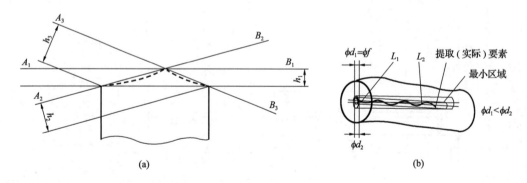

图 4-49 最小条件

2.形状误差评定准则——最小条件

最小条件是指提取(实际)要素相对于拟合要素的最大变动量为最小。

(1)对于组成要素:最小条件就是拟合要素位于零件实体之外并与提取(实际)要素相接触,使提取(实际)要素的最大变动量为最小的条件,如图 4-49(a)所示。拟合要素 A_1—B_1,A_2—B_2,A_3—B_3 处于不同的位置,提取要素相对于拟合要素的最大变动量分别是 h_1,h_2,h_3。图 4-49 中,$h_1 < h_2 < h_3$,其中 h_1 值最小,则符合最小条件的拟合要素为 A_1—B_1。

（2）对于导出要素：最小条件就是拟合要素穿过实际导出要素，并使实际导出要素对拟合要素的最大变动量为最小的条件，如图 4-49（b）所示，$\phi d_1 < \phi d_2$，且 ϕd_1 最小，则符合最小条件的理想轴线为 L_1。

3. 形状误差评定方法——最小区域法

评定形状误差时，形状误差数值可用最小包容区域的宽度或直径表示。所谓最小包容区域，是指包容提取（实际）要素时，具有最小宽度 f 或直径 ϕf 的包容区域。

按最小包容区域评定形状误差值的方法，称为最小区域法。显然，按最小区域法评定的形状误差值是唯一的、最小的，可以最大限度地保证合格件通过。最小区域法是评定形状的一种基本方法，因这时的拟合要素是符合最小条件的。在实际测量中，只要能满足零件功能要求，就允许采用近似的评定方法。例如，以两端点连线法评定直线度误差，用三点法评定平面度误差等。当采用不同的评定方法所获得的测量结果有争议时，应将按最小区域法评定的结果作为仲裁的依据。

4.6.2　基准（datum）

1. 基准及其分类

基准是指具有正确形状的拟合要素，是确定提取组成要素方向和位置的依据。在实际应用时，它由基准实际要素来确定。图样上标出的基准通常分为以下三种：

（1）单一基准

由一个要素建立的基准称为单一基准。如图 4-50（a）所示为由一个平面 A 建立的基准，图 4-50（b）所示为由 ϕd_2 圆柱轴线 A 建立的基准。

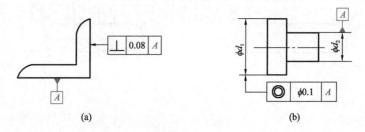

图 4-50　单一基准

（2）组合基准（公共基准）

由两个要素建立的一个独立的基准称为组合基准。如图 4-51 所示为由两段中心线 A、B 建立起公共基准线 A-B。在公差框格中标注时，将各个基准字母用短横线连起来写在同一格内，以表示作为一个基准使用。

（3）基准体系（三基面体系）

基准体系是指由两个或三个互相垂直的平面所构成的一个基准体系。如图 4-52 所示，三个互相垂直的平面是：A 为第一基准平面，B 为第二基准平面且垂直于 A，C 为第三基准平面，同时垂直于 A 和 B。每两个基准平面的交线构成基准轴线，三条轴线的交点构成基准点。因此，上面提到的单一基准平面就是三基面体系中的一个基准平面，而基准轴线是三基面体系中两个基准平面的交线。

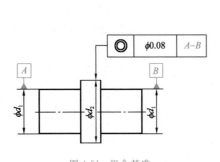

图 4-51 组合基准

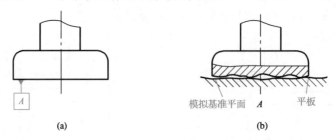

图 4-52 基准体系

2. 常用的基准体现方法

基准建立的基本原则应符合最小条件,但为了方便起见,允许在测量时用近似的方法来体现基准,常用的方法有模拟法、直接法、分析法和目标法四种,其中用得最广的是模拟法。

(1)模拟法

模拟法即采用形状精度足够高的精密表面来体现基准的方法。例如:用精密平板的工作面模拟基准平面,如图 4-53 所示;用精密芯轴装入基准孔内,用其轴线模拟基准轴线,如图 4-54 所示;以 V 形架表面体现基准轴线,如图 5-55 所示。

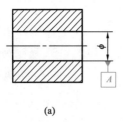

图 4-53 用平板工作面模拟基准平面

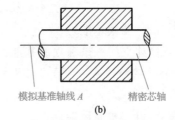

图 4-54 用心轴轴线模拟基准轴线

采用模拟法体现基准时,应符合最小条件。一般情况下,当基准实际要素与模拟基准之间稳定接触时,自然形成符合最小条件的相对关系,如图 4-53(b)所示;当基准实际要素与模拟基准之间非稳定接触时,如图 4-56(a)所示,一般不符合最小条件,应通过调整使基准实际要素与模拟基准之间尽可能符合最小条件,如图 4-56(b)所示。

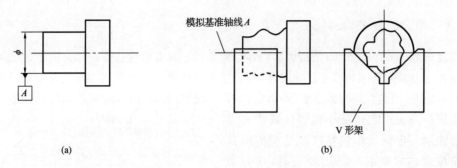

图 4-55　用 V 形架表面模拟基准轴线

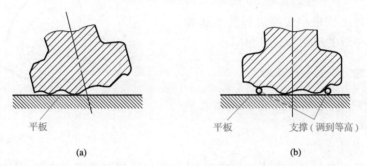

图 4-56　非稳定接触

（2）直接法

直接法即当基准实际要素具有足够高的精度时，直接以基准实际要素为基准的方法。

4.6.3　方向误差及其评定

方向误差（Orientation Error）是指提取（实际）要素对一具有确定方向的拟合要素的变动量，拟合要素的方向由基准确定。

方向误差值用定向最小包容区域的宽度或直径表示。定向最小包容区域是指按拟合要素的方向来包容提取（实际）要素时，具有最小宽度 f 或直径 ϕf 的包容区域，如图 4-57 所示。各误差项目定向最小包容区域的形状和方向与各自的公差带相同，但宽度或直径由提取（实际）要素本身来决定。

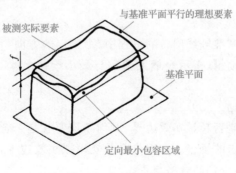

图 4-57　定向最小区域

4.6.4 位置误差及其评定

位置误差(location error)是指提取(实际)要素对一具有确定位置的拟合要素的变动量,拟合要素的位置由基准和理论正确尺寸(确定提取组成要素理想形状、方向、位置的尺寸,该尺寸不带公差,用加方框的数字表示)确定。对于同轴度和对称度,理论正确尺寸为零。

位置误差值用定位最小包容区域的宽度或直径表示。定位最小包容区域是指按拟合要素定位来包容提取(实际)要素时,具有最小宽度 f 或直径 ϕf 的包容区域,如图 4-58 所示。各误差项目定位最小包容区域的形状和位置与各自公差带的形状和位置相同。

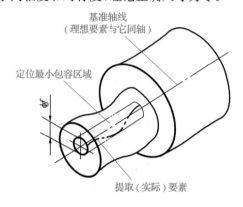

图 4-58 定位最小区域

4.6.5 几何误差检测原则

国家标准归纳、总结并规定了五项几何误差的检测原则。

1. 与拟合要素比较原则

将提取组成要素与拟合要素进行比较,从而测出组成要素的误差值,误差值可由直接法或间接法得出。拟合要素多采用模拟法获得,如用刀口尺的刃口或光束模拟理想直线,用精密平板模拟理想平面,用精密回转轴系和偏心安置的测头模拟理想圆等。这一原则在生产中应用极为广泛。

2. 测量坐标原则

利用坐标测量仪器,如工具显微镜、坐标测量机等测出与提取组成要素有关的一系列坐标值(如直角坐标值、极坐标值、圆柱面坐标值),再对测得的数据进行处理,以求得几何误差值。测量位置度时,多采用此原则。

3. 测量特征参数原则

测量提取组成要素上具有代表性的参数(特征参数)来评定几何误差。按该特征参数的变动量所确定的几何误差是近似的。测量特征参数的典型例子是用两点法、三点法测量圆度误差。

4. 测量跳动原则

在提取组成要素绕基准轴线回转的过程中,沿给定的方向(径向、轴向、斜向)测量它对某基准点(或线)的变动量(指示表最大读数与最小读数之差)。主要用于测量跳动量(包括圆跳动和全跳动)。

5. 控制实效边界原则

检验提取组成要素是否超过实效边界,以判断该要素是否合格。此原则用于提取组成要素采用最大实体要求的场合。如用位置量规模拟实效边界,检验提取组成要素是否超过最大实体实效边界,以判断合格与否。

需要指出的是,测量几何误差的条件是标准参考温度为 20 ℃ 和测量力为零,当环境条件偏离较大时,应考虑对测量结果做适当的修正。

4.6.6　几何误差常用测量方法简介

1.直线度误差的测量

（1）贴切法（间隙法或光隙法）

贴切法是指采用将提取组成要素与拟合要素进行比较的原理进行测量的方法。在这里，拟合要素用刀口尺、平尺、平板等实物来体现。

用刀口尺测量的情况如图 4-59(a)所示，测量时把刀口尺作为拟合要素与被测表面贴切，使两者之间的最大间隙为最小，此最大间隙就是提取组成要素的直线度误差。当光隙较小时，可按标准光隙估读间隙大小；当光隙较大（大于 30 μm）时，可借助于塞尺进行测量。

标准光隙的获得如图 4-59(b)所示，标准光隙可由量块、刀口尺和平晶组合而成。标准光隙的大小，可借助于光线通过狭缝时所呈现的不同颜色来鉴别。

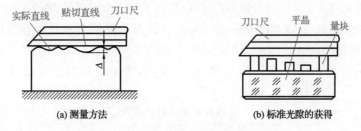

| (a) 测量方法 | (b) 标准光隙的获得 |

图 4-59　用贴切法测量直线度误差

为保证测量结果的一致性，测量时还要注意，对于凹形表面，只需把刀口尺放置在该表面上即可；对于凸形表面，应使其两端与刀口尺之间的间隙大小相等；对于不规则轮廓表面，应调整刀口尺位置，使其与被测表面的最大间隙达到最小。

（2）测微仪法（打表法）

测微仪法是指用带有指示表的装置，测出在给定截面上被测直线相对于模拟理想直线（精密导轨或平板）的偏差量，从而评定直线度误差的方法。此方法简便易行，特别适用于中、低精度的中、短被测直线的测量，故广泛应用于现场测量中。

如图 4-60 所示，以水平放置的两顶尖顶住被测零件，在被测零件的上、下母线处

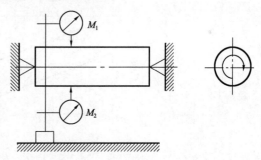

图 4-60　用测微仪法测量直线度误差

分别放置一个指示表，在通过被测零件轴线的铅垂面内同步移动指示表，沿圆柱的母线进行测量，记录两指示表在各测点处的对应读数 M_1 和 M_2，转动被测零件进行多次测量，取各截面上的 $|M_1 - M_2|/2$ 中的最大值作为该轴截面轴线的直线度误差。

注意：用测微仪法时，要事先调整提取组成要素的位置，使其两端与测量基准的高度差相等。

(3)节距法(跨距法)

节距法主要用来测量精度要求较高而被测直线尺寸又较长的研磨或刮研表面,如测量长导轨面等。如图 4-61 所示,它是通过将提取组成要素(长度)分成若干小段,用仪器(水平仪、自准直仪等)测量每一段的相对读数,最后通过数据处理的方法求得总体的直线度误差,是一种间接测量方法。

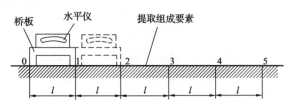

图 4-61　用节距法测量直线度误差

数据处理见表 4-21,其中的相对高度 a_i 是由原始读数经换算后得出的,换算方法是:

假如分度值是 C(如 0.005 mm/1 000 mm)桥板跨距为 l,从仪器读取的相对刻度数为 n_i(以格为单位),则 $a_i = Cln_i$

根据表 4-21 可作出误差曲线,如图 4-62 所示,按最小包容区域法可求得直线度误差 $f=5$ μm。

表 4-21　　　　　　　　　直线度误差的数据处理　　　　　　　　　μm

节距序号	0	1	2	3	4	5	6	7
相对高度 a_i		−3	0	−4	−4	+1	+1	−5
依次累积值 $\sum a_i$	0	−3	−3	−7	−11	−10	−9	−14

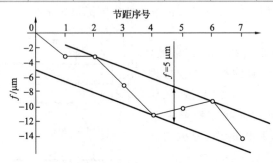

图 4-62　直线度误差曲线

2.平面度误差的测量

平面度误差可用平板和带指示表的表架、水平仪、平晶、自准直仪和反射镜、三坐标测量机等测量。

(1)用平板和带指示表的表架测量

如图 4-63(a)所示,将被测零件支撑在平板上,调整被测平面,将被测平面上两对角线的角点调成等高,或将被测平面上最远三点调成与平板等高,然后按一定的布点规律测量被测表面,指示表读数的最大值与最小值之差就是该平面的平面度误差。

(2)用水平仪测量

如图 4-63(b)所示,将被测表面大致调水平,用水平仪按一定的布点和方向逐点测量,经过计算得到平面度误差值。

（3）用平晶测量

如图 4-63(c)所示,将平晶贴合在被测表面上,观测它们之间的干涉条纹数。此法适用于测量高精度的小平面。

对于封闭干涉条纹,被测表面的平面度误差为封闭的干涉条纹数与光波波长之积的 $\frac{1}{2}$。

对于不封闭干涉条纹,被测表面的平面度误差为条纹的弯曲度值与相邻两条纹间距之比与光波波长之积的 $\frac{1}{2}$。

（4）用自准直仪和反射镜测量

如图 4-63(d)所示,将反射镜放在被测表面上,调整自准直仪,使其与被测表面大致平行,按一定的布点和方向逐点测量,经过计算得到平面度误差。

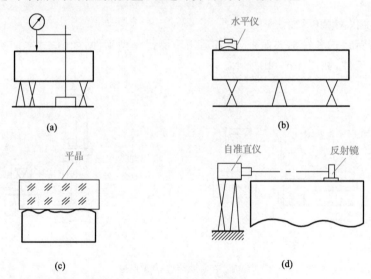

图 4-63　平面度误差的测量

3. 圆度误差的测量

圆度误差可用游标卡尺、千分尺、V 形块和带指示表的表架、圆度仪、光学分度头、三坐标测量机等测量。其中最合理的、用得最多的是用圆度仪测量。

首先对被测零件的若干正截面进行测量,评定出各个正截面的圆度误差后,取其中的最大误差值作为该零件的圆度误差。

（1）用游标卡尺、千分尺或用平板和带指示表的表架测量（两点法测量）

此法用于测量被测正截面的直径差。在零件回转一周的过程中,用游标卡尺或千分尺等测出同一径向截面中的最大直径差之半 $(d_{max}-d_{min})/2$,就是该截面的圆度误差。依次测量若干径向截面,取其中的最大值作为被测零件的圆度误差。

此法适用于测量内、外表面的偶数棱形截面。

（2）用 V 形块和带指示表的表架测量（三点法测量）

将被测零件放在 V 形块上（图 4-64），被测零件的轴线应与测量截面垂直，并固定其轴向位置，在被测零件回转一周的过程中，指示表读数的最大差值之半 $(M_{max} - M_{min})/2$，就是被测截面的圆度误差。依次测量若干径向截面，取其中的最大值作为被测零件的圆度误差。

此法适用于测量内、外表面的奇数棱形截面。

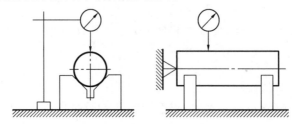

图 4-64　用 V 形块测量圆度误差

（3）用圆度仪测量（半径法）

圆度仪有转台式和转轴式两种，前者适用于测量小型工件，如图 4-65（a）所示，后者适用于测量大型工件，如图 4-65（b）所示。

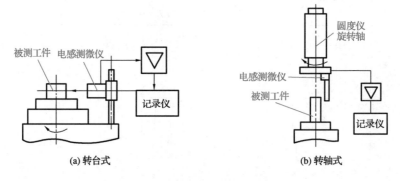

（a）转台式　　　　　　　　　　　　　　　（b）转轴式

图 4-65　用圆度仪测量圆度误差

转轴式圆度仪将电感测微仪安装在仪器的精密回转轴系上，测量时，被测工件不动，电感测微仪测头绕主轴轴线做旋转运动，测头在空间的运动轨迹形成一个理想圆。被测工件的实际轮廓与该理想圆连续进行比较，其半径变化由电感测微仪测出，经电路处理后，由记录仪描绘出被测工件实际轮廓的图形，或由计算机算出测量结果。转台式与之相反，被测工件回转，而测头不动。

4. 平行度误差的测量

平行度误差可用平板和带指示表的表架、水平仪、自准直仪和三坐标测量机等测量。

（1）面对面的平行度误差的测量

如图 4-66 所示，测量时将被测零件放在平板上，以平板的工作面模拟被测零件的基准平面，将其作为测量基准。测量实际表面上的各点，将指示表读数的最大值和最小值之差作为实际平面对基准平面的平行度误差。

（2）线对线的平行度误差的测量

如图 4-67 所示,基准轴线和被测轴线均由芯轴模拟,将模拟基准轴线的芯轴放在等高的支架上,在测量距离为 L_2 的两个位置上测得的读数分别为 M_1 和 M_2,则平行度误差为

$$f = \frac{L_1}{L_2} |M_1 - M_2|$$

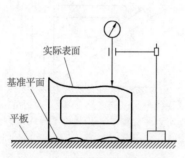

图 4-66　面对面的平行度误差的测量

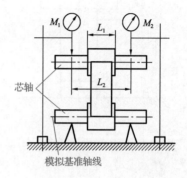

图 4-67　线对线的平行度误差的测量

（3）线对面的平行度误差的测量

如图 4-68 所示,测量时以芯轴模拟被测孔的轴线,测量距离为 L_2 的两个位置上测得的读数分别为 M_1 和 M_2,则平行度误差为

$$f = \frac{L_1}{L_2} |M_1 - M_2|$$

5. 垂直度误差的测量

垂直度误差可用平板和带指示表的表架、自准直仪和三坐标测量机等测量。

（1）面对面的垂直度误差的测量

如图 4-69 所示,先用直角尺调整指示表,当直角尺与固定支撑接触时,将指示表的指针调零,然后测量被测工件,使固定支撑与被测实际表面接触,指示表的读数即该测点相对于理论位置的偏差。改变指示表在表架上的高度位置,对被测表面的不同点进行测量,取指示表读数的最大值与最小值之差作为被测表面对其基准平面的垂直度误差。

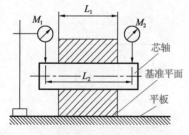

图 4-68　线对面的平行度误差的测量

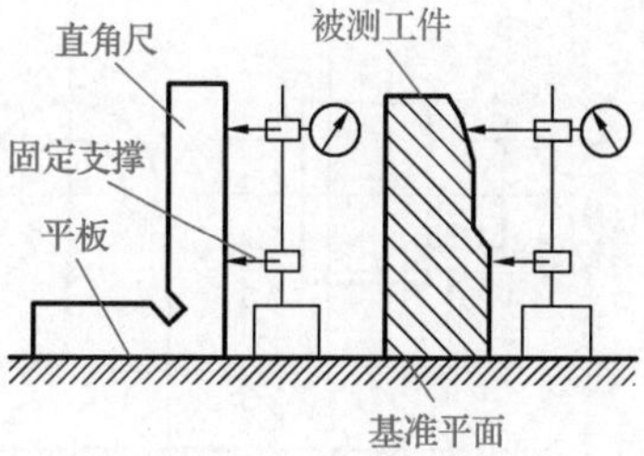

图 4-69　面对面的垂直度误差的测量

（2）面对线的垂直度误差的测量

如图 4-70 所示,用导向块模拟基准轴线,将被测零件放置在导向块内,然后测量整个被测表面,取指示表读数的最大值与最小值之差作为垂直度误差。

6. 倾斜度误差的测量

如图 4-71 所示为面对面的倾斜度误差的测量。将被测零件放在定角座上,然后测量整个被测表面,取指示表读数的最大值与最小值之差作为倾斜度误差。

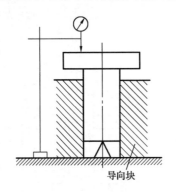

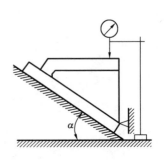

图 4-70　面对线的垂直度误差的测量　　　　　　图 4-71　面对面的斜倾度误差的测量

7. 同轴度误差的测量

同轴度误差可用 V 形架和带指示表的表架、圆度仪和三坐标测量机等测量。

如图 4-72 所示,在平板上用刀口状 V 形架和带指示表的表架测量同轴度误差。用两个等高的刀口状 V 形架体现公共基准轴线,使基准轴线平行于平板工作面。两个指示表安装在测量架上,并使指示表的测杆处在同一直线上,且垂直于平板。将两个指示表分别与被测轴的铅垂面截面内上、下素线接触,并在一端调零。在被测轴向截面内,沿轴线方向移动指示表,在若干位置上测量,得到两指示表读数的最大差值。转动被测零件,测量若干轴向截面的同轴度误差,取其中的最大值作为被测件的同轴度误差。

8. 对称度误差的测量

对称度误差可用平板和带指示表的表架、三坐标测量机等测量。

如图 4-73 所示,用平板和带指示表的表架测量对称度误差。将被测零件放置在平板上,测量被测表面 1 与平板之间的距离,将被测表面翻转 $180°$,测量被测表面 2 与平板之间的距离。取测量截面内对应两测点的最大差值作为该零件的对称度误差。

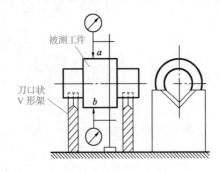

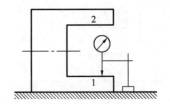

图 4-72　同轴度误差的测量　　　　　　图 4-73　对称度误差的测量

9. 位置度误差的测量

位置度误差可用坐标测量装置和专用测量设备等测量。

对于大型工件,可在被测孔内放芯轴,用通用计量器具测量,对于如图 4-74 所示的小型工件,可在工具显微镜上测量,将被测工件的第一基准面 A 放在仪器的玻璃工作台上,调整被测件位置,使第二基准面 B 与仪器工作台的纵向移动方向一致,具体调整可用仪器目镜的米字线,可用影像法或用灵敏杠杆接触测量,以基准面 B、C 为起测位置,先测量各孔的 $x_左$、$x_右$ 和 $y_上$、$y_下$(图 4-74 中孔 1),则可求得孔 1 的孔心坐标值为

$$x' = \frac{x_左 + x_右}{2}, y' = \frac{y_上 + y_下}{2}$$

将测得的实际孔心坐标减理论坐标值 x、y,可得孔 1 的坐标值偏差 f_x 和 f_y,即

$$f_x = x' - x, f_y = y' - y$$

于是孔 1 在该端的位置度误差为 $f = 2\sqrt{f_x^2 + f_y^2}$。然后,对孔 1 的另一端依上述方法进行测量,取两端测量中所得较大的误差值作为孔 1 的位置度误差。

用同样的方法,可获得其他各孔的位置度误差。

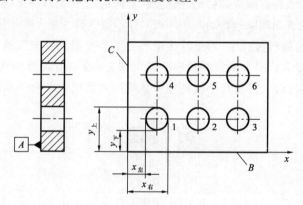

图 4-74　位置度误差的测量

10. 圆跳动误差的测量

(1)径向圆跳动误差的测量

如图 4-75 所示,径向圆跳动误差是指被测圆柱面绕基准轴线回转一周过程中,指示表测头与被测圆柱面做无轴向位移的法向接触(测量截面为圆柱的正截面),指示表读数的最大值与最小值的差值作为该测量截面内的径向圆跳动误差。按同样的方法测量多个截面,取其中的最大值作为该圆柱面的径向圆跳动误差。

(2)轴向圆跳动误差的测量

如图 4-76 所示,轴向圆跳动误差是指被测端面绕基准轴线回转一周过程中,指示表测头的测量方向平行于基准轴线,测头在距基准轴线某一半径的测量圆上,指示表读数的最大值与最小值之差作为该半径测量圆上的轴向圆跳动误差。按同样的方法,在半径不同的多个测量圆上测量,得出各测量圆上的轴向圆跳动误差,取其中的最大值作为该端面的轴向圆跳动误差。

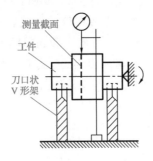

图 4-75 径向圆跳动误差的测量

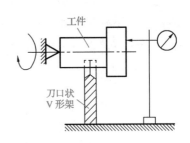

图 4-76 轴向圆跳动误差的测量

11. 全跳动误差的测量

全跳动误差是指提取(实际)要素绕基准做无轴向移动的多周回转,同时指示表测头沿平行或垂直于基准轴线的方向连续移动(或提取(实际)要素每回转一周,指示表测头沿平行或垂直于基准轴线的方向间断地移动一个距离),指示表读数的最大值与最小值之差。

在被测零件连续回转过程中,若指示表沿平行于基准轴线方向移动,则指示表读数的最大值与最小值之差为该提取要素的径向全跳动误差;若指示表沿垂直于基准轴线方向移动,则指示表读数的最大值与最小值之差为该提取要素的轴向全跳动误差。

习 题

4-1 几何公差特征项目有哪几项? 其名称和符号各是什么?

4-2 几何公差的公差带有哪几种主要形式?

4-3 下列几何公差特征项目的公差带有何异同?

(1)圆度和径向圆跳动公差带;

(2)端面对轴线的垂直度和轴向全跳动公差带;

(3)圆柱度和径向全跳动公差带。

4-4 什么叫最小条件? 为什么要规定最小条件?

4-5 公差原则有哪些? 其使用情况有何差异?

4-6 最大实体状态和最大实体实效状态的区别是什么?

4-7 几何公差项目选择时应考虑哪些内容?

4-8 几何公差值选择的原则是什么? 选择时应考虑哪些情况?

4-9 如图 4-77 所示,若实测零件的圆柱直径为 ϕ19.97 mm,其轴线对基准平面 A 的垂直度误差为 ϕ0.04 mm,试判断其垂直度是否合格? 为什么?

4-10 指出图 4-78 中几何公差的标注错误,并加

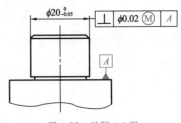

图 4-77 习题 4-9 图

以改正(不改变几何公差特征符号)。

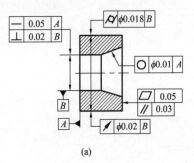
(a)

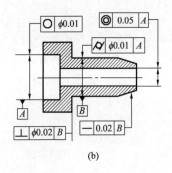
(b)

图 4-78　习题 4-10 图

4-11　按图 4-79 中公差原则或公差要求的标注填表 4-22。

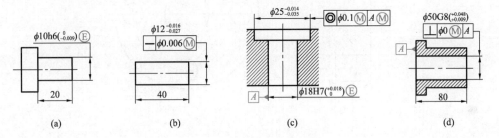

(a)　　　　(b)　　　　(c)　　　　(d)

图 4-79　习题 4-11 图

表 4-22　　　　　　　　　　　公差原则或公差要求的内容

零件序号	最大实体尺寸	最小实体尺寸	最大实体状态时的几何公差值	可能补偿的最大几何公差值	边界名称及边界尺寸	对某一实际尺寸几何误差的合格范围
a						
b						
c						
d						

4-12　试将下列各项几何公差要求标注在图 4-80 所示图样上：

(1)圆锥面 A 的圆度公差为 0.006 mm，素线的直线度公差为 0.005 mm，圆锥面 A 轴线对 ϕd 轴线的同轴度公差为 ϕ0.015 mm；

(2) ϕd 圆柱面的圆柱度公差为 0.009 mm， ϕd 轴线的直线度公差为 ϕ0.012 mm；

(3)右端面 B 对 ϕd 轴线的圆跳动公差为 0.01 mm。

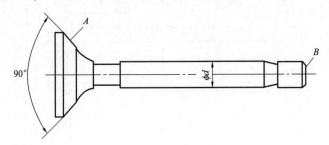

图 4-80　习题 4-12 图

4-13 将下列各项几何公差要求标注在图 4-81 所示图样上：

(1)左端面的平面度公差为 0.01 mm；

(2)右端面对左端面的平行度公差为 0.01 mm；

(3)ϕ70 mm 孔的轴线对左端面的垂直度公差为 ϕ0.02 mm；

(4)ϕ210 mm 外圆的轴线对 ϕ70 mm 孔的轴线的同轴度公差为 ϕ0.03 mm；

(5)4×ϕ20H8 孔的轴线对左端面（第一基准）及 ϕ70 mm 孔的轴线（第二基准）的位置度公差为 ϕ0.15 mm。

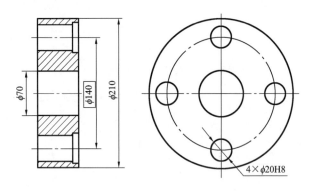

图 4-81 习题 4-13 图

4-14 将下列公差要求用几何公差代号标注在图 4-82 所示的图样上。

(1)同轴度公差：提取组成要素为 ϕ30H7 孔的轴线，基准要素为 ϕ16H6 孔的轴线，公差值为 0.04 mm；

(2)圆跳动公差：提取组成要素为圆锥面，基准要素为 ϕ16H6 孔的轴线，公差值为 0.04 mm；

(3)位置度公差：提取组成要素为 4×ϕ11H9 孔的轴线，基准要素为零件右端面和 ϕ30H7 孔的轴线，公差值为 0.1 mm；

(4)圆跳动公差：提取组成要素为零件的右端面，基准要素为 ϕ30H7 孔的轴线，公差值为 0.05 mm；

(5)全跳动公差：提取组成要素为 ϕ30g7 外圆柱面，基准要素为 ϕ30H7 孔的轴线，公差值为 0.05 mm。

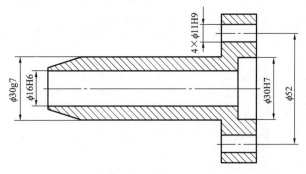

图 4-82 习题 4-14 图

4-15　用水平仪通过跨距法测量某导轨的直线度误差,依次测得各点的读数 a_i 并列入表 4-23 中,用图解法按最小条件评定其直线度误差(水平仪的分度值 $C=0.02$ mm/m, 跨距 $L=200$ mm)。

表 4-23　　　　　　　　　　　　直线度误差测量数据

点序 i	1	2	3	4	5
读数 a_i/格	−1.5	+3	+0.5	−2.5	+1.5

4-16　判断下列说法是否正确

(1)评定形状误差时,一定要用最小区域法。

(2)位置误差是关联实际要素的位置对实际基准的变动量。

(3)独立原则、包容要求都既可用于导出要素,也可用于组成要素。

(4)最大实体要求、最小实体要求都只能用于导出要素。

(5)可逆要求可用于任何公差原则与要求。

(6)若某平面的平面度误差为 f,则该平面对基准平面的平行度误差大于 f。

4-17　填空

(1)用项目符号表示几何公差中只能用于导出要素的项目有＿＿＿＿＿＿＿,只能用于组成要素的项目有＿＿＿＿＿＿＿＿＿＿,既能用于导出要素又能用于组成要素的项目有＿＿＿＿＿＿＿＿＿＿＿＿＿＿＿＿＿＿＿＿＿＿。

(2)直线度公差带的形状有＿＿＿＿＿＿＿几种形状,具有这几种公差带形状的位置公差项目有＿＿＿＿＿＿＿＿＿＿＿＿＿＿＿＿＿＿＿＿＿＿＿＿。

(3)最大实体状态是实际尺寸在给定的长度上处处位于＿＿＿＿＿＿＿＿＿＿之内, 并具有＿＿＿＿＿＿＿时的状态。在此状态下的＿＿＿＿＿＿＿称为最大实体尺寸。尺寸为最大实体尺寸的边界称为＿＿＿＿＿＿＿。

(4)包容要求主要适用于＿＿＿＿＿＿＿＿＿的场合;最大实体要求主要适用于＿＿＿＿＿＿＿＿的场合;最小实体要求主要适用于＿＿＿＿＿＿＿的场合。

(5)几何公差特征项目的选择应根据＿＿＿＿＿＿＿＿＿＿＿＿＿＿＿＿＿＿＿＿＿＿＿＿＿＿＿＿＿＿＿＿＿＿等方面的因素,经综合分析后确定。

4-18　选择填空题

(1)一般来说零件的形状误差＿＿＿＿＿＿＿其位置误差,方向误差＿＿＿＿＿＿＿其位置误差。

A. 大于　　　　　　　　B. 小于　　　　　　　　C. 等于

(2)方向公差带的＿＿＿＿＿＿＿随被测实际要素的位置而定。

A. 形状　　　　　　　　B. 位置　　　　　　　　C. 方向

(3)某轴线对基准中心平面的对称度公差为 0.1 mm,则允许该轴线对基准中心平面的偏离量为＿＿＿＿＿＿＿。

A.0.1 mm　　　　　　　　B.0.05 mm　　　　　　　　C.0.2 mm

(4)几何未注公差标准中没有规定＿＿＿＿＿＿＿的未注公差,是因为它可以由该要素的尺寸公差来控制。

A. 圆度　　　　　　　　B. 直线度　　　　　　　　C. 对称度

(5)对于孔,其体外作用尺寸一般＿＿＿＿＿＿＿其实际尺寸,对于轴,其体外作用尺寸一般＿＿＿＿＿＿＿其实际尺寸。

A. 大于　　　　　　　　B. 小于　　　　　　　　C. 等于

第5章

表面粗糙度及其检测

学习目的及要求

- ✈ 理解表面粗糙度的概念及其对机械零件使用性能的影响
- ✈ 理解表面粗糙度的评定参数
- ✈ 掌握表面粗糙度的标注方法和选用原则
- ✈ 知道表面粗糙度的检测方法

5.1 表面粗糙度的基本概念

5.1.1 表面粗糙度的定义

在机械加工过程中,由于刀具或砂轮切削后遗留的痕迹、刀具和零件表面的摩擦、切屑分离时的塑性变形以及工艺系统中的高频振动等原因,被加工零件的表面会产生微小峰谷。这些微小峰谷的高低程度和间距状况所组成的微观几何形状特性称为表面粗糙度(Surface Roughness)。它是一种微观几何形状误差,也称为微观不平度。

实际上,加工得到的零件表面并不是完全理想的表面,完工零件的截面轮廓形状由表面粗糙度、表面波纹度和表面形状误差叠加而成,如图 5-1 所示。上述三者通常按相邻两波峰或两波谷之间的距离,即按波距的大小来划分:波距小于 1 mm 并大体呈周期性变化的属于表面粗糙度(微观几何形状误差),波距为 1～10 mm 并呈周期性变化的属于表面波纹度(中间几何形状误差),波距大于 10 mm 而无明显周期性变化的属于表面形状误差(宏观几何形状误差)。

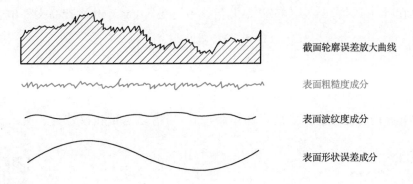

截面轮廓误差放大曲线

表面粗糙度成分

表面波纹度成分

表面形状误差成分

图 5-1　完工零件的截面轮廓形状

5.1.2　表面粗糙度对机械零件使用性能的影响

表面粗糙度的大小对零件使用性能和使用寿命有很大影响,尤其对在高温、高速和高压条件下工作的零件影响更大。

1. 影响耐磨性

表面粗糙的两个零件只能在若干波峰处相接触,当它们产生相对运动时,波峰间的接触作用就会产生摩擦阻力,同时使零件磨损。

一般来说,零件表面越粗糙,阻力就越大,且两配合表面的实际有效接触面积就越小,造成单位面积压力增大,磨损加快,零件的耐磨性越差。但是,零件表面过于光滑,由于不利于储存润滑油或分子间的吸附作用等原因,也会使摩擦阻力增大和加速磨损。

2. 影响配合性质的稳定性

对于间隙配合,相对运动的表面因其粗糙不平而迅速磨损,致使间隙增大;对于过盈配合,表面轮廓波峰在装配时易被挤平,使装配后的实际有效过盈减小,连接强度降低;对于过渡配合,表面粗糙也有使配合变松的趋势,导致定心和导向精度降低。总之,表面粗糙度会影响配合性质的稳定性。

3. 影响疲劳强度

承受交变载荷的零件大多是由于表面产生疲劳裂纹而失效的。疲劳裂纹主要是由于表面微观峰谷的波谷所造成的应力集中引起的。零件表面越粗糙,波谷越深,应力集中就越严重。因此,表面粗糙度影响零件的疲劳强度。

4. 影响耐腐蚀性

零件表面越粗糙,其微观波谷处越易存积腐蚀性物质,并渗入金属内部而使腐蚀加剧。因此,表面粗糙度影响零件的耐腐蚀性。

此外,表面粗糙度还会影响结合的密封性、接触刚度、对流体流动的阻力、测量精度以及机器、仪器的外观质量等。

因此,为保证机械零件的使用性能,在对零件进行尺寸、形状和位置精度设计的同时,必须合理地提出表面粗糙度的要求。我国有关表面粗糙度的现行国家标准包括 GB/T 3505—2009《产品几何技术规范(GPS)　表面结构　轮廓法　术语、定义及表面结构参数》,GB/T 1031—2009《产品几何技术规范(GPS)　表面结构　轮廓法　表面粗糙度参数及其数值》和 GB/T 131—2006《产品几何技术规范(GPS) 技术产品文件中表面结构的表示法》等。

<h2 style="text-align:center">5.2 表面粗糙度的评定</h2>

对于具有表面粗糙度要求的零件表面,加工后需要测量和评定其表面粗糙度的合格性。

5.2.1 术语和定义

1. 实际表面(Real Surface)

实际表面是指零件上实际存在的表面,是物体与周围介质分离的表面(图 5-2)。

2. 表面轮廓(Surface Profile)

表面轮廓是指理想平面与实际表面相交所得的轮廓(图 5-2)。按相截方向的不同,表面轮廓可分为横向表面轮廓和纵向表面轮廓。在评定和测量表面粗糙度时,除非特别指明,通常均指横向表面轮廓,即与实际表面加工纹理方向垂直的截面上的轮廓。

3. 坐标系

坐标系是指确定表面结构参数的坐标体系(图 5-2)。通常采用一个直角坐标系,其轴线形成一个右旋笛卡儿坐标系,X 轴与中线方向一致,Y 轴也处于实际表面上,而 Z 轴则在从材料到周围介质的外延方向上。

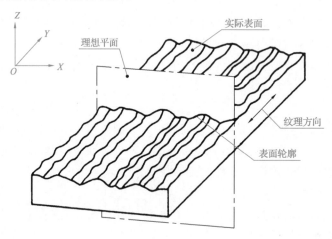

图 5-2 表面轮廓与坐标系

4. 取样长度 lr(Sampling Length)

取样长度是在 X 轴方向判别被评定轮廓不规则特征的长度,是测量和评定表面粗糙度时所规定的一段基准线长度,它至少包含 5 个以上轮廓峰谷,如图 5-3 所示,取样长度 lr 的方向与轮廓走向一致。

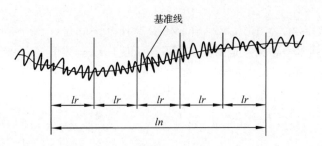

图 5-3　取样长度和评定长度

规定取样长度是为了限制和减弱其他几何形状误差,特别是表面波纹度对测量和评定表面粗糙度的影响。表面越粗糙,取样长度越大。

5. 评定长度 ln(Evaluation Length)

评定长度是指用于判别被评定轮廓在 X 轴方向上的长度。由于零件表面粗糙度不一定均匀,在一个取样长度上往往不能合理地反映整个表面粗糙度特征,因此,在测量和评定时,需规定一段最小长度为评定长度。

评定长度包含一个或几个取样长度,如图 5-3 所示。一般情况下,取 $ln=5lr$;若被测表面比较均匀,可选 $ln<5lr$;若其均匀性差,可选 $ln>5lr$。

6. 中线 m(Mean Line)

中线是指具有几何轮廓形状并划分轮廓的基准线,也就是用以评定表面粗糙度参数值的给定线。中线有下列两种:

(1)轮廓最小二乘中线

轮廓最小二乘中线是指在取样长度内,使轮廓上各点至该线的距离 Z_i 的平方和为最小的线,即 $\int_0^{lr} Z_i^2 \, dx$ 为最小,如图 5-4 所示。

(2)轮廓算术平均中线

轮廓算术平均中线是指在取样长度内,划分轮廓为上、下两部分,且使上、下两部分面积相等的线,即 $F_1+F_2+\cdots+F_n=S_1+S_2+\cdots+S_m$,如图 5-4 所示。

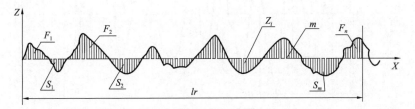

图 5-4　中线

在轮廓图形上确定轮廓最小二乘中线的位置比较困难,多采用轮廓算术平均中线,通常用目测法确定轮廓算术平均中线。

5.2.2　评定参数

为了满足零件表面不同的功能要求,国标 GB/T 3505—2009 从表面粗糙度特征的幅度、间距和形状等方面,规定了相应的评定参数。下面介绍其中的几个主要参数：

1. 评定轮廓的算术平均偏差 Ra(Arithmetical Mean Deviation of the Assessed Profile)

评定轮廓的算术平均偏差是指在一个取样长度内纵坐标值 $Z(x)$ 绝对值的算术平均值，如图 5-5 所示，用 Ra 表示。即

$$Ra = \frac{1}{lr} \int_0^{lr} | Z(x) | \, \mathrm{d}x \tag{5-1}$$

或近似为

$$Ra = \frac{1}{n} \sum_{i=1}^n | Z_i | \tag{5-2}$$

所谓纵坐标值 $Z(x)$，是指被评定轮廓在任一位置距 X 轴的高度。若纵坐标位于 X 轴下方，则该高度被视为负值，反之则视为正值。

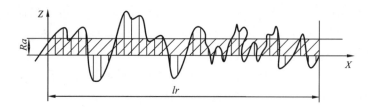

图 5-5　评定轮廓的算术平均偏差

测得的 Ra 值越大，表面越粗糙。Ra 能客观地反映表面微观几何形状误差，但因受到计量器具功能限制，故不宜作为过于粗糙或太光滑表面的评定参数。

2. 轮廓的最大高度 Rz(Maximum Height of Profile)

轮廓的最大高度是指在一个取样长度内，最大轮廓峰高 Zp 和最大轮廓谷深 Zv 之和的高度，如图 5-6 所示，用 Rz 表示。即

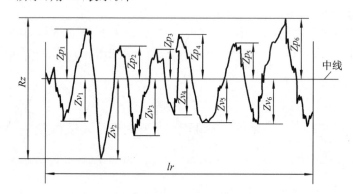

图 5-6　轮廓的最大高度

$$Rz = Zp + Zv \tag{5-3}$$

式中，Zp 和 Zv 都取绝对值。

轮廓峰是指被评定轮廓上连接轮廓与 X 轴两相邻交点的向外（从材料到周围介质）的轮廓部分；轮廓谷是指被评定轮廓上连接轮廓与 X 轴两相邻交点的向内（从周围介质到材料）的轮廓部分。

注意:在 GB/T 3505—1983 中,符号 Rz 曾用于表示"不平度的十点高度"。

3. 轮廓单元的平均宽度 Rsm(Mean Width of the Profile Elements)

轮廓单元的平均宽度是指在一个取样长度内轮廓单元宽度 Xs 的平均值,如图 5-7 所示,用 Rsm 表示。即

$$Rsm = \frac{1}{m}\sum_{i=1}^{m} Xs_i \tag{5-4}$$

所谓轮廓单元,是指某个轮廓峰与相邻轮廓谷的组合。所谓轮廓单元宽度,是指一个轮廓单元与 X 轴相交线段的长度。

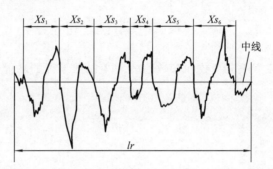

图 5-7　轮廓单元的平均宽度

4. 轮廓的支承长度率 $Rmr(c)$(Material Ratio of the Profile)

轮廓的支承长度率是指在给定水平位置 c 上轮廓的实体材料长度 $Ml(c)$ 与评定长度的比率,如图 5-8 所示,用 $Rmr(c)$ 表示,即

$$Rmr(c) = \frac{Ml(c)}{ln} \tag{5-5}$$

所谓轮廓的实体材料长度 $Ml(c)$,是指在评定长度内,一条平行于 X 轴的直线从峰顶线向下移动水平截距 c 时,与轮廓相截所得的各段截线长度之和,如图 5-8(a)所示。即

$$Ml(c) = b_1 + b_2 + \cdots + b_n = \sum_{i=1}^{n} b_i \tag{5-6}$$

轮廓的水平截距 c 可用微米或用它占轮廓的最大高度 Rz 的百分比表示。由图 5-8(a)可以看出,轮廓的支承长度率是随着水平截距 c 的大小而变化的,其关系曲线称为支承长度率曲线,如图 5-8(b)所示。

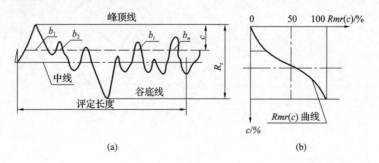

图 5-8　轮廓的支承长度率

轮廓的支承长度率 $Rmr(c)$ 依据评定长度而不是在取样长度上来定义,因为这样可以提供更稳定的参数。

以上四个参数中,评定轮廓的算术平均偏差 Ra 和轮廓的最大高度 Rz 是表征表面粗糙度高度特性的幅度参数,是国家标准规定必须标注的参数(二者只需取其一),故又称为基本参数。轮廓单元的平均宽度 Rsm 和轮廓的支承长度率 $Rmr(c)$ 称为附加参数。其中,Rsm 是表征表面粗糙度间距特性的间距参数,$Rmr(c)$ 是表征表面粗糙度形状特性的形状参数,它们只有在少数零件的重要表面有特殊使用要求时,才作为幅度参数的辅助参数在图样上注出。

5.3 表面粗糙度的选用

表面粗糙度的各个评定参数和参数值的大小根据零件的功能要求和经济性来选用。

5.3.1 评定参数的选用

1. 幅度参数的选用

幅度参数是国家标准规定的基本参数,可以单独选用。对于有表面粗糙度要求的表面,必须选用一个幅度参数。一般情况下可以从 Ra 和 Rz 中任选一个。

在常用值范围(Ra 为 $0.025\sim6.3~\mu m$)内,优先选用 Ra,因为它能够比较全面地反映被测表面的微小峰谷特征,同时上述范围内被测表面 Ra 的实际值能够用轮廓仪方便地测出。

当表面粗糙度要求特别高或特别低($Ra<0.025~\mu m$ 或 $Ra>6.3~\mu m$)时,可选用 Rz。Rz 用于测量部位小、峰谷小或有疲劳强度要求的零件表面的评定。

如图 5-9 所示,五种表面的轮廓最大高度参数相同,而其使用质量显然不同,由此可见,只用幅度参数不能全面反映零件表面微观几何形状误差,对于有特殊要求的少数零件的重要表面,还需要选用附加参数 Rsm 或 $Rmr(c)$。

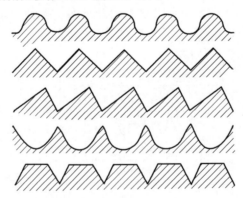

图 5-9 微观形状对质量的影响

2. 附加参数的选用

Rsm 和 $Rmr(c)$ 一般不能作为独立参数选用,只能作为幅度参数的附加参数来进一步控制表面质量。

Rsm 主要在对涂漆性能、冲压成形时抗裂纹、抗振、抗腐蚀、减小流体流动摩擦阻力等有要求时附加选用,如汽车外形薄钢板表面、电机定子硅钢片表面等。

$Rmr(c)$ 主要在对耐磨性、接触刚度等有较高要求时附加选用。

5.3.2 参数值的选用

1. 表面粗糙度的参数值

在 GB/T 1031—2009 中,已经将表面粗糙度的参数值标准化,表 5-1～表 5-4 分别列出了参数 Ra、Rz、Rsm 和 $Rmr(c)$ 的规定数值。

表 5-1　　　　　　　　　　Ra 的数值(摘自 GB/T 1031—2009)　　　　　　　　　μm

0.012	0.2	3.2	50
0.025	0.4	6.3	100
0.05	0.8	12.5	
0.1	1.6	25	

表 5-2　　　　　　　　　　Rz 的数值(摘自 GB/T 1031—2009)　　　　　　　　　μm

0.025	0.4	6.3	100	1600
0.05	0.8	12.5	200	
0.1	1.6	25	400	
0.2	3.2	50	800	

注:这里的 Rz 对应 GB/T 3505—1983 的 Ry。

表 5-3　　　　　　　　　　Rsm 的数值(摘自 GB/T 1031—2009)　　　　　　　　　mm

0.006	0.1	1.6
0.0125	0.2	3.2
0.025	0.4	6.3
0.05	0.8	12.5

注:这里的 Rsm 对应 GB/T 3505—1983 的 Sm。

表 5-4　　　　　　　　　　$Rmr(c)$ 的数值(摘自 GB/T 1031—2009)　　　　　　　　　%

10	15	20	25	30	40	50	60	70	80	90

注:选用轮廓的支承长度率 $Rmr(c)$ 时,必须同时给出轮廓水平截距 c 的数值。c 值多用 Rz 的百分数表示,其系列如下:5%、10%、15%、20%、25%、30%、40%、50%、60%、70%、80%、90%。

在一般情况下,测量 Ra 和 Rz 时,推荐按表 5-5 选用对应的取样长度及评定长度值,此时在图样上可省略标注取样长度值。当有特殊要求时应给出相应的取样长度值,并在图样上或技术文件中注出。

表 5-5　　　　　　　　　　lr 和 ln 的数值(摘自 GB/T 1031—2009)

$Ra/\mu m$	$Rz/\mu m$	lr/mm	$ln(ln = 5lr)/mm$
≥0.008～0.02	≥0.025～0.10	0.08	0.4
>0.02～0.1	>0.10～0.50	0.25	1.25
>0.1～2.0	>0.50～10.0	0.8	4.0
>2.0～10.0	>10.0～50.0	2.5	12.5
>10.0～80.0	>50～320	8.0	40.0

2.表面粗糙度参数值的选用

设计时应在国家标准规定的参数值系列(表 5-1～表 5-4)中选取各项参数的数值。选用时首先要满足功能要求,其次应考虑经济性及工艺的可能性。选用原则是在满足功能要求的前提下,参数的允许值应尽可能大些($Rmr(c)$尽可能小些)。

目前多采用经验统计资料,用类比法初步确定表面粗糙度参数的允许值,然后再对比工作条件,结合下述注意事项,进行适当调整。

(1)同一零件上,工作表面比非工作表面的 Ra 或 Rz 值小。

(2)摩擦表面比非摩擦表面、滚动摩擦表面比滑动摩擦表面的 Ra 或 Rz 值小。

(3)运动速度高,单位面积压力大以及受交变应力作用的重要零件的圆角沟槽处,应有较小的表面粗糙度值。

(4)配合性质要求高的配合表面(如小间隙配合的配合表面)、受重载荷作用的过盈配合表面,都应有较小的表面粗糙度值。

(5)在确定表面粗糙度参数值时,应注意它与尺寸公差和几何公差的协调。通常,尺寸、几何公差值越小,表面粗糙度 Ra 或 Rz 值应越小;尺寸公差等级相同时,轴比孔的表面粗糙度值要小;对于同一公差等级的不同尺寸的孔或轴,小尺寸的孔或轴比大尺寸的孔或轴表面粗糙度值要小。

(6)防腐蚀性、密封性要求高,或外形要求美观的表面应选用较小的表面粗糙度值。

(7)凡有关标准已对表面粗糙度作出规定的标准件或常用典型零件的表面(如与滚动轴承配合的轴颈和外壳孔、与键配合的轴槽和轮毂槽的工作面),应按相应的标准确定表面粗糙度参数值。

表 5-6 列出了轴和孔的表面粗糙度参数推荐值、表 5-7 列出了表面粗糙度的表面特征、加工方法及应用示例、表 5-8 列出了各种常用加工方法可能达到的表面粗糙度。

表 5-6   **轴和孔的表面粗糙度参数推荐值**

配合要求			$Ra/\mu m$	
	公差等级	表面	公称尺寸/mm	
			≤50	>50～500
轻度装卸零件的配合表面(如挂轮、滚刀等)	IT5	轴	≤0.2	≤0.4
		孔	≤0.2	≤0.8
	IT6	轴	≤0.4	≤0.8
		孔	0.4～0.8	0.8～1.6
	IT7	轴	0.4～0.8	0.8～1.6
		孔	≤0.8	≤1.6
	IT8	轴	≤0.8	≤1.6
		孔	0.8～1.6	1.6～3.2

续表

配合要求			$Ra/\mu m$		
	公差等级	表面	公称尺寸/mm		
			≤50	>50～120	>120～500
过盈配合的配合表面： ① 装配按机械压入法； ② 装配按热处理法	IT5	轴	0.1～0.2	≤0.4	≤0.4
		孔	0.2～0.4	≤0.8	≤0.8
	IT6～IT7	轴	≤0.4	≤0.8	≤1.6
		孔	≤0.8	≤1.6	≤1.6
	IT8	轴	≤0.8	0.8～1.6	1.6～3.2
		孔	≤1.6	1.6～3.2	1.6～3.2
	—	轴	≤1.6		
		孔	1.6～3.2		

精密定心用配合的零件表面	径向跳动公差/μm					
	表面	2.5	4	6	10	16	25
	$Ra/\mu m$					
	轴	≤0.05	≤0.1	≤0.1	≤0.2	≤0.4	≤0.8
	孔	≤0.1	≤0.2	≤0.2	≤0.4	≤0.8	≤1.6

滑动轴承的配合表面		公差等级		液体湿摩擦条件
	表面	6～9	10～12	
	$Ra/\mu m$			
	轴	0.4～0.8	0.8～3.2	0.1～0.4
	孔	0.8～1.6	1.6～3.2	0.2～0.8

表 5-7　　　　　　　　表面粗糙度的表面特征、加工方法及应用示例

$Ra/\mu m$	表面微观特征		加工方法	应用示例
>50～100	粗糙表面	微见刀痕	粗车、粗刨、粗铣、钻、毛锉、锯断	半成品粗加工过的表面，非配合的加工表面，如轴端面、倒角、钻孔、齿轮和带轮侧面、键槽底面、垫圈接触面
>6.3～12.5	半光表面	可见加工痕迹	车、刨、铣、镗、钻、粗铰	轴上不安装轴承、齿轮处的非配合表面，紧固件的自由装配表面，轴和孔的退刀槽
>3.2～6.3		微见加工痕迹	车、刨、铣、镗、磨、拉、粗刮、滚压	半精加工表面，箱体、支架、盖面、套筒等和其他零件结合而无配合要求的表面，需要发蓝的表面等
>1.6～3.2		不可见加工痕迹	车、刨、铣、镗、磨、拉、刮、压、铣齿	接近于精加工表面，箱体上安装轴承的镗孔表面，齿轮的工作面

$Ra/\mu m$	表面微观特征		加工方法	应用举例
>0.8～1.6	光表面	可见加工痕迹方向	车、镗、磨、拉、刮、精铰、磨齿、滚压	圆柱销、圆锥销与滚动轴承配合的表面,普通车床导轨面,内、外花键定心表面
>0.4～0.8		微见加工痕迹方向	精铰、精镗、磨、刮、滚压	要求配合性质稳定的配合表面,工作时受交变应力的重要零件,较高精度车床的导轨面
>0.2～0.4		不可见加工痕迹方向	精磨、珩磨、研磨、超精加工	精密机床主轴锥孔、顶尖圆锥面、发动机曲轴、凸轮轴工作表面,高精度齿轮齿面
>0.1～0.2	极光表面	暗光泽面	精磨、研磨、普通抛光	精密机床主轴轴颈表面,一般量规工作表面,汽缸套内表面,活塞销表面
>0.05～0.1		亮光泽面	超精磨、精抛光、镜面磨削	精密机床主轴轴颈表面,滚动轴承的滚珠,高压油泵中柱塞和柱塞套配合表面
>0.025～0.05		镜状光泽面		
>0.012～0.025		雾状镜面	镜面磨削、超精研	特别精密滚动轴承的滚珠,保证高度气密的结合表面
≤0.012		镜　面		高精度量仪的测量面、量块的工作表面,光学仪器中的金属镜面

| 表 5-8 | 各种常用加工方法可能达到的表面粗糙度 |

加工方法		表面粗糙度 $Ra/\mu m$												
		0.012	0.025	0.05	0.1	0.2	0.4	0.8	1.6	3.2	6.3	12.5	25	50	100
砂模铸造												━	━	━	━
压力铸造								━	━	━	━	━			
模锻									━	━	━	━			
挤压							━	━	━	━	━	━			
刨削	粗									━	━	━	━		
	半精								━	━	━				
	精							━	━	━					
插削									━	━	━	━			
钻孔									━	━	━	━			
金刚镗孔					━	━	━	━	━						
镗孔	粗									━	━	━	━		
	半精								━	━	━				
	精							━	━	━					
端面铣	粗								━	━	━	━			
	半精								━	━	━				
	精							━	━	━					

续表

加工方法		表面粗糙度 Ra/μm												
		0.012	0.025	0.05	0.1	0.2	0.4	0.8	1.6	3.2	6.3	12.5	25	50	100
车外圆	粗										■	■	■	■	
	半精								■	■	■				
	精						■	■	■						
磨平面	粗								■	■	■				
	半精					■	■	■							
	精				■	■	■								
研磨	粗					■	■	■							
	半精			■	■	■									
	精	■	■	■	■										

5.4　表面粗糙度的符号、代号及其注法

图样上所标注的表面粗糙度的符号、代号是该表面完工后的要求。

5.4.1　表面粗糙度的符号

表 5-9 列出了图样上表示的零件表面粗糙度符号及其说明。若仅需要加工(采用去除材料的方法或不去除材料的方法)但对表面粗糙度的其他规定没有要求时,允许只标注表面粗糙度符号。

表 5-9　　　　　表面粗糙度的符号及其说明(摘自 GB/T 131—2006)

符　号	说　明
√	基本图形符号。表示未指定工艺方法的表面(表面可用任何方法获得)。当不加注表面粗糙度参数值或有关说明(例如:表面处理、局部热处理状况等)时,仅适用于简化代号标注
∨̄	扩展图形符号。表示用去除材料的方法获得的表面。例如:车、铣、钻、磨、剪切、抛光、腐蚀、电火花加工、气割等
⍤	扩展图形符号。表示用不去除材料的方法获得的表面。例如:铸、锻、冲压变形、热轧、冷轧、粉末冶金等。或者是用于保持原供应状况的表面(包括保持上道工序的状况)
√̄ ∨̄ ⍤̄	完整图形符号。在上述三个符号的长边上均可加一条横线,用于标注有关参数和说明
∘√̄ ∘∨̄ ∘⍤̄	相同要求图形符号。在完整图形符号上,均可加一个小圆,表示图样某个视图上构成封闭轮廓的各表面具有相同的表面粗糙度要求

5.4.2 表面粗糙度的代号及其注法

表面粗糙度的评定参数及数值和对零件表面的其他要求在表面粗糙度符号中的标注位置如图 5-10 所示,它们和表面粗糙度符号共同构成了表面粗糙度代号。

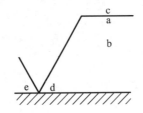

图 5-10 表面粗糙度代号注法 (GB/T 131—2006)

a、b—表面粗糙度参数代号及其数值;c—加工方法;

d—表面纹理和方向;e—加工余量

1. 基本参数的标注

表面粗糙度幅度参数是基本参数。图 5-10 中,a 处的幅度参数值为其上限值或最大值(表示上限值时,在参数代号前加 U 或不加;表示最大值时,在参数代号后加 max);b 处 的幅度参数值为其下限值或最小值(表示下限值时,在参数代号前加 L;表示最小值时,在参数代号后加 min)。

当允许在表面粗糙度参数的所有实测值中超过规定值的个数少于总数的 16% 时,应在图样上标注表面粗糙度参数的上限值或下限值。

当要求在表面粗糙度参数的所有实测值中不得超过规定值时,应在图样上标注表面粗糙度参数的最大值或最小值。

2. 附加参数的标注

表面粗糙度的间距参数和形状参数为附加参数。当需要标注 Rsm 值或 $Rmr(c)$ 值时,数值应写在相应代号的后面。图 5-11(a)所示为 Rsm 上限值的标注示例;图 5-11(b)所示为 $Rmr(c)$ 的标注示例,表示水平截距 c 在 Rz 的 50% 位置上,$Rmr(c)$ 为 70%,此时 $Rmr(c)$ 为下限值;图 5-11(c)所示为 Rsm 最大值的标注示例;图 5-11(d)所示为 $Rmr(c)$ 最小值的标注示例。

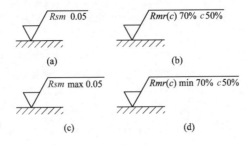

图 5-11 表面粗糙度附加参数的标注

3. 其他项目的标注(表 5-10)

表 5-10　　　　　　　　　　　表面粗糙度代号　　(GB/T 131—2006)

符　号	含义/解释
$\sqrt{}$ $Rz\ 0.4$	表示不允许去除材料,单向上限值,默认传输带,粗糙度的最大高度 0.4 μm,评定长度为 5 个取样长度(默认),"16%规则"(默认)
$\sqrt{}$ $Rz\ max\ 0.2$	表示去除材料,单向最大值,默认传输带,粗糙度的最大高度 0.2 μm,评定长度为 5 个取样长度(默认),"最大规则"
$\sqrt{}$ $0.008-0.8/Ra\ 3.2$	表示去除材料,单向上限值,传输带 0.008～0.8 mm,算术平均偏差 3.2 μm,评定长度为 5 个取样长度(默认),"16%规则"(默认)
$\sqrt{}$ $-0.8/Ra3\ 3.2$	表示去除材料,单向上限值,传输带:根据 GB/T 6062,取样长度0.8 mm(λs 默认 0.0025 mm),算术平均偏差 3.2 μm,评定长度包含 3 个取样长度,"16%规则"(默认)
$\sqrt{}$ $U\ Ra\ 3.2$ $L\ Ra\ 0.8$	表示不允许去除材料,双向极限值,两极限值均使用默认传输带,上限值:算术平均偏差 3.2 μm,评定长度为 5 个取样长度(默认),"最大规则"。下限值:算术平均偏差 0.8 μm,评定长度为 5 个取样长度(默认),"16%规则"(默认)
$\sqrt{}$ $0.0025-0.1//Rx\ 0.2$	表示任意加工方法,单向上限值,传输带 $\lambda s=0.0025$ mm,$A=0.1$ mm,评定长度 3.2 mm(默认),粗糙度图形参数,粗糙度图形最大深度 0.2 μm,"16%规则"(默认)
$\sqrt{}$ $/10/R\ 10$	表示不允许去除材料,单向上限值,传输带 $\lambda s=0.008$ mm(默认),$A=0.5$ mm(默认),评定长度 10 mm,粗糙度图形参数,粗糙度图形平均深度 10 μm,"16%规则"(默认)
$\sqrt{}$ $-0.3/6/AR\ 0.09$	表示任意加工方法,单向上限值,传输带 $\lambda s=0.008$ mm(默认),$A=0.3$ mm(默认),评定长度 6 mm,粗糙度图形参数,粗糙度图形平均间距 0.09 mm,"16%规则"(默认)

注:这里给出的表面粗糙度参数、传输带/取样长度和参数值以及所选择的符号仅作为示例。

表面粗糙度的标注示例见表 5-11。

表 5-11　　　　　　　　　　表面粗糙度要求的标注示例

要　　求	示　　例
表面粗糙度: —双向极限值; —上限值 $Ra=50$ μm; —下限值 $Ra=6.3$ μm; —均为"16%规则"(默认); —两个传输带均为 0.008～4 mm; —默认的评定长度 5×4=20 mm; —表面纹理呈近似同心圆且圆心与表面中心相关; —加工方法:铣。 注:因为不会引起争议,所以不必加 U 和 L	铣 $\sqrt{}$ $0.008-4/Ra\ 50$ $0.008-4/Ra\ 6.3$ C

要　　　求	示　　　例
除一个表面以外,所有表面的表面粗糙度为: —单向上限值; —$Rz=6.3\ \mu m$; —"16%规则"(默认); —默认传输带; —默认评定长度($5\times\lambda c$); —表面纹理没有要求; —去除材料的工艺。 不同要求的表面的表面粗糙度为: —单向上限值; —$Ra=0.8\ \mu m$; —"16%规则"(默认); —默认传输带; —默认评定长度($5\times\lambda c$); —表面纹理没有要求; —去除材料的工艺	$\sqrt{}$ Ra 0.8 $\sqrt{}$ Rz 6.3　　$\sqrt{}$
表面粗糙度: 两个单向上限值: (1)$Ra=1.6\ \mu m$ 　①"16%规则"(默认)(GB/T 10610); 　②默认传输带(GB/T 10610 和 GB/T 6062); 　③默认评定长度($5\times\lambda c$)(GB/T 10610); (2)$Rz\ max=6.3\ \mu m$ 　①最大规则; 　②传输带—2.5 mm(GB/T 6062); 　③评定长度默认(5×2.5 mm); —表面纹理垂直于视图的投影面; —加工方法:磨削	磨 $\sqrt{}$ Ra 1.6 $\perp$ −2.5/Rz max 6.3
表面粗糙度: —单向上限值; —$Rz=0.8\ \mu m$; —"16%规则"(默认)(GB/T 10610); —默认传输带(GB/T 10610 和 GB/T 6062); —默认评定长度($5\times\lambda c$)(GB/T 10610); —表面纹理没有要求; —表面处理:铜件,镀镍/铬; —表面要求对封闭轮廓的所有表面有效	Cu/Ep·Ni5bCr0.3r Rz 0.8
表面粗糙度: —单向上限值和一个双向极限值: (1)单向 $Ra=1.6\ \mu m$ 　①"16%规则"(默认)(GB/T 10610); 　②传输带—0.8 mm(λs 根据 GB/T 6062 确定); 　③评定长度 $5\times 0.8=4$ mm(GB/T 10610); (2)双向 Rz 　①上限值 $Rz=12.5\ \mu m$; 　②下限值 $Rz=3.2\ \mu m$; 　③"16%规则"(默认); 　④上、下极限传输带均为—2.5 mm; 　⑤(λs 根据 GB/T 6062 确定); 　⑥上、下极限评定长度均为 $5\times 2.5=12.5$ mm 　(即使不会引起争议,也可以标注 U 和 L 符号)。 —表面处理:钢件,镀镍/铬	Fe/Ep·Ni10bCr0.3r $\sqrt{}$ −0.8/Ra 1.6 U−2.5/Rz 12.5 L−2.5/Rz 3.2

要　　　求	示　　　例
表面粗糙度和尺寸可以标注在同一尺寸线上： 键槽侧壁的表面粗糙度： ——一个单向上限值； ——$Ra=3.2\ \mu m$； ——"16％规则"（默认）（GB/T 10610）； ——默认评定长度（$5\times\lambda c$）（GB/T 6062）； ——默认传输带（GB/T 10610 和 GB/T 6062）； ——表面纹理没有要求； ——去除材料的工艺。 倒角的表面粗糙度： ——一个单向上限值； ——$Ra=6.3\ \mu m$； ——"16％规则"（默认）（GB/T 10610）； ——默认评定长度（$5\times\lambda c$）（GB/T 6062）； ——默认传输带（GB/T 10610 和 GB/T 6062）； ——表面纹理没有要求； ——去除材料的工艺	
表面粗糙度和尺寸可以标注为： ——一起标注在延长线上，或 ——分别标注在轮廓线和尺寸界线上。 示例中的三个表面粗糙度要求为： ——单向上限值； ——分别是：$Ra=1.6\ \mu m$，$Ra=6.3\ \mu m$，$Rz=12.5\ \mu m$； ——"16％规则"（默认）（GB/T 10610）； ——默认评定长度（$5\times\lambda c$）（GB/T 6062）； ——默认传输带（GB/T 10610 和 GB/T 6062）； ——表面纹理没有要求； ——去除材料的工艺	
表面粗糙度、尺寸和表面处理的标注： 示例是三个连续的加工工序。 第一道工序： ——单向上限值； ——$Rz=1.6\ \mu m$； ——"16％规则"（默认）（GB/T 10610）； ——默认评定长度（$5\times\lambda c$）（GB/T 6062）； ——默认传输带（GB/T 10610 和 GB/T 6062）； ——表面纹理没有要求； ——去除材料的工艺。 第二道工序： ——镀铬（也可不镀），无其他表面粗糙度要求。 第三道工序： ——一个单向上限值，仅对长为 50 mm 的圆柱表面有效； ——$Rz=6.3\ \mu m$； ——"16％规则"（默认）（GB/T 10610）； ——默认评定长度（$5\times\lambda c$）（GB/T 6062）； ——默认传输带（GB/T 10610 和 GB/T 6062）； ——表面纹理没有要求； ——磨削加工工艺	

国家标准中规定的加工纹理和方向的符号见表 5-12。

表 5-12　　　　　　　加工纹理和方向的符号（摘自 GB/T 131—2006）

符号	示意图	符号	示意图
=	纹理方向 纹理平行于视图所在的投影面	P	纹理呈微粒、凸起，无方向
⊥	纹理方向 纹理垂直于视图所在的投影面	M	纹理呈多方向
×	纹理方向 纹理呈两斜向交叉且与视图所在的投影面相交	C	纹理呈近似同心圆且圆心与表面中心相关
		R	纹理呈近似放射状且与表面圆心相关

注：如果表面纹理不能清楚地用这些符号表示，必要时可以在图样上加注说明。

5.4.3　表面粗糙度符号、代号的标注位置与方向

1. 概述

总的原则是根据 GB/T 4458.4 的规定，使表面粗糙度的注写和读取方向与尺寸的注写和读取方向一致，如图 5-12 所示。

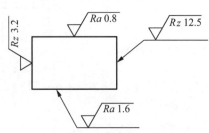

图 5-12　表面粗糙度要求的注写方向

2.标注在轮廓线上或指引线上

表面粗糙度要求可标注在轮廓线上,其符号应从材料外指向并接触表面。必要时,表面粗糙度符号也可用带箭头或黑点的指引线引出标注,如图 5-13 所示。

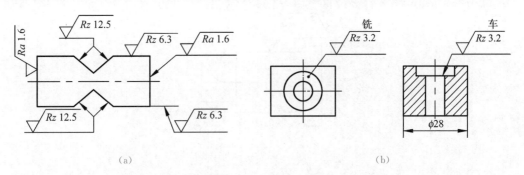

(a)　　　　　　　　　　　　　　　(b)

图 5-13　表面粗糙度标注在轮廓线上或指引线上示例

3.标注在特征尺寸的尺寸线上

在不致引起误解时,表面粗糙度要求可以标注在给定的尺寸线上,如图 5-14 所示。

4.标注在几何公差的框格上

表面粗糙度要求可标注在几何公差框格的上方,如图 5-15 所示。

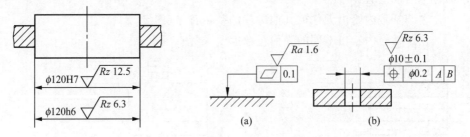

图 5-14　表面粗糙度要求标注在尺寸线上　　　图 5-15　表面粗糙度要求标注在几何公差框格的上方

5.标注在延长线上

表面粗糙度要求可以直接标注在延长线上,或用带箭头的指引线引出标注,如图 5-13(b)和图 5-16 所示。

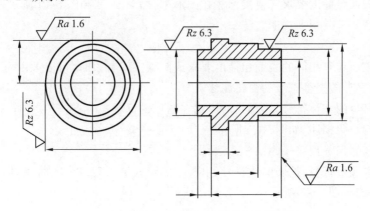

图 5-16　表面粗糙度要求标注在圆柱特征的延长线上

6.标注在圆柱和棱柱表面上

圆柱和棱柱表面的表面粗糙度要求只标注一次(图 5-16)。如果每个棱柱表面有不同的表面粗糙度要求,则应分别单独标注,如图 5-17 所示。

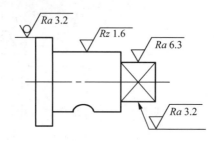

图 5-17 圆柱和棱柱的表面粗糙度要求的注法

5.4.4 表面粗糙度要求的简化注法

1.有相同表面粗糙度要求的简化注法

如果在工件的多数(包括全部)表面有相同的表面粗糙度要求,则其表面粗糙度要求可统一标注在图样的标题栏附近。此时(除全部表面有相同要求的情况外),表面粗糙度要求的符号后面应有:

——在圆括号内给出无任何其他标注的基本符号(图 5-18);

——在圆括号内给出不同的表面粗糙度要求(图 5-19)。

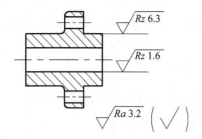

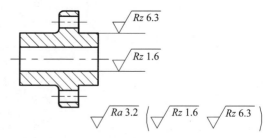

图 5-18 大多数表面有相同表面粗糙度要求的简化注法(1)　　图 5-19 大多数表面有相同表面粗糙度要求的简化注法(2)

不同的表面粗糙度要求应直接标注在图形中,如图 5-18 和图 5-19 所示。

2.多个表面有共同要求的注法

(1)概述

当多个表面具有相同的表面粗糙度要求或图纸空间有限时,可以采用简化注法。

(2)用带字母的完整符号的简化注法

可用带字母的完整符号,以等式的形式在图形或标题栏附近,对有相同表面粗糙度要求的表面进行简化标注,如图 5-20 所示。

3.只用表面粗糙度符号的简化注法

可用基本图形符号、扩展图形符号,以等式的形式给出对多个表面共同的表面粗糙度要求,如图 5-21～图 5-23 所示。

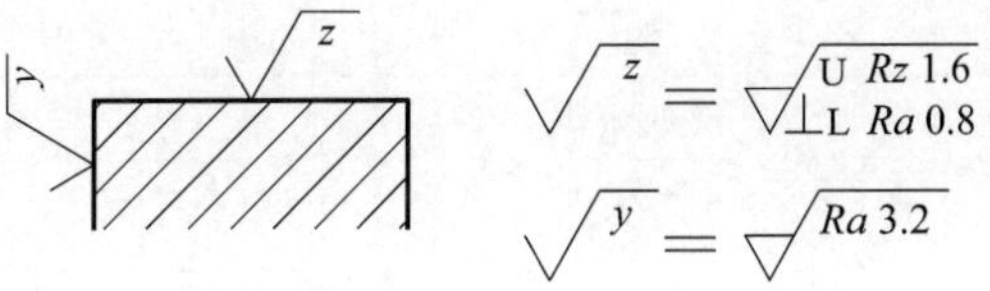

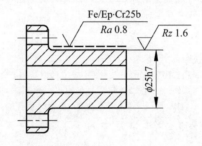

图 5-20 在图纸空间有限时的简化注法

图 5-21 未指定工艺方法的多个
表面粗糙度要求的简化注法

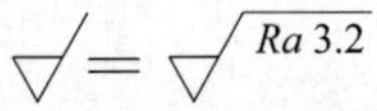

图 5-22 要求去除材料的多个
表面粗糙度要求的简化注法

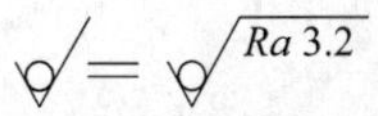

图 5-23 不允许去除材料的多个
表面粗糙度要求的简化注法

5.4.5 两种或多种工艺获得的同一表面的注法

由几种不同的工艺方法获得的同一表面,当需要明确每种工艺方法的表面粗糙度要求时,可按图 5-24 进行标注。

图 5-24 同时给出镀覆前后的表面粗糙度要求的注法

5.4.6 表面粗糙度标注的演变

表面粗糙度的图样标注 GB/T 131 演变到现在,已经是第三版,见表 5-13。

表 5-13　　表面粗糙度要求的图形标注的演变

序号	GB/T 131 的版本			
	1983(第一版)[a]	1993(第二版)[b]	2006(第三版)[c]	说明主要问题的示例
1	1.6	1.6　　1.6	Ra 1.6	Ra 只采用"16％规则"
2	R_y 3.2	R_y 3.2　　R_y 3.2	Rz 3.2	除了 Ra "16％规则"的参数
3	＿[d]	1.6_{max}	Ra max 1.6	"最大规则"
4	1.6 ∕ 0.8	1.6 ∕ 0.8	-0.8/Ra 1.6	Ra 加取样长度

续表

序号	GB/T 131 的版本			说明主要问题的示例
	1983(第一版)[a]	1993(第二版)[b]	2006(第三版)[c]	
5	__d	__d	√0.025-0.8/Ra 1.6	传输带
6	R_y 3.2 ∕ 0.8 ▽	R_y 3.2 ∕ 0.8 ▽	√ -0.8/Rz 6.3	除 Ra 外其他参数及取样长度
7	R_y 1.6 6.3 ▽	R_y 1.6 6.3 ▽	√ Ra 1.6 Rz 6.3	Ra 及其他参数
8	__d	R_y 3.2 ▽	√ Rz3 6.3	评定长度中的取样长度个数不是 5 而是 3
9	__d	__d	√ L Ra 1.6	下限值
10	3.2 1.6 ▽	3.2 1.6 ▽	√ U Ra 3.2 L Ra 1.6	上、下限值

注:a　表示既没有定义默认值也没有其他细节,尤其是

　　——无默认评定长度;

　　——无默认取样长度;

　　——无"16%规则"或"最大规则"。

　　b　表示在 GB/T 3505—1983 和 GB/T 10610—1989 中定义的默认值和规则仅用于参数 Ra、R_y 和 Rz(十点高度)。此外,GB/T 131—1993 中存在着参数代号书写不一致问题,标准正文要求参数代号第二个字母标注为下标,但在所有的图表中,第二个字母都是小写,而当时所有的其他表面粗糙度标准都使用下标。

　　c　新的 Rz 为原 R_y 的定义,原符号 R_y 不再使用。

　　d　表示没有该项。

5.5　表面粗糙度的检测

　　表面粗糙度的检测方法较多,常用的有比较法、光切法、干涉法、针描法和印模法等。

5.5.1　比较法

　　比较法是指将被测零件表面与已知其评定参数值的粗糙度样块相比较,用目测(如被测表面精度较高时,可借助于放大镜、比较显微镜)来确定被测表面粗糙度的检测方法。比较样块的选择应使其材料、形状和加工方法与被测零件尽量相同。

　　比较法简单实用,Ra 测量范围一般为 0.1~50 μm,适于车间条件下判断较粗糙的表面。比较法的判断准确程度与检验人员的技术熟练程度有关。当有争议或进行工艺分析时,可用相关仪器进行测量。

5.5.2　光切法

　　光切法是指利用"光切原理"测量表面粗糙度值的方法。

　　图 5-25(a)所示为光切原理,由光源发出的光线经狭缝后形成一条光带,该光带与被测表面以夹角为 45°的方向 A 与被测表面相截,被测表面的轮廓影像沿方向 B 反射后,可由显微镜目镜中观察到,如图 5-25(b)所示。

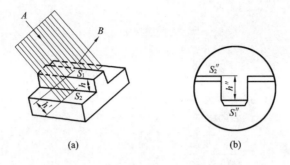

图 5-25　光切原理

根据光切原理设计制造的表面粗糙度测量仪器称为光切显微镜（又称双管显微镜），如图 5-26(a)所示,其光路系统如图 5-26(b)所示,该仪器有光源管和观察管,两管轴线相互垂直。光源发出的光通过聚光镜、狭缝得到在同一平面上的扁平光,然后穿过物镜,以 45°方向投射到被测表面上,形成窄细光带。该光带边缘的形状,即光束与工件表面的交线,就是被测表面在 45°截面上的轮廓形状,此轮廓曲线的波峰在 S_1 点反射,波谷在 S_2 点反射,通过物镜,分别成像在分划板上的 S''_1 和 S''_2 点,其峰、谷影像高度差为 h''。h'' 与实际轮廓的高度差 h 有恒定的比例关系,利用仪器的测微装置测出 h'' 值就可推算出 h 值,从而得到被测表面 Rz 值。

光切显微镜的 Rz 测量范围一般为 $0.8 \sim 80\ \mu m$。

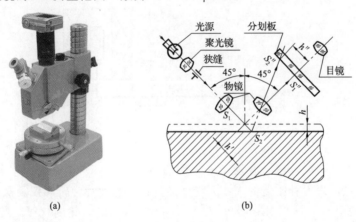

图 5-26　光切显微镜

5.5.3　干涉法

干涉法是指利用光波干涉原理测量表面粗糙度的方法。

根据干涉原理设计制造的表面粗糙度测量仪器称为干涉显微镜,如图 5-27(a)所示,其基本光路系统如图 5-27(b)所示,由光源发出的光线经平面反射镜反射向上,至半透半反分光镜后分成两束。一束向上射至被测表面返回,另一束向左射至参考镜返回。两束光线之间存在着光程差,它们会合后产生光波干涉,形成一组干涉条纹,如图5-27(c)所示。干涉条纹的弯曲程度反映了被测表面的微观特征,它与被测表面微观不平度的高度值存在着恒定的比例关系,由仪器的测微装置测量并换算可得到被测表面的 Rz 值。

干涉显微镜的 Rz 测量范围一般为 $0.025 \sim 0.8\ \mu m$。

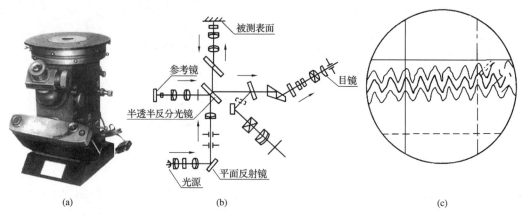

(a)　　　　　　　　　(b)　　　　　　　　　(c)

图 5-27　干涉显微镜

5.5.4　针描法

　　针描法的测量原理如图 5-28 所示。它将测量仪器的触针在被测表面上轻轻划过，被测表面的微观不平度将使触针做垂直方向的位移，该位移量通过传感器转换成电量，经放大和积分运算，从仪器指示表（或显示器）直接读出被测表面粗糙度参数值或用记录仪绘制出被测表面轮廓曲线。

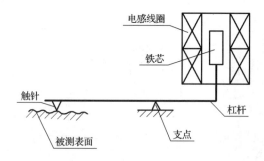

图 5-28　针描法的测量原理

　　根据针描法原理设计制造的表面粗糙度测量仪器通常称为轮廓仪。根据转换原理的不同，可以有电感式轮廓仪（图 5-29）、电容式轮廓仪、压电式轮廓仪等。此外，还有光学触针轮廓仪，它适用于非接触测量，以防止划伤零件表面。

图 5-29　电感式轮廓仪

轮廓仪可测量 Ra、Rz、Rsm 及 $Rmr(c)$ 等多个参数,其中 Ra 测量范围一般为 $0.02\sim$ $5~\mu m$。

5.5.5　印模法

印模法是指用塑性材料贴合在被测表面上,将被测表面复制成印模,然后测量印模的表面粗糙度值的间接方法。其被测对象是深孔、不通孔、凹槽、内螺纹、大型零件及其他难以检测部位的表面。常用的印模材料有石蜡、低熔点合金等。由于印模材料不可能完全填满被测表面的谷底,取下印模时又会使波峰被削平,因此印模的幅度参数值通常比被测表面的实际值小,可根据有关资料或实验得出修正系数,在计算时进行修正。

习　题

5-1　什么是表面粗糙度?

5-2　什么是取样长度? 什么是评定长度? 为什么规定了取样长度还要规定评定长度? 两者之间有什么关系?

5-3　表面粗糙度的两个幅度参数的代号和含义分别是什么?

5-4　表面粗糙度的测量方法主要有哪几种? 各种方法的特点是什么?

5-5　表面粗糙度的图样标注中,在什么情况下要标注评定参数的上限值、下限值? 在什么情况下要标注最大值、最小值?

5-6　比较下列每组中两孔应选用的表面粗糙度值的大小,并说明原因。

(1)$\phi 40H7$ 孔与 $\phi 10H7$ 孔;

(2)$\phi 40H6/f5$ 与 $\phi 40H6/s5$ 中的两个 H6 孔;

(3)圆柱度公差分别为 0.01 mm 和 0.02 mm 的两个 $\phi 40H7$ 孔。

5-7　指出图 5-30 中表面粗糙度标注的错误并改正。

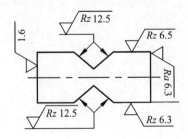

图 5-30　习题 5-7 图

5-8 解释图 5-31 中表面粗糙度标注的含义。

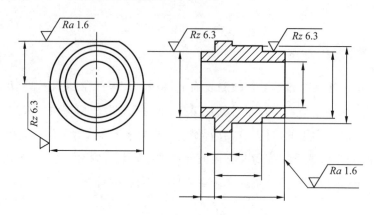

图 5-31 习题 5-8 图

5-9 采用 GB/T 131—2006 规定的表面粗糙度标注方法,将下列要求标注在图 5-32 所示的零件图上(各表面均采用去除材料法获得):

(1)ϕ_1 圆柱的表面粗糙度参数 Ra 的上限值为 3.2 μm;

(2)左端面的表面粗糙度参数 Ra 的最大值为 1.6 μm;

(3)右端面的表面粗糙度参数 Ra 的上限值为 1.6 μm;

(4)内孔的表面粗糙度参数 Rz 的上限值为 0.8 μm;

(5)螺纹工作面的表面粗糙度参数 Ra 的上限值为 3.2 μm,下限值为 1.6 μm;

(6)其余各表面的表面粗糙度参数 Ra 的上限值为 12.5 μm。

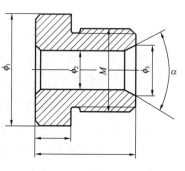

图 5-32 习题 5-9 图

第6章

普通计量器具的选择和光滑极限量规

学习目的及要求

✦ 掌握计量器具的选择和验收极限的确定
✦ 了解光滑极限量规的特点、作用和种类
✦ 理解泰勒原则的含义
✦ 掌握工作量规的公差带的分布及设计方法

要实现零部件的互换性,除了合理地规定公差以外,还必须正确地进行加工和检测,只有检测合格的零件,才能满足产品的使用要求,保证其互换性能。

零部件的检测方法主要有两大类:一类是使用普通计量器具检测;另一类是使用专用的检验工具检测。

6.1 普通计量器具的选择

用普通计量器具测量工件应参照国家标准 GB/T 3177—2009 进行。该标准适用于车间用的计量器具(游标卡尺、千分尺和分度值不小于 0.5 μm 的指示表和比较仪等),主要用于检测公称尺寸至 500 mm,公差等级为 IT6~IT18 级的光滑工件尺寸,也适用于对一般公差尺寸的检测。

6.1.1 尺寸误检的基本概念

由于存在各种测量误差,所以若按零件的上、下极限尺寸验收,当零件的实际尺寸位于上、下极限尺寸附近时,有可能将本来处于零件公差带内的合格品误判为废品,或将本来处于零件公差带以外的废品误判为合格品,前者称为"误废",后者称为"误收"。"误废"和"误收"是尺寸误检的两种形式。

6.1.2 验收极限与安全裕度的确定

通常在生产现场利用普通测量器具来测量工件时,对工件尺寸合格与否一般不进行多次重复测量,且对偏离测量标准所引起的误差,一般不进行修正。因此,当以工件实际尺寸是否在极限尺寸范围内为验收依据时,便有可能出现"误收"或"误废"。为了保证产品质量、防止误收,GB/T 3177—2009《光滑工件尺寸的检验》规定:所用验收方法应只接收位于规定的极限尺寸之内的工件。为了保证这个验收原则的实现并保证零件达到互换性要求,对验收极限进行了规定。

验收极限是指检测工件尺寸时判断合格与否的尺寸界限。国家标准规定,验收极限可以按照下列方法确定。

方法 1(内缩): 验收极限是从图样上标定的上极限尺寸和下极限尺寸分别向工件公差带内移动一个安全裕度 A 来确定的,如图 6-1 所示。即

$$上验收极限尺寸 = 上极限尺寸 - A \qquad (6-1)$$

$$下验收极限尺寸 = 下极限尺寸 + A \qquad (6-2)$$

安全裕度 A 由被检工件的公差值 T 来确定。一般 A 的数值取工件公差的 1/10,其数值可由表 6-1 查得。

由于验收极限向工件的公差带之内移动是为了保证验收时合格,所以在生产时不能按原有的极限尺寸加工,应按照由验收极限所确定的范围生产,这个范围称为"生产公差"。

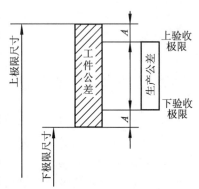

图 6-1 验收极限与安全裕度

表 6-1   **安全裕度 A 与计量器具的测量不确定度允许值 u_1** μm

公差等级		IT6					IT7					IT8					IT9			
公称尺寸/mm		T	A	u_1			T	A	u_1			T	A	u_1			T	A	u_1	
大于	至			I	II	III			I	II	III			I	II	III			I	II	III
—	3	6	0.6	0.54	0.9	1.4	10	1.0	0.9	1.5	2.3	14	1.4	1.3	2.1	3.2	25	2.5	2.3	3.8	5.6
3	6	8	0.8	0.72	1.2	1.8	12	1.2	1.1	1.8	2.7	18	1.8	1.6	2.7	4.1	30	3.0	2.7	4.5	6.8
6	10	9	0.9	0.81	1.4	2.0	15	1.5	1.4	2.3	3.4	22	2.2	2.0	3.3	5.0	36	3.6	3.3	5.4	8.1
10	18	11	1.1	1.0	1.7	2.5	18	1.8	1.7	2.7	4.1	27	2.7	2.4	4.1	6.1	43	4.3	3.9	6.5	9.7
18	30	13	1.3	1.2	2.1	2.9	21	2.1	1.9	3.2	4.7	33	3.3	3.0	5.0	7.4	52	5.2	4.7	7.8	12
30	50	16	1.6	1.4	2.4	3.6	25	2.5	2.3	3.8	5.6	39	3.9	3.5	5.9	8.8	62	6.2	5.6	9.3	14
50	80	19	1.9	1.7	2.9	4.3	30	3.0	2.7	4.5	6.8	46	4.6	4.1	6.9	10	74	7.4	6.7	11	17
80	120	22	2.2	2.0	3.3	5.0	35	3.5	3.2	5.3	7.9	54	5.4	4.9	8.1	12	87	8.7	7.8	13	20
120	180	25	2.5	2.3	3.8	5.6	40	4.0	3.6	6.0	9.0	63	6.3	5.7	9.5	14	100	10	9.0	15	23
180	250	29	2.9	2.6	4.4	6.5	46	4.6	4.1	6.9	10	72	7.2	6.5	11	16	115	12	10	17	26
250	315	32	3.2	2.9	4.8	7.2	52	5.2	4.7	7.8	12	81	8.1	7.3	12	18	130	13	12	19	29
315	400	36	3.6	3.2	5.4	8.1	57	5.7	5.1	8.4	13	89	8.9	8.0	13	20	140	14	13	21	32
400	500	40	4.0	3.6	6.0	9.0	63	6.3	5.7	9.5	14	97	9.7	8.7	15	22	155	16	14	23	35

续表

公差等级	IT10					IT11					IT12				IT13			
公称尺寸/mm			u_1					u_1					u_1				u_1	
		T	A	Ⅰ	Ⅱ	Ⅲ	T	A	Ⅰ	Ⅱ	Ⅲ	T	A	Ⅰ	Ⅱ	T	A	Ⅰ	Ⅱ
大于	至																		
—	3	40	4.0	3.6	6.0	9.0	60	6.0	5.4	9.0	14	100	10	9.0	15	140	14	13	21
3	6	4.8	4.8	4.3	7.2	11	75	7.5	6.8	11	17	120	12	11	18	180	18	16	27
6	10	58	5.8	5.2	8.7	13	90	9.0	8.1	14	20	150	15	14	23	220	22	20	33
10	18	70	7.0	6.3	11	16	110	11	10	17	25	180	18	16	27	270	27	24	41
18	30	84	8.4	7.6	13	19	130	13	12	20	29	210	21	19	32	330	33	30	50
30	50	100	10	9.0	15	23	160	16	14	24	36	250	25	23	38	390	39	35	59
50	80	120	12	11	18	27	190	19	17	29	43	300	30	27	45	460	46	41	69
80	120	140	14	13	21	32	220	22	20	33	50	350	35	32	53	540	54	49	81
120	180	160	16	15	24	36	250	25	23	38	56	400	40	36	60	630	63	57	95
250	315	210	21	19	32	47	320	32	29	48	72	520	52	47	78	810	81	73	120
315	400	230	23	21	35	52	360	36	32	54	81	570	57	51	80	890	89	80	130
400	500	250	25	23	38	56	400	40	36	60	90	630	63	57	96	970	97	87	150

方法 2(不内缩)：验收极限等于图样上标定的上极限尺寸和下极限尺寸,即安全裕度 $A=0$。

具体选择上述哪一种方法,要结合工件的尺寸、功能要求及其重要程度、尺寸公差等级、测量不确定度和工艺能力等因素综合考虑。具体原则是:

(1)对要求符合包容要求的尺寸、公差等级高的尺寸,其验收极限按照内缩确定。

(2)当工艺能力指数 $C_p \geqslant 1$ 时,其验收极限可以按照不内缩确定(工艺能力指数 C_p 是指工件公差 T 与加工设备工艺能力 $C\sigma$ 之比。C 为常数,工件尺寸遵循正态分布时 $C=6$,σ 为加工设备的标准偏差,$C_p = T/(6\sigma)$)。但采用包容要求时,在最大实体尺寸一侧仍应按照内缩确定验收极限。

(3)对偏态分布的尺寸,尺寸偏向的一边应按照内缩确定。

(4)对非配合和一般公差的尺寸,其验收极限按照不内缩确定。

6.1.3　普通计量器具的选择原则

计量器具的选择主要取决于计量器具的技术指标和经济指标。选用时应遵循以下原则:

(1)选择的计量器具应与被测工件的外形、位置、尺寸的大小及被测参数特性相适应,使所选计量器具的测量范围能够满足工件的要求。

(2)选择计量器具应考虑工件的尺寸公差,使所选计量器具的不确定度值既能够保证测量精度要求,又符合经济性要求。

为了保证测量的可靠性和量值的统一,国家标准规定:按照计量器具的测量不确定度允许值 u_1 选择计量器具。u_1 值见表 6-1。u_1 值分为Ⅰ、Ⅱ、Ⅲ档,分别约为工件公差的 1/10、1/6 和 1/4。一般情况下,优先选用Ⅰ档,其次为Ⅱ档、Ⅲ档。选用计量器具时,应使所选测量器具的不确定度 u_1' 小于或等于表 6-1 所列的 u_1 值($u_1' \leqslant u_1$)。各种普通计量

器具的不确定度 u'_1 见表 6-2～表 6-4。

在实际生产中,当现有测量器具的不确定度 $u'_1 > u_1$ 时,应扩大安全裕度 A 至 A',即

$$A' = u'_1/0.9$$

表 6-2 指示表的不确定度 mm

尺寸范围		所使用的计量器具			
		分度值为 0.001 的千分表(0 级在全程范围内)(1 级在 0.2 内)分度值为 0.002 的千分表(1 转范围内)	分度值为 0.001,0.002,0.005 的千分表(1 级在全程范围内)分度值为 0.01 的百分表(0 级在任意 1 内)	分度值为 0.01 的百分表(0 级在全程范围内)(1 级在任意 1 内)	分度值为 0.01 的百分表(1 级在全程范围内)
大于	至	不 确 定 度 u_1'			
0	115	0.005	0.01	0.018	0.30
115	315	0.006			

注:①测量时,使用的标准器具由 4 块 1 级(或 4 等)量块组成;

②省略了尺寸分段,全部应为:至 25,至 40,至 65,至 90,至 115,至 165,至 215,至 265,至 315 。

表 6-3 千分尺和游标卡尺的不确定度 mm

尺寸范围		计量器具类型			
		分度值为 0.01 外径千分尺	分度值为 0.01 内径千分尺	分度值为 0.02 游标卡尺	分度值为 0.005 游标卡尺
大于	至	不确定度 u_1'			
0	50	0.004			
50	100	0.005	0.008		0.05
100	150	0.006		0.020	
150	200	0.007			
200	250	0.008	0.013		
250	300	0.009			
300	350	0.010			
350	400	0.011	0.020		
400	450	0.012			0.100
450	500	0.013	0.025		
500	600				
600	700		0.030		
700	1000				0.150

注:①当采用比较测量时,千分尺的不确定度可小于本表规定的数值,一般可减小 40%;

②考虑到某些车间的实际情况,当从本表中选用的计量器具不确定度(u'_1)需在一定范围内大于 GB/T 3177—2009 规定的 u_1 值时,须按 $A' = u'_1/0.9$ 重新计算出相应的安全裕度。

表 6-4　　　　　　　　　　　　　　　　　　比较仪的不确定度　　　　　　　　　　　　　　　　mm

尺寸范围		所使用的计量器具			
		分度值为 0.000 5(相当于放大倍数为 2 000 倍)的比较仪	分度值为 0.001(相当于放大倍数为 1 000 倍)的比较仪	分度值为 0.002(相当于放大倍数为 500 倍)的比较仪	分度值为 0.005(相当于放大倍数为 200 倍)的比较仪
大于	至	不确定度 u'_1			
0	25	0.000 6	0.001 0	0.001 7	0.003 0
25	40	0.000 7			
40	65	0.000 8	0.001 1	0.001 8	
65	90	0.000 8			
90	115	0.000 9	0.001 2	0.001 9	
115	165	0.001 0	0.001 3		
165	215	0.001 2	0.001 4	0.002 0	
215	265	0.001 4	0.001 6	0.002 1	0.003 5
265	315	0.001 6	0.001 7	0.002 2	

6.1.4　选择实例

【例 6-1】　被检验零件尺寸为轴 $\phi65e9$ Ⓔ，试确定其验收极限并选择适当的计量器具。

解　由极限与配合标准中查得 $\phi65e9$ 的极限偏差为 es＝－60 μm，ei＝－134 μm。

由表 6-1 中查得安全裕度 A＝7.4 μm，测量不确定度允许值 u_1＝6.7 μm。

因为此工件尺寸遵循包容要求，应按照方法 1 的原则确定验收极限，则

上验收极限＝上极限尺寸－A＝$\phi65$－0.060－0.007 4＝$\phi64.932$ 6 mm

下验收极限＝下极限尺寸＋A＝$\phi65$－0.134＋0.007 4＝$\phi64.873$ 4 mm

由表 6-3 查得分度值为 0.01 mm 的外径千分尺，在尺寸为 50～100 mm 时，不确定度数 u'_1＝0.005 mm，因 0.005 mm＜u_1＝0.006 7 mm，故可满足使用要求。

【例 6-2】　被检验零件为孔 $\phi130H10$ Ⓔ，工艺能力指数 C_p＝1.2，试确定其验收极限，并选择适当的计量器具。

解　由极限与配合标准中查得 $\phi130H10$ 的极限偏差为 ES＝＋160 μm，EI＝0。

由表 6-1 中查得安全裕度 A＝16 μm，因 C_p＝1.2＞1，其验收极限可以按方法 2 确定，即一边 A＝0，但因该零件尺寸遵循包容要求，因此，其最大实体极限一边的验收极限仍按方法 1 确定，则有

上验收极限＝上极限尺寸－A＝$\phi130$＋0.16＝$\phi130.16$ mm

下验收极限＝下极限尺寸＋A＝$\phi130$＋0＋0.016＝$\phi130.016$ mm

由表 6-1 中按优先选用 Ⅰ 档的原则，查得计量器具不确定度允许值 u_1＝15 μm，由表 6-3 查得分度值为 0.01 mm 的内径千分尺在尺寸 100～150 mm 范围内，不确定度为 0.008 mm＜u_1＝0.015 mm，故可满足使用要求。

【例 6-3】 工件尺寸为 $\phi30h8(_{-0.033}^{0})$ Ⓔ，试选择合适的测量器具并求出上、下验收极限尺寸。

解 因为此工件遵守包容要求，故应按方法 1 确定验收极限。

由表 6-1 查得 $A=3.3\ \mu m$，$u_1=3\ \mu m$。

由表 6-4 查得 $i=0.005\ mm$ 的比较仪的不确定度 $u_1'=3\ \mu m=u_1$，故能满足要求。

确定验收极限：上验收极限＝上极限尺寸－$A=\phi30-0.003\ 3=\phi29.996\ 7\ mm$

下验收极限＝下极限尺寸＋$A=\phi29.967+0.003\ 3=\phi29.970\ 3\ mm$

【例 6-4】 例 6-3 中的工件，因受检测条件的限制而采用 $i=0.01\ mm$ 的外径千分尺测量，试确定安全裕度 A' 的值及验收极限。

解 由表 7-7 查得千分尺不确定度 $u_1'=4\ \mu m>3\ \mu m=u_1$

故 $A'=u_1'/0.9=0.004/0.9\approx0.004\ mm$

确定新的验收极限：

上验收极限＝上极限尺寸－$A'=\phi30-0.004=\phi29.996\ mm$

下验收极限＝下极限尺寸＋$A'=\phi29.967+0.004=\phi29.971\ mm$

6.2 光滑极限量规的相关知识

6.2.1 概 述

光滑极限量规是指被检验工件为光滑孔或光滑轴时所用的极限量规的总称，简称量规。在大批量生产时，为了提高产品质量和检验效率，常常采用量规进行检验。量规结构简单、使用方便、省时可靠，并能保证互换性。因此，量规在机械制造中得到了广泛的应用。

6.2.2 量规的作用

量规是一种无刻度定值专用量具，用它来检验工件时，只能判断工件是否在允许的极限尺寸范围内，而不能测量出工件的实际尺寸。当图样上提取要素的尺寸公差和几何公差按独立原则标注时，一般使用通用计量器具分别测量。当单一要素的尺寸公差和形状公差采用包容要求标注时，则应使用量规来检验，把尺寸误差和形状误差都控制在极限尺寸范围内。

检验孔用的量规称为塞规，如图 6-2(a)所示；检验轴用的量规称为卡规(或环规)，如图 6-2(b)所示。塞规和卡规(或环规)统称为量规，量规有通规和止规之分，通规和止规通常成对使用。通规控制工件的作用尺寸，止规控制工件的实际尺寸。

塞规的通规按被检验孔的最大实体尺寸(下极限尺寸)制造，塞规的止规按被检验孔的最小实体尺寸(上极限尺寸)制造。检验工件时，塞规的通规应能够通过被检验孔，表示被检验孔的体外作用尺寸大于下极限尺寸(最大实体尺寸)；止规应不能通过被检验孔，表示被检验孔实际尺寸小于上极限尺寸。当通规能够通过被检验孔而止规不能通过时，说明被检验孔的尺寸误差和形状误差都控制在极限尺寸范围内，被检验孔是合格的。

卡规的通规按被检验轴的最大实体尺寸(上极限尺寸)制造，卡规的止规按被检验轴

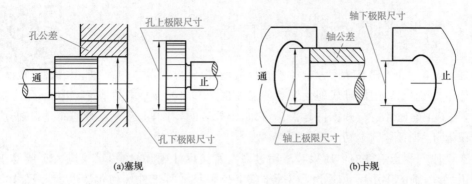

图 6-2　光滑极限量规

的最小实体尺寸(下极限尺寸)制造。检验轴时,卡规的通规应能够通过被检验轴,表示被检验轴的体外作用尺寸小于上极限尺寸(最大实体尺寸);止规应不能通过被检验轴,表示被检验轴的实际尺寸大于下极限尺寸。当通规能够通过被检验轴而止规不能通过时,说明被检验轴的尺寸误差和形状误差都控制在极限尺寸范围内,被检验轴是合格的。

综上所述,量规的通规用于控制工件的体外作用尺寸,止规用于控制工件的实际尺寸。用量规检验工件时,其合格标志是通规能够通过,止规不能通过;否则即不合格。因此,用量规检验工件时,必须通规和止规成对使用,才能判断被测孔或轴是否合格。

6.2.3　量规的种类

量规按其用途不同分为工作量规、验收量规和校对量规三种。

1. 工作量规

工作量规是指生产过程中操作者检验工件时所使用的量规。通规用代号"T"表示,止规用代号"Z"表示。

2. 验收量规

验收量规是指验收工件时,检验人员或用户代表所使用的量规。验收量规一般不需要另行制造,它的通规是从磨损较多,但未超过磨损极限的工作量规中挑选出来的,验收量规的止规应接近工件的最小实体尺寸。这样,操作者用工作量规自检合格的工件,当检验人员用验收量规验收时一般也会判定合格。

3. 校对量规

校对量规是指检验工作量规的量规。因为孔用工作量规便于用精密仪器测量,故国家标准未规定孔用校对量规,国家标准只对轴用量规规定了校对量规。

校对量规有三种,其名称、代号、功能等见表 6-5。

表 6-5　　　　　　　　　　　　　　　　　校对量规

量规形状	检验对象		量规名称	量规代号	功　能	判断合格的标志
塞规	轴用工作量规	通规	校通—通	TT	防止通规制造时尺寸过小	通过
		止规	校止—通	ZT	防止止规制造时尺寸过小	通过
		通规	校通—损	TS	防止通规使用中磨损过大	不通过

6.3 泰勒原则

加工完的工件,其实际尺寸虽经检验合格,但由于形状误差的存在,也有可能不能装配、装配困难或即使偶然能装配也达不到配合要求的情况。因此,用量规检验时,为了正确地评定被测工件是否合格、是否能装配,对于遵守包容原则的孔和轴,应按照极限尺寸判断原则(泰勒原则)进行验收。

泰勒原则是指工件的作用尺寸不超过最大实体尺寸(孔的作用尺寸应大于或等于其下极限尺寸;轴的作用尺寸应小于或等于其上极限尺寸),工件任何位置的实际尺寸应不超过其最小实体尺寸(孔任何位置的实际尺寸应小于或等于其上极限尺寸;轴任何位置的实际尺寸应大于或等于其下极限尺寸)。

作用尺寸由最大实体尺寸限制,即可把形状误差限制在尺寸公差之内;同时,工件的实际尺寸由最小实体尺寸限制,既能保证工件合格并具有互换性又能自由装配。因此符合泰勒原则验收的工件是能保证使用要求的。

设计量规应遵守泰勒原则(极限尺寸判断原则)。

6.3.1 量规的设计尺寸

通规的设计尺寸应等于工件的最大实体尺寸(MMS);止规的设计尺寸应等于工件的最小实体尺寸(LMS)。

6.3.2 量规的形状要求

通规用来控制工件的体外作用尺寸,它的测量面应是与孔或轴形状相对应的完整表面(全形量规),其尺寸等于工件的最大实体尺寸,且其测量长度等于被测工件的配合长度。

止规用来控制工件的实际尺寸,它的测量面应是两点状的(非完整表面,即不全形量规),且测量长度尽可能短些,止规表面与工件是点接触,两点间的尺寸应等于工件的最小实体尺寸。

用符合泰勒原则的量规检验工件时,若通规能通过并且止规不能通过,则表示工件合格,否则即为不合格。

如图 6-3 所示,孔的实际轮廓已超出尺寸公差带,应为不合格品。用全形量规检验时不能通过;而用点状止规检验,虽然沿 X 方向不能通过,但沿 Y 方向却能通过。于是,该孔被正确地判断为废品。反之,若用两点状通规检验,则可能沿 Y 方向通过;用全形止规检验,则不能通过。这样一来,由于量规的测量面形状不符合泰勒原则,结果导致把该孔误判为合格。

在量规的实际应用中,由于量规制造和使用方面的原因,要求量规形状完全符合泰勒原则是有一定困难的。因此,国家标准规定,在被检验工件的形状误差不影响配合性质的条件下,允许使用偏离泰勒原则的量规。例如,对于尺寸大于 100 mm 的孔,为了不让量规过于笨重,通规很少制成全形轮廓。同样,为了提高检验效率,检验大尺寸轴的通规也

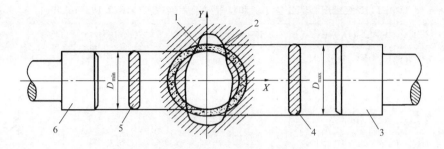

图 6-3　量规形式对检验结果的影响

1—孔公差带；2—工件实际轮廓；3—全形塞规的止规；4—不全形塞规的止规；

5—不全形塞规的通规；6—全形塞规的通规

很少制成全形环规。此外，全形环规不能检验已装夹在顶尖上的被加工零件以及曲轴零件等。当采用不符合泰勒原则的量规检验工件时，应在工件的多方位上进行多次检验，并从工艺上采取措施以限制工件的形状误差。

6.4　量规公差带

虽然量规是一种精密的检验工具，量规的制造精度比被检验工件的精度要求更高，但在制造时也不可避免地会产生误差，不可能将量规的工作尺寸正好加工到某一规定值，因此对量规也必须规定制造公差。

由于通规在使用过程中经常通过工件，因而会逐渐磨损。为了使通规具有一定的使用寿命，应当留出适当的磨损储备量，因此对通规应规定磨损极限，即将通规公差带从最大实体尺寸向工件公差带内缩一个距离；而止规通常不通过工件，所以不需要留出磨损储备量，故将止规公差带放在工件公差带内紧靠最小实体尺寸处。校对量规也不需要留出磨损储备量。

6.4.1　工作量规的公差带

国家标准 GB/T 1957—2006 规定量规的公差带不得超越工件的公差带，这样有利于防止误收，保证产品质量与互换性。但在这种情况下有时会把一些合格的工件检验成不合格，实质上缩小了工件公差范围，提高了工件的制造精度。工作量规的公差带分布如图 6-4 所示。图 6-4 中，T 为量规制造公差，Z 为位置要素（通规制造公差带中心到工件最大实体尺寸之间的距离），T、Z 的大小取决于工件公差的大小。国家标准规定的 T 值和 Z 值见表 6-6。通规的磨损极限尺寸等于工件的最大实体尺寸。

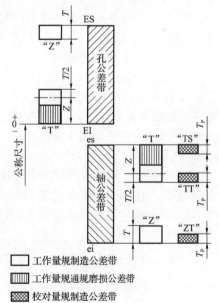

图 6-4　工作量规的公差带分布

表 6-6　　IT6~IT12 级量规制造公差 *T* 值和位置要素 *Z* 值(摘自 GB/T 1957—2006)　　μm

工件公称尺寸/mm	IT6			IT7			IT8			IT9			IT10			IT11			IT12		
	IT6	T	Z	IT7	T	Z	IT8	T	Z	IT9	T	Z	IT10	T	Z	IT11	T	Z	IT12	T	Z
~3	6	1	1	10	1.2	1.6	14	1.6	2	25	2	3	40	2.4	4	60	3	6	100	4	9
>3~6	8	1.2	1.4	12	1.4	2	18	2	2.6	30	2.4	4	48	3	5	75	4	8	120	5	11
>6~10	9	1.4	1.6	15	1.8	2.4	22	2.4	3.2	36	2.8	5	58	3.6	6	90	5	9	150	6	13
>10~18	11	1.6	2	18	2	2.8	27	2.8	4	43	3.4	6	70	4	8	110	6	11	180	7	15
>18~30	13	2	2.4	21	2.4	3.4	33	3.4	5	52	4	7	84	5	9	130	7	13	210	8	18
>30~50	16	2.4	2.8	25	3	4	39	4	6	62	5	8	100	6	11	160	8	16	250	10	22
>50~80	19	2.8	3.4	30	3.6	4.6	46	4.6	7	74	6	9	120	7	13	190	9	19	300	12	26
>80~120	22	3.2	3.8	35	4.2	5.4	54	5.4	8	87	7	10	140	8	15	220	10	22	350	14	30
>120~180	25	3.8	4.4	40	4.8	6	63	6	9	100	8	12	160	9	18	250	12	25	400	16	35
>180~250	29	4.4	5.2	46	5.4	7	72	7	10	115	9	14	185	10	20	290	14	29	460	18	40
>250~315	32	4.8	5.6	52	6	8	81	8	11	130	10	16	210	12	22	320	16	32	520	20	45
>315~400	36	5.4	6.2	57	7	9	89	9	12	140	11	18	230	14	25	360	18	36	570	22	50
>400~500	40	6	7	63	8	11	97	10	14	155	12	20	250	16	28	400	20	40	630	24	55

6.4.2　校对量规的公差带

校对量规的公差带如图 6-4 所示。

1. 校通—通(代号"TT")

"TT"用在轴用通规制造时,其作用是防止通规尺寸小于其下极限尺寸,故其公差带是从通规的下极限偏差起,向轴用通规公差带内分布的。检验时,该校对塞规应通过轴用通规,否则应判断该轴用通规不合格。

2. 校止—通(代号"ZT")

"ZT"用在轴用止规制造时,其作用是防止止规尺寸小于其下极限尺寸,故其公差带是从止规的下极限偏差起,向轴用止规公差带内分布的。检验时,该校对塞规应通过轴用止规,否则应判断该轴用止规不合格。

3. 校通—损(代号"TS")

"TS"用于检验轴用通规在使用时磨损情况,其作用是防止轴用通规在使用中超过磨损极限尺寸,故其公差带是从轴用通规的磨损极限起,向轴用通规公差带内分布。检验时,该校对塞规应不通过轴用通规,否则应判断所校对的轴用通规已达到磨损极限,不应该继续使用。

校对量规的尺寸公差取被校对轴用量规制造公差的 $\frac{1}{2}$,校对量规的形状公差应控制在其尺寸公差带内。由于校对量规精度高,制造困难,因此在实际生产中通常用量块或计量器具代替校对量规。

6.5　工作量规的设计

6.5.1　工作量规的设计步骤

工作量规的设计步骤是：

(1)根据被检工件的尺寸大小和结构特点等因素选择量规结构形式。

(2)根据被检工件的基本尺寸和公差等级查出量规的制造公差 T 值和位置要素 Z 值,画量规公差带图,计算量规工作尺寸的上、下极限偏差。

(3)确定量规结构尺寸,计算量规工作尺寸,绘制量规工作图,标注尺寸及技术要求。

6.5.2　量规的结构形式

光滑极限量规的结构形式很多,图 6-5、图 6-6 分别给出了几种常用的轴用和孔用量规的结构形式及适用范围,供设计时选用。更详细的内容可参见 GB/T 10920—2008《螺纹量规和光滑极限量规　形式和尺寸》及有关资料。

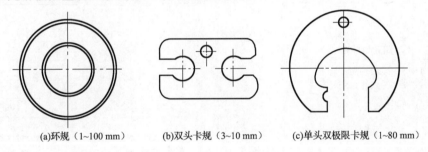

(a)环规（1~100 mm）　　(b)双头卡规（3~10 mm）　　(c)单头双极限卡规（1~80 mm）

图 6-5　轴用量规的结构形式及适用范围

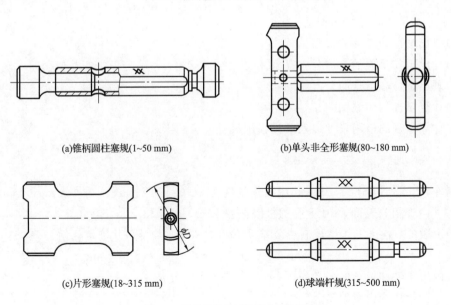

(a)锥柄圆柱塞规(1~50 mm)　　　　　(b)单头非全形塞规(80~180 mm)

(c)片形塞规(18~315 mm)　　　　　(d)球端杆规(315~500 mm)

图 6-6　孔用量规的结构形式及适用范围

6.5.3 量规的技术要求

1. 量规材料

量规测量面的材料与硬度对量规的使用寿命有一定的影响。量规可用合金工具钢（如 CrMn、CrMnW、CrMoV 钢）、碳素工具钢（如 T10A、T12A 钢）、渗碳钢（如 15、20 钢）及其他耐磨材料（如硬质合金）等材料制造。手柄一般用 Q235 钢、LY11 铝等材料制造。量规测量面硬度为 58～65HRC，并应经过稳定性处理。

2. 几何公差

国家标准规定了 IT6～IT16 级工件的量规公差。量规的几何公差一般为量规制造公差的 50%。考虑到制造和测量的困难，当量规的尺寸公差小于 0.002 mm 时，其几何公差仍取 0.001 mm。

3. 表面粗糙度

量规测量面不应有锈迹、毛刺、黑斑、划痕等明显影响外观和使用质量的缺陷。量规测量表面的表面粗糙度参数 Ra 值见表 6-7。

表 6-7　　　　　　　　　　　量规测量表面的表面粗糙度 Ra　　　　　　　　　　　　μm

工作量规	被检工件的公称尺寸/mm		
	≤120	>120～315	>315～500
IT6 级孔用量规	≤0.025	≤0.05	≤0.1
IT6～IT9 级轴用量规 IT7～IT9 级孔用量规	≤0.05	≤0.1	≤0.2
IT10～IT12 级孔/轴用量规	≤0.1	≤0.2	≤0.3
IT13～IT16 级孔/轴用量规	≤0.2	≤0.4	≤0.4

6.5.4 量规工作尺寸的计算

量规工作尺寸的计算步骤是：

(1)查出被检验工件的极限偏差。

(2)查出工作量规的制造公差 T 值和位置要素 Z 值，并确定量规的几何公差。

(3)画出工件和量规的公差带图。

(4)计算量规的极限偏差。

(5)计算量规的极限尺寸以及磨损极限尺寸。

6.5.5 量规设计应用举例

【例 6-5】 设计检验 $\phi30H8$ 孔用工作量规。

解 (1)查相关表得 $\phi30H8$ 孔的极限偏差 ES＝＋0.033 mm，EI＝0。

(2)由表 6-6 查出工作量规制造公差 T 值和位置要素 Z 值，并确定几何公差

$$T=0.003\ 4\ \text{mm}, Z=0.005\ \text{mm}, T/2=0.001\ 7\ \text{mm}$$

(3)画出工件和量规的公差带图，如图 6-7 所示。

(4)计算量规的极限偏差

通规"T"：上极限偏差＝EI＋Z＋$T/2$＝ 0 ＋ 0.005 ＋ 0.001 7 ＝ ＋ 0.006 7 mm

下极限偏差＝EI＋Z－T/2＝0 ＋0.005－0.001 7＝＋0.003 3 mm

磨损极限偏差＝EI＝0

止规"Z"：上极限偏差＝ES＝＋0.033 mm

下极限偏差＝ES－T＝＋0.033－0.003 4＝＋0.029 6 mm

（5）计算量规的极限尺寸和磨损极限尺寸

通规：　上极限尺寸＝30＋0.006 7＝30.006 7 mm

下极限尺寸＝30＋0.003 3＝30.003 3 mm

磨损极限尺寸＝30 mm

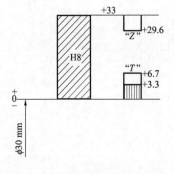

图 6-7　孔用工作量规公差带图

所以塞规的通规尺寸为 $\phi 30^{+0.006\,7}_{+0.003\,3}$ mm，一般在图样上按工艺尺寸标注为 $\phi 30.006\,7^{\ 0}_{-0.003\,4}$ mm。

止规：　上极限尺寸＝30＋0.033＝30.033 mm

下极限尺寸＝30＋0.029 6＝30.029 6 mm

所以塞规的止规尺寸为 $\phi 30^{+0.033\,0}_{+0.029\,6}$ mm，同理按工艺尺寸标注为 $\phi 30.033^{\ 0}_{-0.003\,4}$ mm。

上述计算结果列于表 6-8。

表 6-8　　　　　　　　　　量规工作尺寸的计算结果　　　　　　　　　　mm

被检工件	量规种类		量规极限偏差		量规极限尺寸		通规磨损极限尺寸	量规工作尺寸的标注
			上极限偏差	下极限偏差	上极限尺寸	下极限尺寸		
$\phi 30H8$	塞规	通规	＋0.006 7	＋0.003 3	$\phi 30.006\,7$	$\phi 30.003\,3$	$\phi 30$	$\phi 30.006\,7^{\ 0}_{-0.003\,4}$
		止规	＋0.033 0	＋0.029 6	$\phi 30.033\,0$	$\phi 30.029\,6$	—	$\phi 30.033^{\ 0}_{-0.003\,4}$

在使用过程中，量规的通规不断磨损，通规尺寸可以小于 30.003 3 mm，但当其尺寸接近磨损极限尺寸 30 mm 时，就不能再作为工作量规，而只能转为验收量规使用；当通规尺寸磨损到 30 mm 时，通规应报废。

（6）**按量规的常用形式绘制并标注量规图样**

绘制量规的工作图样，就是把设计结果通过图样表示出来，从而为量规的加工制造提供技术依据。本例中孔用量规选用锥柄双头塞规，如图 6-6（a）所示。

习　题

6-1　试述光滑极限量规的分类。

6-2　量规的通规和止规按工件的哪个实体尺寸制造？各控制工件的什么尺寸？

6-3　用量规检测工件时，为什么总是成对使用？被检验工件合格的标志是什么？

6-4　为什么要制定泰勒原则，其具体内容有哪些？

6-5　量规的通规除制造公差外，为什么要规定允许的最小磨损量与磨损极限？

6-6　在实际应用中是否可以偏离泰勒原则？

6-7　计算 $\phi 45G7/h6$ 孔用和轴用工作量规的工作尺寸，并画出量规公差带图。

第 7 章

滚动轴承的公差与配合

学习目的及要求

✦ 了解滚动轴承内、外径公差带及其特点

✦ 理解配合件公差的选用及其与一般圆柱体公差配合的区别

✦ 掌握按负荷的大小和性质对轴承的负荷进行分类的方法

✦ 掌握按负荷的大小和性质选择轴承配合的方法

工程机械中，轴的支撑大多采用滚动轴承作为支撑件。那么，如何确定轴承与轴颈和外壳孔的配合？选择时需要注意什么问题？各种轴承精度适用的场合是什么？

滚动轴承是具有互换性的标准件，作为轴的支撑部件，其应用范围广泛。滚动轴承一般是由内圈、外圈、滚动体（球、圆柱、圆锥等）、保持架等组成，图 7-1 所示为滚动轴承的结构。

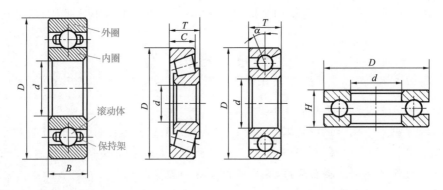

图 7-1　滚动轴承的结构

合理选用滚动轴承内圈与轴颈、外圈与外壳孔的配合，是保证滚动轴承具有良好的旋转精度、可靠的工作性能以及合理寿命的前提。为了保证滚动轴承与外部件的配合、正确选用轴承的类型和精度等级,国家制定了滚动轴承公差与配合相关的标准:GB/T 275—93《滚动轴承与轴和外壳的配合》、GB/T 307.1—2005《滚动轴承　向心轴承　公差》、GB/T 307.3—2005《滚动轴承　通用技术规则》等。

7.1　滚动轴承的公差等级

滚动轴承按承受载荷方向不同,分成向心轴承(主要承受径向载荷)和推力轴承(主要承受轴向载荷)。滚动轴承按尺寸公差与旋转精度分级。滚动轴承的尺寸精度包括轴承内、外径及轴承宽度等的制造精度。滚动轴承的旋转精度主要有轴承内、外圈的径向跳动,成套轴承内、外圈端面对滚道的跳动,内圈基准端面对内孔的跳动等。向心轴承(圆锥滚子轴承除外)分为 0,6,5,4,2 五级;圆锥滚子轴承分为 0,6X,5,4,2 五级;推力轴承分为 0,6,5,4 四级。轴承精度等级代号用字母"P"和数字的组合表示。P0,P6(P6X),P5,P4,P2 分别表示轴承精度为 0,6,5,4 和 2 级。

P0 级轴承是普通级轴承,在机械中应用最广,一般用在旋转精度要求不高的机械中,例如普通车床的变速及进给机构中的轴承、汽车的变速机构的轴承、普通减速器的轴承。P0 级轴承在产品和图样上不用标注其精度等级。

6 级和 5 级轴承属于中级和较高级精度轴承,主要用在转速和旋转精度要求较高的机构中。例如,普通车床主轴的后支撑用 6 级、前支撑用 5 级精度的轴承。

4 级和 2 级轴承分属高级和精密级轴承,多用于转速很高或要求旋转精度很高的精密机械中的轴的支撑。例如,高精度的磨床和车床、精密螺纹车床和齿轮磨床的主轴选用 4 级轴承,精密坐标镗床、高精度齿轮磨床和数控机床的主轴用 2 级轴承作为轴系的支撑。

7.2　滚动轴承内径和外径的公差带及其特点

国家标准 GB 307.1—2005 对向心轴承内径 d 和外径 D 规定了两种尺寸公差。滚动轴承内外圈均为薄壁件,在自由状态下容易变形,所以规定了单一径向平面内的平均直径偏差,内径的平均直径偏差用 Δ_{dmp} 表示,外径的平均直径偏差用 Δ_{Dmp} 表示。另一种轴承的尺寸公差是单一径向平面的直径偏差,内径偏差用 Δ_{ds} 表示,外径直径偏差用 Δ_{Ds} 表示。规定尺寸偏差的目的是保证轴承与轴、壳体孔配合的尺寸精度和控制轴承的变形程度。所有精度的轴承均给出了平均直径偏差,直径偏差只对高精度的 2,4 级轴承做出规定。表 7-1 给出了向心轴承(不包括圆锥滚子轴承)内径和外径公差。

表 7-1　向心轴承(圆锥滚子轴承除外)公差(GB/T 307.1—2005)

内圈 外形尺寸公差/μm，宽度技术条件，旋转精度/μm（上极限偏差均为 0）

基本内径/mm		内径 Δdmp 下极限偏差					Δds 下极限偏差		宽度 Δbs 下极限偏差	Kia max					Sd max			Sia max		
超过	到	0	6	5	4	2	4	2	0,6,5,4,2	0	6	5	4	2	5	4	2	5	4	2
18	30	−10	−8	−6	−5	−2.5	−5	−2.5	−120	13	8	4	3	2.5	8	4	1.5	8	4	2.5
30	50	−12	−10	−8	−6	−2.5	−6	−2.5	−120	15	10	5	4	2.5	8	4	1.5	8	4	2.5
50	80	−15	−12	−9	−7	−4	−7	−4	−150	20	10	5	4	2.5	8	5	1.5	8	5	2.5
80	120	−20	−15	−10	−8	−5	−8	−5	−200	25	13	6	5	2.5	9	5	2.5	9	5	2.5
120	150	−25	−18	−13	−10	−7	−10	−7	−250	30	18	8	6	2.5	10	6	2.5	10	7	2.5
150	180	−25	−18	−13	−10	−7	−10	−7	−250	30	18	8	6	5	10	6	4	10	7	5
180	250	−30	−22	−15	−12	−8	−12	−8	−300	40	20	10	8	5	11	7	5	13	8	5

（上极限偏差栏 Δdmp、Δds、Δbs 均为 0；宽度 Δbs 各等级 0,6,5,4,2 下极限偏差相同）

外圈 外形尺寸公差/μm，宽度技术条件，旋转精度/μm（上极限偏差均为 0）

基本外径/mm		外径 ΔDmp 下极限偏差					ΔDs 下极限偏差		宽度 ΔCs, ΔC1s	Kea max					SD, SD1 max			Sea max			Seal max		
超过	到	0	6	5	4	2	4	2	0,6,5,4,2	0	6	5	4	2	5	4	2	5	4	2	5	4	2
30	50	−11	−9	−7	−6	−4	−6	−4	与同一轴承内圈的 ΔBs 相同	20	10	7	5	2.5	8	4	1.5	8	5	2.5	11	7	4
50	80	−13	−11	−9	−7	−4	−7	−4		25	13	8	5	4	8	4	1.5	10	5	4	14	7	6
80	120	−15	−13	−10	−8	−5	−8	−5		35	18	10	6	5	9	5	2.5	11	6	5	16	8	7
120	150	−18	−15	−11	−9	−5	−9	−5		40	20	11	7	5	10	5	2.5	13	7	5	18	10	7
150	180	−25	−18	−13	−10	−7	−10	−7		45	23	13	8	5	10	5	2.5	14	8	5	20	11	7
180	250	−30	−20	−15	−11	−8	−11	−8		50	25	15	10	7	11	7	4	15	10	7	21	14	10
250	315	−35	−25	−18	−13	−8	−13	−8		60	30	18	11	7	13	8	5	18	10	7	25	14	10

（上极限偏差栏 ΔDmp、ΔDs 均为 0）

轴承内、外径尺寸公差的特点是所有公差等级的公差都单向配置在零线下方，即上极限偏差为零，下极限偏差为负值。图 7-2 是各级精度的滚动轴承单一径向平面内平均内、外径的公差带示意图。

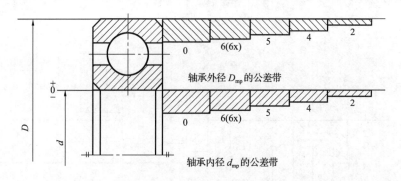

图 7-2　滚动轴承单一径向平面平均内、外径的公差带

从图 7-2 可以看出，轴承内径和外径的上极限偏差均为零，下极限偏差均为负值。滚动轴承是标准件，轴承内圈和外圈分别作为基准孔和基准轴。国家标准中规定，基准孔公差带的下极限偏差等于零，但轴承内圈公差带是其上极限偏差为零。因此，滚动轴承的内圈公差带与轴颈公差带构成配合时，在一般基孔制中原属过渡配合将变为过盈配合，如 k5，k6，m5，m6，n6 等轴的公差带与一般基准孔 H 配合时是过渡配合，在与轴承内圈配合时则为过盈配合；在一般基孔制中原属间隙配合将变为过渡配合，如 h5，h6，g5，g6 等轴颈公差带与一般基准孔 H 的配合是间隙配合，而在与轴承内圈配合时变为过渡配合。也就是说，滚动轴承内圈与轴颈的配合与《极限与配合》中的同名配合要偏紧些。轴承外径公差带由于公差值不同于一般基准轴，是一种特殊公差带，与基轴制中的同名配合的配合性质相似，但在间隙或过盈量上是不同的，选择时要给予注意。

7.3　滚动轴承与轴和外壳孔的配合及其选择

7.3.1　与轴承相配合的轴颈和外壳孔的公差带

滚动轴承内、外圈需分别安装到轴和外壳孔上，它们之间需要选择适当的配合，GB/T 273—93国家标准对滚动轴承与轴和外壳孔的配合做出了相应的规定。图 7-3 所示为与滚动轴承内圈配合的轴颈的常用公差带，共有 17 种；图 7-4 所示为与滚动轴承外圈配合的外壳孔的常用公差带，共有 16 种。

7.3.2　选择滚动轴承与轴颈、外壳孔配合时应考虑的主要因素

图 7-3、图 7-4 中的轴承与轴颈和外壳孔配合的常用公差带各有十余种，具体选择时应考虑以下几个因素：

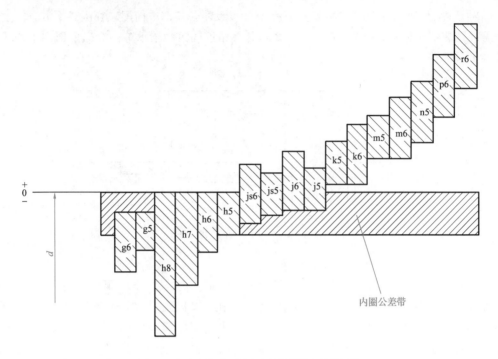

图 7-3　与滚动轴承内圈配合的轴颈的常用公差带

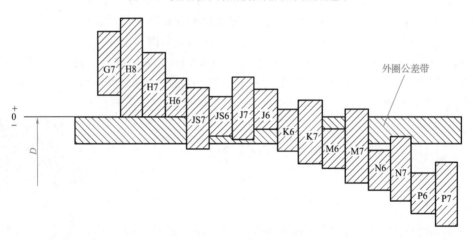

图 7-4　与滚动轴承外圈配合的外壳孔的常用公差带

1.轴承套圈相对于负荷的状况

在大多数情况下,轴承的内圈与轴一起旋转,外圈不旋转,如减速器上的轴承。汽车轮轴上的轴承则是外圈旋转,内圈固定。旋转的轴承套圈称动圈,不转动的轴承套圈为静圈。轴承套圈相对于负荷方向旋转(如减速器上的轴承内圈和汽车车轮上的轴承外圈),随着轴承套圈(动圈)的转动,负荷依次作用在轴承套圈的各个部位上,这时套圈所受的负荷为旋转负荷。为了防止轴承动圈与其配合件(轴颈或外壳孔)之间相互滑动而产生磨损,两者之间应选择过盈配合或可以得到平均过盈的过渡配合,如可选择 k5,k6,m5,m6

等轴颈的公差带,外壳孔的公差带选择 N6,N7,P6,P7 等。轴承固定不动的套圈,其所受的负荷为固定负荷。套圈受固定负荷时,负荷集中作用在轴承套圈的某一很小的局部区域,在套圈局部区域上的滚道容易产生磨损。为了使固定套圈能在摩擦力矩的带动下缓慢转动,使套圈滚道各部分均匀磨损及使轴承装拆方便,相对于负荷方向固定的套圈(静圈)应选择间隙配合或可以得到平均间隙的过渡配合,如选择 H7,JS7 等作为外壳孔的公差带,轴颈的公差带选择 g6,g5,h6 等。

摆动负荷是指轴承转动时,作用于轴承上的固定径向负荷(如齿轮力)与旋转的径向负荷(如离心力)所合成的径向负荷依次反复作用在固定套圈的局部区域上的一种负荷。轴承套圈承受摆动负荷时,与套圈受转动负荷的情况类似,应选择过盈配合或过渡配合,但可稍松些。

轴承的组合设计中,为防止长度较长的轴工作一段时间后受温度影响而伸长,应将轴承设计成一端固定,一端游动。当以不可分离型轴承为游动支撑时(如深沟球轴承),则应以相对于负荷方向为固定的套圈作为游动套圈,轴承套圈与配合件应选择间隙或过渡配合。

2. 负荷大小

向心轴承负荷的大小用径向当量动负荷 P_r 与径向基本额定动负荷 C_r 的比值区分。当量动负荷 P_r 通过轴承受力分析经计算得到,不同型号轴承的 C_r 值可查轴承手册得到。$P_r/C_r \leqslant 0.07$ 的负荷称为轻负荷,$0.07 < P_r/C_r \leqslant 0.15$ 的负荷称为正常负荷,$P_r/C_r > 0.15$ 的负荷称为重负荷。承受重负荷或冲击负荷的套圈,容易产生变形、使配合面受力不均匀而引起配合松动。因此,应选较紧的配合,负荷越大,配合过盈越大。承受较轻负荷的轴承,可选较松的配合。旋转的内圈受重负荷时,其配合轴颈的公差带可选 n6,p6 等;轴承受正常负荷时,轴颈的公差带可选 k5,m5 等。

3. 公差等级的选择

轴承与轴颈和外壳孔配合的公差等级与轴承精度有关。与 P0、P6(P6X)级轴承相配合的轴颈公差等级一般取 IT6 级,外壳孔公差等级一般取 IT7 级。对旋转精度和运转平稳性有较高要求的场合,应选用较高精度的轴承,同时与轴承配合部位也应提高相应精度。

4. 其他因素的影响

影响滚动轴承配合选用的因素很多,在选择轴承配合时应考虑轴承游隙、轴承的工作温度、轴承尺寸、轴和轴承座的材料、支撑安装和调整性能等方面的影响。如滚动轴承在温度高于 100 ℃环境中,轴承内圈的配合将变松,外圈配合将变紧,在选择配合时要给予注意;采用剖分式的轴承座孔时,为避免轴承的外圈装配到座孔后产生椭圆形变形,应采用较松的配合。随着轴承尺寸的增大,选择的过盈配合过盈量应增大、间隙配合的间隙量应增大。采用过盈配合会导致轴承游隙的减小,应检验安装后轴承的游隙是否满足使用要求,以便正确选择配合及轴承游隙。

根据上述等因素,选择向心轴承和轴、外壳孔的配合可分别参考表 7-2 和表 7-3。

表 7-2 　　　　向心轴承和轴的配合　轴公差带代号（摘自 GB/T 275—93）

运转状态		负荷状态	深沟球轴承、调心球轴承和角接触轴承	圆柱滚子轴承和圆锥滚子轴承	调心滚子轴承	公差带
说　明	示　例		轴承公称内径/mm			
旋转的内圈负荷及摆动负荷	一般通用机械、电动机、机床主轴、泵、内燃机、直齿轮传动装置、铁路机车车辆轴箱、破碎机等	轻负荷	≤18	—	—	h5
			>18~100	≤40	≤40	j6①
			>100~200	>40~140	>40~100	k6①
			—	>140~200	>100~200	m6①
		正常负荷	≤18	—	—	j5,js5
			>18~100	≤40	≤40	k5②
			>100~140	>40~100	>40~65	m5②
			>140~200	>100~140	>65~100	m6
			>200~280	>140~200	>100~140	n6
			—	>200~400	>140~280	p6
			—	—	>280~500	r6
		重负荷		>50~140	>50~100	n6
				>140~200	>100~140	p6③
				>200	>140~200	r6
				—	>200	r7
固定的内圈负荷	静止轴上的各种轮子，张紧滑轮、振动筛、惯性振动器	所有负荷	所有尺寸			f6
						g6①
						h6
						j6
仅有轴向负荷			所有尺寸			j6,js6

圆锥孔轴承

所有负荷	铁路机车车辆轴箱	装在退卸套上的所有尺寸	h8(IT6)⑤④
	一般机械传动	装在紧定套上的所有尺寸	h9(IT7)⑤④

注：①凡对精度有较高要求的场合，应用 j5,k5……代替 j6,k6……；
②圆锥滚子轴承、角接触球轴承配合对游隙影响不大，可用 k6,m6 代替 k5,m5；
③重负荷下轴承游隙应选大于 0 组；
④凡有较高精度或转速要求的场合，应选用 h7(IT5)代替 h8(IT6)等；
⑤IT6,IT7 表示圆柱度公差数值。

表 7-3　　　向心轴承和外壳孔的配合　孔公差带代号（摘自 GB/T 275—93）

运转状态		负荷状态	其他状况	公差带①	
说　明	举　例			球轴承	滚子轴承
固定的外圈负荷	一般机械、铁路机车车辆轴箱、电动机、泵、曲轴主轴承	轻、正常、重	轴向易移动,可采用剖分式外壳	H7,G7②	
		冲击	轴向能移动,可采用整体式或剖分式外壳	J7,JS7	
摆动负荷		轻、正常			
		正常、重		K7	
		冲击		M7	
旋转的外圈负荷	张紧滑轮轮毂轴承	轻	轴向不移动,采用整体式外壳	J7	K7
		正常		K7,M7	M7,N7
		重		—	N7,P7

注：①并列公差带随尺寸的增大从左至右选择,对旋转精度有较高的要求时,可相应提高一个公差等级;
②不适用于剖分式外壳。

7.4　配合表面的相关技术要求

　　轴承的内、外圈为薄壁件,轴颈和外壳孔表面的形状偏差会映射到轴承的内、外圈上。因此,要规定与轴承相结合件的圆柱度公差。另外,轴肩及外壳孔肩对其轴线如果不垂直,会造成轴承偏斜,影响轴承的旋转精度,所以应规定轴肩和外壳孔肩的端面圆跳动公差。轴和外壳孔的几何公差见表 7-4,具体的标注部位和公差项目见图 7-5。为了保证轴承与轴颈、外壳孔的配合性质,轴颈、外壳孔应采用包容要求的公差原则,同一轴上安装轴承的两轴颈部位应规定其对自身公共轴线的同轴度公差,支撑轴承的两个轴承孔也应规定同轴度公差。

表 7-4　　　　　轴和外壳孔的几何公差（摘自 GB/T 275—93）　　　　　　μm

公称尺寸/mm		圆柱度 t				轴向圆跳动 t_1			
		轴　颈		外壳孔		轴　肩		外壳孔肩	
		轴承公差等级							
		0	6(6X)	0	6(6X)	0	6(6X)	0	6(6X)
超　过	到	公差值/μm							
	6	2.5	1.5	4	2.5	5	3	8	5
6	10	2.5	1.5	4	2.5	6	4	10	6
10	18	3.0	2.0	5	3.0	8	5	12	8
18	30	4.0	2.5	6	4.0	10	6	15	10

续表

公称尺寸/mm		圆柱度 t				端面圆跳动 t_1			
		轴 颈		外壳孔		轴 肩		外壳孔肩	
		轴承公差等级							
		0	6(6X)	0	6(6X)	0	6(6X)	0	6(6X)
超 过	到	公差值/μm							
30	50	4.0	2.5	7	4.0	12	8	20	12
50	80	5.0	3.0	8	5.0	15	10	25	15
80	120	6.0	4.0	10	6.0	15	10	25	15
120	180	8.0	5.0	12	8.0	20	12	30	20
180	250	10.0	7.0	14	10.0	20	12	30	20
250	315	12.0	8.0	16	12.0	25	15	40	25
315	400	13.0	9.0	18	13.0	25	15	40	25
400	500	15.0	10.0	20	15.0	25	15	40	25

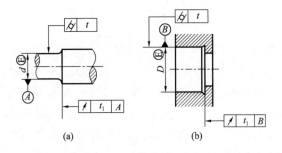

(a)　　　　　　　(b)

图 7-5　与轴承配合面及端面的几何公差

若与滚动轴承配合的轴颈和外壳孔的表面粗糙度达不到要求,则在装配后会使理论过盈量减小。为了保证轴承的工作性能,规定了两者的表面粗糙度要求。表 7-5 是与轴承配合面的表面粗糙度的限定值。

表 7-5　　　　　　　配合面的表面粗糙度(摘自 GB/T 275—93)　　　　　　μm

轴或轴承座直径/mm		轴或外壳配合表面直径公差等级								
		IT7			IT6			IT5		
		表面粗糙度/μm								
超 过	到	Rz	Ra		Rz	Ra		Rz	Ra	
			磨	车		磨	车		磨	车
	80	10	1.6	3.2	6.3	0.8	1.6	4	0.4	0.8
80	500	16	1.6	3.2	10	1.6	3.2	6.3	0.8	1.6
端面		25	3.2	6.3	25	3.2	6.3	10	1.6	3.2

7.5　应用示例

轴承的公差与配合的选择应包括轴承精度等级的选择、轴承与轴颈及外壳孔配合的公差带确定、与轴承配合面的形位公差及表面粗糙度的选择等方面。

【例 7-1】　单级圆柱齿轮减速器输出轴装有一对 7210AC 轴承,已知输出轴转速为 80 r/min,箱体为剖分式结构。试确定该滚动轴承的公差等级、滚动轴承与轴颈和外壳孔配合的公差带及与轴承配合面的表面粗糙度。

解　(1)7210AC 轴承是角接触球轴承,轴承外径 $D = 90$ mm,内径 $d = 50$ mm。轴的转速较低,轴承精度可选用 0 级。

(2)由于轴承内圈随轴旋转,内圈受旋转负荷,因此轴承内圈与轴颈的配合应取过盈配合或过渡配合;外圈相对于负荷方向固定,它与外壳孔的配合应松些,取间隙配合或过渡配合。通过受力分析,计算出轴承的当量动负荷 $P_r = 2\,400$ N,查机械设计手册或轴承手册可知该型号的轴承的基本额定动负荷 $C_r = 40.8$ kN,$P_r/C_r = 0.06 < 0.07$,轴承所受负荷属于轻负荷。

(3)箱体是剖分结构,外圈与箱体孔的配合应比整体式箱体相应配合松一些。

(4)根据轴承的工作条件,按表 7-3 选择轴颈的公差带为 $\phi50j6$(基孔制配合);查表 7-4,外壳孔的公差带选择 $\phi90H7$(基轴制配合)。

(5)从表 7-1 查出 P0 级轴承的内圈的单一平面平均直径的上极限偏差=0,下极限偏差=-0.012 mm;查表 7-2,轴承外圈的单一平面平均直径的上极限偏差=0,下极限偏差=-0.015 mm。由公差与配合的孔、轴基本偏差表可知 $\phi90H7$ 孔的上、下极限偏差分别为 $ES = +0.035$,$EI = 0$,$\phi50j6$ 轴的上极限偏差 $es = +0.006$ mm,下极限偏差 $ei = -0.010$ mm。该轴承内圈与轴颈的配合为平均为过盈的过渡配合,最大间隙 $X_{max} = +0.010$ mm,最大过盈 $Y_{max} = -0.018$ mm,平均过盈 $Y_{av} = -0.004$ mm。该轴承外圈与外壳孔的配合为间隙配合,最大间隙 $X_{max} = +0.035$ mm,最小间隙 $X_{min} = 0$。该轴承的公差与配合如图 7-6 所示。

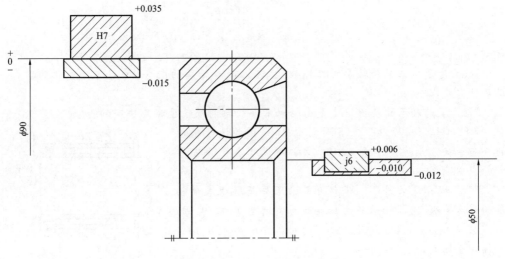

图 7-6　轴承公差与配合图解

(6)按表 7-5 选择轴颈和外壳孔的几何公差,轴颈和外壳孔的圆柱度公差分别为

0.004 mm 和 0.010 mm；轴肩和外壳孔肩的轴向圆跳动为 0.012 mm 和 0.025 mm。

与轴承配合面的表面粗糙度查表 7-6，轴颈 $Ra \leqslant 0.8\ \mu m$，轴肩 $Ra \leqslant 3.2\ \mu m$，外壳孔 $Ra \leqslant 1.6\ \mu m$，孔肩 $Ra \leqslant 3.2\ \mu m$。

轴承与轴颈、外壳孔的装配图如图 7-7(a)所示，图 7-7(b)和图 7-7(c)所示为外壳孔和轴颈公差标注。轴承是标准件，在装配图轴承外圈与外壳孔配合处只标注外壳孔的公差带代号，内圈与轴颈的配合配合处只标注轴颈的公差带代号。

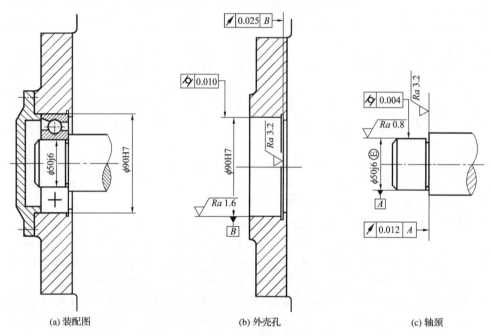

(a) 装配图   (b) 外壳孔   (c) 轴颈

图 7-7 轴承与轴颈、外壳孔的装配图及与轴承相配合的外壳孔、轴颈图样

习 题

7-1 为了保证滚动轴承的工作性能，其内圈与轴颈的配合、外圈与外壳孔的配合应满足什么要求？

7-2 滚动轴承的几何精度是由轴承本身的哪两项精度指标决定的？

7-3 GB/T 307.1—2005 对向心轴承、圆锥滚子轴承的公差等级分别规定了哪几级？试举例说明各个公差等级的应用范围。

7-4 试确定如图 7-8 所示的车床床头箱所用滚动轴承的精度等级、选择轴承与主轴轴颈和箱体孔的配合。轴承为深沟球轴承，内径和外径分别为 $\phi 55$ mm 和 $\phi 95$ mm，主轴转速较高，承受轻负荷。

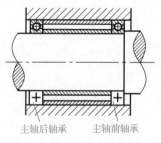

主轴后轴承   主轴前轴承

图 7-8 习题 7-4 图

第8章

键和花键的公差、配合与检测

学习目的及要求

✦ 了解键连接的作用、种类和特点

✦ 掌握平键的公差、配合及标注方法

✦ 了解矩形花键连接的定心方式,理解矩形花键的内、外花键的公差、配合及标注方法

8.1 概　述

键连接和花键连接为常用的可拆连接,通常用于轴和轴上传动件(如齿轮、带轮、链轮、联轴器等)之间的连接,以传递扭矩,也可用于轴上传动件的导向,如变速箱中变速齿轮花键孔与花键轴的连接。

键连接可分为单键连接和花键连接,具有结构简单、紧凑和装拆方便等优点。

单键按其结构形式不同又可分为平键(包括普通型平键、导向型平键、滑键)、半圆键、楔键(包括普通型楔键、钩头型楔键)和切向键四种,见表8-1。其中平键应用最为广泛。

表 8-1　　　　　　　　　　　　　　单键的类型

类　型		图　形	类　型		图　形
平键	普通型平键	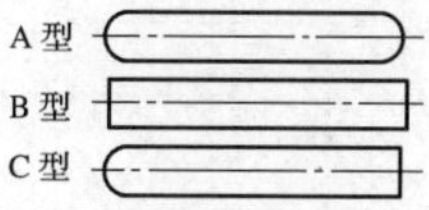 A型 B型 C型	半圆键		
	导向型平键	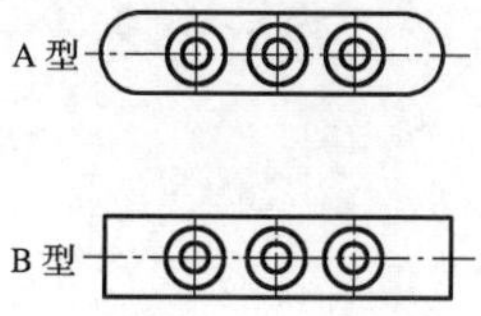 A型 B型	楔键	普通型楔键	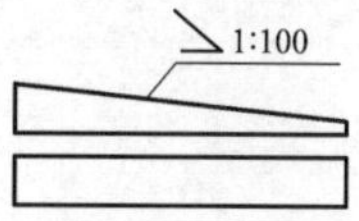 1:100
				钩头型楔键	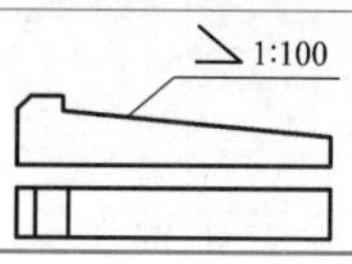 1:100

续表

类 型		图 形	类 型	图 形
平键	滑键		切向键	

花键按键齿形状可分为矩形花键、渐开线花键和三角形花键等,如图 8-1 所示。

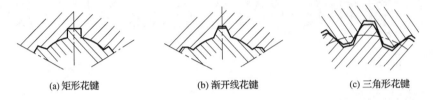

(a) 矩形花键　　　　　(b) 渐开线花键　　　　　(c) 三角形花键

图 8-1　花键连接的种类

本章只讨论平键和矩形花键的公差配合。

8.2　平键连接的公差配合与检测

8.2.1　平键连接的特点

平键连接包括轴键槽、轮毂键槽和键三部分,如图 8-2 所示。它是通过键的侧面分别与轴键槽和轮毂键槽的侧面相互接触来传递运动和扭矩的,键的上表面和轮毂键槽间留有一定的间隙。因此,键宽和键槽宽 b 是决定配合性质的主要互换性参数,是配合尺寸,应规定较小的公差;而键的高度 h 和长度 L 以及轴键槽深度 t_1 和轮毂键槽深度 t_2 均为非配合尺寸,应给予较大的公差。普通型平键和键槽的尺寸与极限偏差见表 8-2。

为保证键与键槽侧面接触良好而又便于装拆,键和键槽配合的过盈量或间隙量应小。对于导向型平键,要求键与轮毂槽之间做相对滑动,并有较好的导向性,配合的间隙也要适当。此外,在键连接中,几何误差的影响较大,应加以限制。

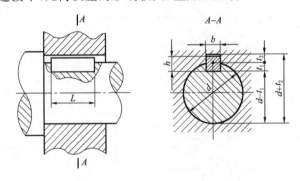

图 8-2　普通型平键、键槽的剖面尺寸

在设计平键连接时,可参考表 8-2 和表 8-3。

表 8-2　　　普通型平键和键槽的尺寸与极限偏差（摘自 GB/T 1095—2003）　　　　mm

键	键 槽										
键尺寸	宽度 b						深度				半径 r
	公称尺寸	极限偏差					轴 t_1		毂 t_2		
$b×h$		松连接		正常连接		紧密连接	公称尺寸	极限偏差	公称尺寸	极限偏差	
		轴 H9	毂 D10	轴 N9	毂 JS9	轴和毂 P9					min	max
4×4	4	+0.030 0	+0.078 +0.030	0 −0.030	± 0.015	−0.012 −0.042	2.5	+0.1 0	1.8	+0.1 0	0.08	0.16
5×5	5						3.0		2.3		
6×6	6						3.5		2.8		0.16	0.25
8×7	8	+0.036 0	+0.098 +0.040	0 −0.036	± 0.018	−0.015 −0.051	4.0		3.3		
10×8	10						5.0		3.3		
12×8	12						5.0		3.3		
14×9	14	+0.043 0	+0.120 +0.050	0 −0.043	± 0.021	−0.018 −0.061	5.5		3.8		0.25	0.40
16×10	16						6.0	+0.2 0	4.3	+0.2 0	
18×11	18						7.0		4.4		
20×12	20						7.5		4.9		
22×14	22	+0.052 0	+0.149 +0.065	0 −0.052	± 0.026	−0.022 −0.074	9.0		5.4		0.40	0.60
25×14	25						9.0		5.4		
28×16	28						10.0		6.4		

注：$(d-t_1)$ 和 $(d+t_2)$ 两组合尺寸的极限偏差按相应的 t_1 和 t_2 的极限偏差选取，但 $(d-t_1)$ 极限偏差选取负号（−）。

表 8-3　　　　普通型平键的尺寸与极限偏差（摘自 GB/T 1096—2003）　　　　mm

宽度 b	公称尺寸	4	5	6	8	10	12	14	16	18	20	22	25	28
	极限偏差（h8）	0 −0.018			0 −0.022			0 −0.027			0 −0.033			
高度 h 极限偏差	公称尺寸	4	5	6	7	8	9	10	11	12	14	16		
	矩形（h11）	—			0 −0.090					0 −0.110				
	方形（h8）	0 −0.018			—									

8.2.2　平键连接的公差带和配合

1. 配合尺寸的公差带和配合种类

由于平键为标准件，国家标准对键宽规定了一种公差带，代号为 h8，所以键与键槽的配合均采用基轴制，可以通过改变键槽的公差带来实现不同的配合性质。

国家标准 GB/T 1095—2003《平键　键槽的剖面尺寸》对轴键槽宽规定了三种公差带，代号分别为 H9、N9、P9；对轮毂键槽宽也规定了三种公差带，代号分别为 D10、JS9、P9。键宽和键槽宽 b 的公差带图如图 8-3 所示。分别构成松连接、正常连接和紧密连接三种不同配合，以满足不同的使用要求。平键连接的三种配合及应用见表 8-4。

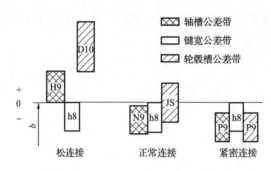

图 8-3　普通型平键和键槽宽度的公差带

表 8-4　　　　　　　　　　普通型平键连接的三种配合及应用

连接类型	尺寸 b 的公差带			应　用
	键	轴槽	轮毂槽	
松		H9	D10	用于导向平键,轮毂可在轴上移动
正常	h8	N9	JS9	键固定在轴槽和轮毂槽中,用于载荷不大的场合
紧密		P9	P9	键牢固地固定在轴槽和轮毂槽中,用于载荷较大、有冲击和双向扭矩的场合

2. 非配合尺寸的公差带

平键连接的非配合尺寸中,轴键槽深 t_1 和轮毂键槽深 t_2 的公差带由国家标准 GB/T 1095—2003 规定,见表 8-2。键高 h 的公差带为 h11,对于正方形截面的平键,键高和键宽相等,都选用 h8。键长 L 的公差带为 h14,轴键槽长度的公差带为 H14。为了便于测量,在图样上对轴槽深 t_1 和轮毂槽深 t_2 分别标注尺寸"$d-t_1$"和"$d+t_2$"(d 为孔和轴的公称尺寸)。

8.2.3　平键连接的几何公差和表面粗糙度的选用及图样标注

为了保证键和键槽的侧面具有足够的接触面积和避免装配困难,国家标准对键和键槽的几何公差作了以下规定:

(1)由于键槽的实际中心平面在径向产生偏移和轴向产生倾斜,造成了键槽的对称度误差,应分别规定轴槽和轮毂槽对轴线的对称度公差。对称度公差等级按国家标准 GB/T 1184—1996执行,一般取 7~9 级。

(2)当平键的键长 L 与键宽 b 之比大于或等于 8 时,应规定键宽 b 的两工作侧面在长度方向上的平行度要求。当 $b \leqslant 6$ mm 时,公差等级取 7 级;当 $8 \leqslant b \leqslant 36$ mm 时,公差等级取 6 级;当 $b \geqslant 40$ mm 时,公差等级取 5 级。

(3)键槽配合的表面粗糙度参数值一般取 $1.6 \sim 3.2$ μm,非配合面的值一般取$6.3 \sim 12.5$ μm。

键槽尺寸和几何公差图样标注如图 8-4 所示。

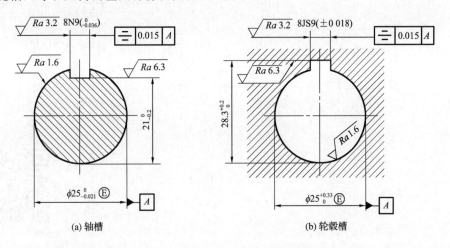

(a) 轴槽 (b) 轮毂槽

图 8-4 键槽尺寸和几何公差标注示例

8.2.4 平键的检测

对于平键连接,需要检测的项目有:键宽、轴键槽和轮毂键槽的宽度、深度及槽的对称度。

键和槽宽为单一尺寸,在单件小批量生产时,一般采用通用计量器具(如千分尺、游标卡尺等)测量;在大批量生产时,用极限量规控制,如图 8-5(a)所示。

1. 轴键槽和轮毂键槽深

在单件小批量生产时,一般用游标卡尺或外径千分尺测量轴尺寸($d-t_1$),用游标卡尺或内径千分尺测量轮毂尺寸($d+t_2$)。在大批量生产时,用专用量规,如轮毂键槽深度极限量规和轴键槽深度极限量规,如图 8-5(b)、图 8-5(c)所示。

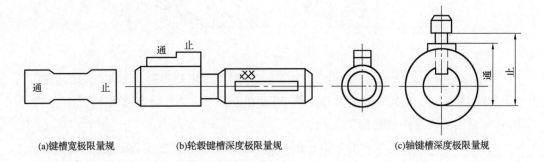

(a)键槽宽极限量规 (b)轮毂键槽深度极限量规 (c)轴键槽深度极限量规

图 8-5 键槽尺寸量规

2. 键槽对称度

在单件小批量生产时,可用分度头、V 形块和百分表测量。在大批量生产时一般用综合量规检验,如对称度极限量规,只要量规通过即为合格,如图 8-6 所示。

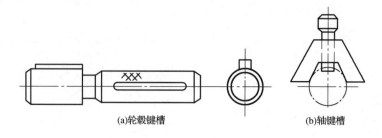

(a)轮毂键槽　　　　(b)轴键槽

图 8-6　键槽对称度量规

8.3　花键连接的公差配合与检测

8.3.1　花键连接的特点

花键连接是通过花键孔和花键轴作为连接件以传递扭矩和轴向移动的。与平键连接相比，它具有定心精度高、导向性好等优点。同时，由于键数目的增加，键与轴连接成一体，轴和轮毂上承受的载荷分布比较均匀，因而可以传递较大的扭矩，连接强度高，连接也更可靠。花键可用于固定连接，也可用于滑动连接，在机械结构中应用较多。

8.3.2　矩形花键的主要参数和定心方式

矩形花键连接的主要要求是保证内、外花键具有较高的同轴度，并传递较大的扭矩。矩形花键有大径 D、小径 d、键（键槽）宽 B 三个主要尺寸参数，如图 8-7 所示。

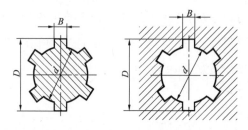

图 8-7　矩形花键的主要参数

矩形花键具有大径、小径和侧面三个结合面，为了简化花键的加工工艺，提高花键的加工质量，保证装配的定心精度和稳定性，通常在上述三个结合面中选取一个作为定心表面，依此确定花键连接的配合性质。

实际生产中，大批量生产的花键孔主要采用拉削加工方式加工，花键孔的加工质量主要由拉刀来保证。如果采用大径定心，生产中当花键孔要求硬度较高时，热处理后花键孔变形就很难用拉刀进行修正；此外，对于定心精度和表面粗糙度要求较高的花键，拉削工艺也很难保证加工的质量要求。

如果采用小径定心，热处理后的花键孔小径变形可通过内圆磨削进行修复，使其具有更高的尺寸精度和更小的表面粗糙度;同时花键轴的小径也可通过成形磨削达到所要求的精度。因此,为保证花键连接具有较高的定心精度、较好的定心稳定性、较长的使用寿命,国家标准规定采用小径定心,如图 8-8 所示。

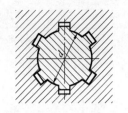

图 8-8 矩形花键连接的定心方式

为了便于加工和测量,国家标准规定矩形花键的键数为偶数,有 6,8,10 三种,沿圆周均匀分布。按承载能力不同,矩形花键可分为轻、中两个系列。轻系列的键高尺寸较小,承载能力较低;中系列的键高尺寸较大,承载能力较强。矩形花键的公称尺寸见表 8-5。

表 8-5 矩形花键公称尺寸系列(摘自 GB/T 1144—2001) mm

小径 d	轻 系 列				中 系 列			
	规 格 ($N \times d \times D \times B$)	键数 N	大径 D	键宽 B	规 格 ($N \times d \times D \times B$)	键数 N	大径 D	键宽 B
11					$6 \times 11 \times 14 \times 3$	6	14	3
13					$6 \times 13 \times 16 \times 3.5$	6	16	3.5
16					$6 \times 16 \times 20 \times 4$	6	20	4
18					$6 \times 18 \times 22 \times 5$	6	22	5
21					$6 \times 21 \times 25 \times 5$	6	25	5
23	$6 \times 23 \times 26 \times 6$	6	26	6	$6 \times 23 \times 28 \times 6$	6	28	6
26	$6 \times 26 \times 30 \times 6$	6	30	6	$6 \times 26 \times 32 \times 6$	6	32	6
28	$6 \times 28 \times 32 \times 7$	6	32	7	$6 \times 28 \times 34 \times 7$	6	34	7
32	$8 \times 32 \times 36 \times 6$	8	36	6	$8 \times 32 \times 38 \times 6$	8	38	6
36	$8 \times 36 \times 40 \times 7$	8	40	7	$8 \times 36 \times 42 \times 7$	8	42	7
42	$8 \times 42 \times 46 \times 8$	8	46	8	$8 \times 42 \times 48 \times 8$	8	48	8
46	$8 \times 46 \times 50 \times 9$	8	50	9	$8 \times 46 \times 54 \times 9$	8	54	9
52	$8 \times 52 \times 58 \times 10$	8	58	10	$8 \times 52 \times 60 \times 10$	8	60	10
56	$8 \times 56 \times 62 \times 10$	8	62	10	$8 \times 56 \times 65 \times 10$	8	65	10
62	$8 \times 62 \times 68 \times 12$	8	68	12	$8 \times 62 \times 72 \times 12$	8	72	12
72	$10 \times 72 \times 78 \times 12$	10	78	12	$10 \times 72 \times 82 \times 12$	10	82	12
82	$10 \times 82 \times 88 \times 12$	10	88	12	$10 \times 82 \times 92 \times 12$	10	92	12
92	$10 \times 92 \times 98 \times 14$	10	98	14	$10 \times 92 \times 102 \times 14$	10	102	14
102	$10 \times 102 \times 108 \times 16$	10	108	16	$10 \times 102 \times 112 \times 16$	10	112	16
112	$10 \times 112 \times 120 \times 18$	10	120	18	$10 \times 112 \times 125 \times 18$	10	125	18

8.3.3 矩形花键连接的公差和配合

1.矩形花键的公差与配合的种类

矩形花键的公差与配合可分为两种:一种为一般用途的矩形花键;另一种为精密传动的矩形花键。其内、外花键的尺寸公差带见表 8-6。

表 8-6 内、外花键的尺寸公差带(摘自 GB/T 1144—2001)

内 花 键				外 花 键			
d	D	B		d	D	B	装配形式
		拉削后不热处理	拉削后热处理				
一 般 用							
H7	H10	H9	H11	f7	a11	d10	滑动
				g7		f9	紧滑动
				h7		h10	固定
精 密 传 动 用							
H5	H10	H7、H9		f5	a11	d8	滑动
				g5		f7	紧滑动
				h5		h8	固定
H6				f6		d8	滑动
				g6		f7	紧滑动
				h6		h8	固定

注:①精密传动用的内花键,当需要控制键侧配合间隙时,槽宽可选用 H7,一般情况下可选用 H9;

②d 为 H6 和 H7 的内花键,允许与提高一级的外花键配合;

③表中公差带均取自 GB/T 1801—1999(现执行 GB/T 1801—2009)。

国家标准 GB/T 1144—2001 规定,矩形花键的尺寸公差采用基孔制,主要目的是为了减少拉刀的数量。

2. 矩形花键连接的公差和配合的选用

通过改变外花键的小径和外花键宽的尺寸公差带,可以形成不同的配合性质。按装配形式分为滑动、紧滑动和固定三种配合。

滑动连接通常用于移动距离较长、移动频率较高的条件下工作的花键;而在内、外花键的定心精度要求高、传递扭矩大并常伴有反向转动的情况下,可选用配合间隙较小的紧滑动连接;这两种配合在工作过程中,内花键既可以传递扭矩,又可以沿花键轴做轴向移动。对于内花键在轴上固定不动,只用来传递扭矩的情况,应选用固定连接。

一般传动用的内花键拉削后再进行热处理,其键槽宽的变形不易修正,故要降低公差要求(由 H9 降为 H11)。对于精密传动用内花键,当连接要求键侧配合间隙较高时,槽宽公差带选用 H7,一般情况下可选 H9。

花键配合的定心精度要求较高、传递扭矩较大时,花键应选用较高的公差等级。例如,汽车、拖拉机变速箱中多采用一般级别的花键;精密机床变速箱中多采用精密级别的花键。

3. 矩形花键的几何公差与表面粗糙度

矩形内、外花键是具有复杂表面的结合件,并且键长与键宽的比值较大。几何误差是影响花键连接质量的重要因素,因此,国家标准对其几何误差作了具体的要求。

内、外花键小径定心表面的几何公差和尺寸公差遵守包容要求。

为控制内、外花键的分度误差,一般应规定位置度公差,并采用相关要求,图样标注如图 8-9 所示,其位置度公差值 t_1 见表 8-7。

　　在单件小批生产时，一般规定键或键槽的两侧面的中心平面对定心表面轴线的对称度公差和花键等分度公差，并遵守独立原则，图样标注如图 8-10 所示，其键宽的对称度公差值 t_2 见表 8-7。

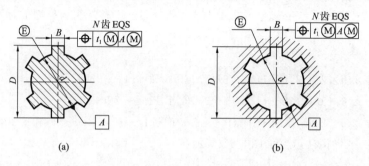

图 8-9　矩形花键位置度公差的标注

表 8-7　　矩形花键的位置度及键宽的对称度公差值（摘自 GB/T 1144—2001）　　　　mm

键槽宽或键宽 B			3	3.5~6	7~10	12~18
位置度公差 t_1		键槽宽	0.010	0.015	0.020	0.025
	键宽	滑块、固定	0.010	0.015	0.020	0.025
		紧滑动	0.006	0.010	0.013	0.016
对称度公差 t_2		一般用途	0.010	0.012	0.015	0.018
		精密传动用	0.006	0.008	0.009	0.011

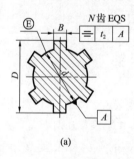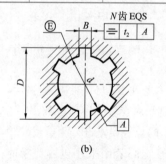

图 8-10　矩形花键键宽的对称度公差标注

　　对于较长的花键，应规定内花键各键槽侧面和外花键各键槽侧面对定心表面轴线的平行度公差，其公差值根据产品性能来确定。

　　矩形花键各结合表面的表面粗糙度推荐值见表 8-8。

表 8-8　　　　　　矩形花键表面粗糙度推荐值（摘自 GB/T 1144—2001）　　　　μm

加工表面	内花键	外花键
	Ra 不大于/μm	
大　径	6.3	3.2
小　径	0.8	0.8
键　侧	3.2	0.8

8.3.4 矩形花键的图样标注

标注矩形花键连接的图样时,应按次序标注以下项目:图形符号⊓、键数 N、小径 d、大径 D、键(槽)宽 B 的公差带代号或配合代号,此外,还应注明矩形花键的标准代号 GB/T 1144—2001。

例如:

内花键:⊓ 6×23H7×26H10×6H11　GB/T 1144—2001

外花键:⊓ 6×23f7×26a11×6d10　GB/T 1144—2001

花键副:⊓ 6×23H7/ f7×26H10/ a11×6H11/ d10　GB/T 1144—2001

矩形花键图样标注示例如图 8-11 所示。

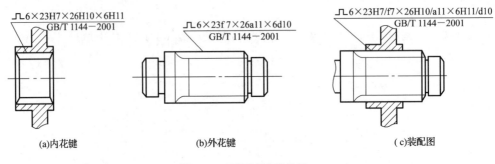

(a)内花键　　　　　(b)外花键　　　　　(c)装配图

图 8-11　矩形花键标注示例

8.3.5 矩形花键的检测

矩形花键的检测包括单项检测和综合检测两种。

1. 单项检测

单项检测主要用于单件、小批量生产。

单项检测就是对花键的单项参数小径、大径、键(键槽)宽等尺寸、大径对小径的同轴度误差以及键(键槽)的位置误差进行测量或检验,以保证各尺寸偏差及几何误差在其公差范围内。

当花键小径定心表面采用包容要求时,各键(键槽)的对称度公差及花键各部位均遵守独立原则时,通常采用单项检测。

当采用单项检测时,小径定心表面应采用光滑极限量规检验。大径、键宽的尺寸在单件、小批量生产时采用普通计量器具测量,在成批大量生产中,可用专用极限量规来检验。图 8-12 所示为检验花键各要素极限尺寸用的量规。

2. 综合检测

综合检测就是对花键的尺寸、几何误差按控制实效边界原则,用综合量规进行检验。

当花键小径定心表面采用包容要求,各键(键槽)位置度公差与键(键槽)宽的尺寸公差关系采用最大实体要求,且该位置度公差与小径定心表面(基准)尺寸公差的关系也采用最大实体要求时,多采用综合检测。

花键的综合量规(内花键为综合塞规,外花键为综合环规)均为全形通规(见图8-13),其作用是检验内、外花键的实际尺寸和几何误差的综合结果,即同时检验花键的小径、大径、键(键槽)宽表面的实际尺寸和几何误差以及各键(键槽)的位置误差,大径对小径的同轴度误差等综合结果。对于小径、大径、键(键槽)宽的实际尺寸是否超越各自的最小实体尺寸,则采用相应的单项止端量规(或其他计量器具)来检测。

综合检测内、外花键时,若综合量规通过,单项止端量规不通过,则花键合格,反之为不合格。

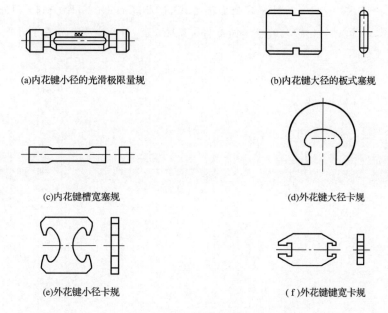

(a)内花键小径的光滑极限量规

(b)内花键大径的板式塞规

(c)内花键槽宽塞规

(d)外花键大径卡规

(e)外花键小径卡规

(f)外花键键宽卡规

图 8-12　矩形花键的极限量规

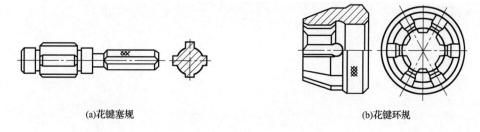

(a)花键塞规

(b)花键环规

图 8-13　矩形花键的综合量规

习　题

8-1　平键连接为什么只对键(键槽)宽规定较严的公差?

8-2　平键的几何公差是如何规定的?

8-3　平键和矩形花键连接采用哪种基准制?为什么?

8-4　矩形花键的主要参数有哪些?定心方式有哪几种?哪种方式最常用?为什么?

8-5　有一齿轮与轴的连接用平键传递扭矩。平键尺寸 $b=10$ mm,$L=28$ mm,齿轮

与轴的配合为 $\phi35H7/h6$，平键采用正常连接，试查出键槽尺寸偏差、几何公差和表面粗糙度，并分别标注在轴和齿轮的断面图上。

8-6　某减速器中输出轴的伸出端与相配件孔的配合尺寸为 $\phi45H7/m6$，并采用了正常平键连接，试确定轴槽和轮毂槽的剖面尺寸及其极限偏差、键槽对称度公差和键槽的表面粗糙度参数值，将各项公差值标注在零件图上（可参考图 8-4）。

8-7　试按 GB/T 1144—2001 确定矩形花键⊓ $6\times23H7/g6\times26H10/a11\times6H11/f9$ 中内、外花键的小径、大径、键（键槽）宽的极限偏差和位置度公差，并指出各自应遵守的公差原则。

第9章

螺纹公差及检测

学习目的及要求

✦ 了解普通螺纹的基本牙型和主要几何参数
✦ 理解普通螺纹几何参数误差对互换性的影响
✦ 掌握普通螺纹的公差与配合
✦ 了解普通螺纹的检测方法

螺纹广泛应用于各种机械和仪器仪表中,内、外螺纹通过相互旋合及牙侧面的接触作用,实现零件间的密封、紧固、连接以及实现运动的传递和精确的位移。根据结合性质和使用要求不同,螺纹分为三类:普通螺纹(紧固螺纹)、紧密螺纹和传动螺纹。本章主要讨论用于连接的圆柱形米制普通螺纹的公差与配合,对其他类型的螺纹可参考有关资料和标准。

9.1 普通螺纹的基本牙型和主要几何参数

9.1.1 普通螺纹的基本牙型

螺纹牙型是指在通过螺纹轴线的剖面上的螺纹轮廓形状,它由牙顶、牙底以及两牙侧构成。将原始三角形(等边三角形)按规定的削平高度,截去顶部和底部所形成的螺纹牙型,称为基本牙型,如图 9-1 中粗实线所示。该牙型具有螺纹的公称尺寸。

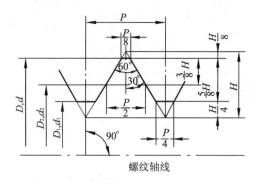

图 9-1　普通螺纹的基本牙型（摘自 GB/T 192—2003）

9.1.2　普通螺纹的主要几何参数

由图 9-1 可见，普通螺纹的主要几何参数主要有：

1. 基本大径 D, d (Major Diameter)（简称大径）

大径是指与外螺纹牙顶或内螺纹牙底相重合的假想圆柱的直径。大径是内、外螺纹的公称直径（代表螺纹尺寸的直径）。相互结合的普通螺纹，内、外螺纹大径的公称尺寸是相等的。

2. 基本小径 D_1, d_1 (Minor Diameter)（简称小径）

小径是与外螺纹牙底或内螺纹牙顶相重合的假想圆柱的直径。相互结合的普通螺纹，内、外螺纹小径的公称尺寸也是相等的。

外螺纹的大径 d 和内螺纹的小径 D_1 统称为顶径，外螺纹的小径 d_1 和内螺纹的大径 D 统称为底径，如图 9-2 所示。

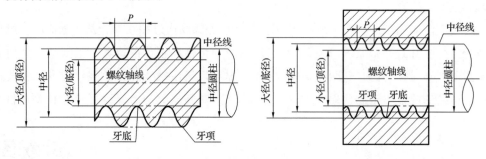

图 9-2　普通螺纹的顶径和底径

3. 基本中径 D_2, d_2 (Pitch Diameter)（简称中径）

中径是一个假想圆柱的直径，该圆柱的母线通过牙型上沟槽和凸起宽度相等的地方。该假想圆柱称为中径圆柱，中径圆柱的母线称为中径线（图 9-2）。相互结合的普通螺纹，内、外螺纹中径的公称尺寸也是相等的。

注意：普通螺纹的中径不是大径和小径的平均值。

4. 螺距 P (Pitch) 和导程 Ph (Lead)

螺距是指相邻两牙在中径线上对应两点间的轴向距离。普通螺纹的螺距分为粗牙和细牙两种。相同的公称直径，细牙螺纹的螺距要比粗牙螺纹的螺距小。相互结合的普通螺纹，内、外螺纹螺距的公称尺寸也是相等的。

导程是指同一条螺旋线上的相邻两牙在中径线上对应两点间的轴向距离。对于单线螺纹,导程与螺距相同;对于多线螺纹,导程等于螺距与螺纹线数之积。

普通螺纹的公称尺寸见表 9-1。

表 9-1　　　　　　　　　　　普通螺纹的公称尺寸(摘自 GB/T 196—2003)　　　　　　　　　　mm

公称直径 (大径)D,d	螺距 P	中径 D_2,d_2	小径 D_1,d_1	公称直径 (大径)D,d	螺距 P	中径 D_2,d_2	小径 D_1,d_1
5	0.8	4.480	4.134	17	1.5	16.026	15.376
	0.5	4.675	4.459		1	16.350	15.917
5.5	0.5	5.175	4.959	18	2.5	16.376	15.294
6	1	5.350	4.917		2	16.701	15.835
	0.75	5.513	5.188		1.5	17.026	16.376
					1	17.350	16.917
7	1	6.350	5.917	20	2.5	18.376	17.294
	0.75	6.513	6.188		2	18.701	17.835
8	1.25	7.188	6.647		1.5	19.026	18.376
	1	7.350	6.917		1	19.350	18.917
	0.75	7.513	7.188	22	2.5	20.376	19.294
9	1.25	8.188	7.647		2	20.701	19.835
	1	8.350	7.917		1.5	21.026	20.376
	0.75	8.513	8.188		1	21.350	20.917
10	1.5	9.026	8.376	24	3	22.051	20.752
	1.25	9.188	8.647		2	22.701	21.835
	1	9.350	8.917		1.5	23.026	22.376
	0.75	9.513	9.188		1	23.350	22.917
11	1.5	10.026	9.376	25	2	23.701	22.835
	1	10.350	9.917		1.5	24.026	23.376
	0.75	10.513	10.188		1	24.350	23.917
12	1.75	10.863	10.106	26	1.5	25.026	24.376
	1.5	11.026	10.376	27	3	25.051	23.752
	1.25	11.188	10.647		2	25.701	24.835
	1	11.350	10.917		1.5	26.026	25.376
					1	26.350	25.917
14	2	12.701	11.835	28	2	26.701	25.835
	1.5	13.026	12.376		1.5	27.026	26.376
	1.25	13.188	12.647		1	27.350	26.917
	1	13.350	12.917	30	3.5	27.727	26.211
15	1.5	14.026	13.376		3	28.051	26.752
	1	14.350	13.917		2	28.701	27.835
					1.5	29.026	28.376
16	2	14.701	13.835		1	29.350	28.917
	1.5	15.026	14.376	32	2	30.701	29.835
	1	15.350	14.917		1.5	31.026	30.376

5. 单一中径 D_{2s}，d_{2s}（Single Pitch Diameter）

单一中径是一个假想圆柱的直径，该圆柱的母线通过牙型上沟槽宽度等于螺距基本尺寸一半的地方。

当螺距无误差时，螺纹的中径就是螺纹的单一中径；但螺距有误差时，单一中径与中径是不相等的，如图 9-3 所示。

由于单一中径在槽宽度为固定值处测量，因此测量方便，常用来表示螺纹的实际中径。

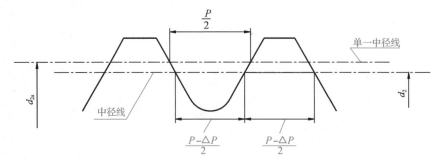

图 9-3　普通螺纹的中径与单一中径

6. 牙型角 α（Thread Angle）与牙型半角 $\alpha/2$（Half of Thread Angle）

牙型角是指在螺纹牙型上，两相邻牙侧间的夹角。牙型角的一半称为牙型半角。普通螺纹的理论牙型角为 $60°$，牙型半角为 $30°$，如图 9-4 所示。

7. 牙侧角 α_1、α_2（Flank Angle）

牙侧角是指在螺纹牙型上，某一牙侧与螺纹轴线的垂线之间的夹角。α_1 表示左牙侧角；α_2 表示右牙侧角，如图 9-5 所示。普通螺纹的基本牙侧角 $\alpha_1 = \alpha_2 = 30°$。实际螺纹的牙型角正确，但牙侧角不一定正确。

8. 旋合长度（Length of Thread Engagement）

旋合长度是指两个相互配合的螺纹沿螺纹轴线方向相互旋合部分的长度，如图 9-6 所示。

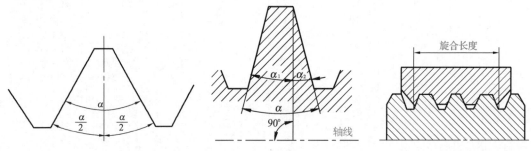

图 9-4　普通螺纹的牙型角和牙型半角　　图 9-5　普通螺纹的牙型半角和牙侧角　　图 9-6　螺纹旋合的长度

9.2　普通螺纹几何参数误差对互换性的影响

普通螺纹连接要实现其互换性，必须保证良好的旋合性和一定的连接强度。影响螺纹互换性的主要几何参数有五个：大径、小径、中径、螺距和牙侧角。这些参数在加工过程中不可避免地会产生一定的加工误差，不仅会影响螺纹的旋合性、接触高度、配合松紧，还会影响螺纹连接的可靠性，从而影响螺纹的互换性。

为了保证螺纹的旋合性，外螺纹的大径和小径要分别小于内螺纹的大径和小径，但过小又会使牙顶和牙底间的间隙增大，实际接触高度减小，降低连接强度。螺纹旋合后主要依靠牙侧面工作，如果内、外螺纹的牙侧接触不均匀，就会造成负荷分布不均，势必会降低螺纹的配合均匀性和连接强度。因此，影响螺纹连接互换性的主要因素是中径误差、螺距误差和牙侧角误差。但为了保证有足够的连接强度，对顶径也应提出一定的精度要求。

9.2.1　中径误差的影响

中径误差是指中径的实际尺寸（以单一中径体现）与公称尺寸的代数差。由于内、外螺纹相互作用集中在牙侧面，因此中径的大小直接影响牙侧的径向位置，从而影响螺纹的配合性质。若外螺纹的中径大于内螺纹的中径，则内、外螺纹的牙侧就会产生干涉而难以旋合；若过小，则会导致配合过松，难以保证牙侧面的良好接触，降低连接强度。在国家标准中，规定了中径公差以限制中径的加工误差。

9.2.2　螺距误差的影响

螺距误差分为单个螺距误差 ΔP 和螺距累积误差 ΔP_Σ 两种。前者指在螺纹全长上，任意单个螺距的实际值与其公称值的最大差值，它与螺纹的旋合长度无关；后者指在规定的长度内（如旋合长度），任意两同名牙侧与中径线交点的实际轴向距离与其公称值的最大差值，它与螺纹的旋合长度有关。螺距累积误差对螺纹互换性的影响更明显。

为便于分析，假设仅有螺距累积误差 ΔP_Σ 的外螺纹与没有任何误差的理想内螺纹结合，内、外螺纹将会在牙侧处产生干涉，如图 9-7 中剖面线部分所示，外螺纹不能旋入内螺纹。为了消除该干涉区，可将外螺纹的中径减少一个数值 f_p。同理，当内螺纹具有螺距累积误差时，为避免产生干涉，可将内螺纹的中径增大一个数值 f_p。可见，f_p 是为了补偿螺距累积误差而折算到中径上的数值，称为螺距误差的中径当量。由图 9-7 中的 △ABC 可知，

$$f_p = |\Delta P_\Sigma| \cot \frac{\alpha}{2} \tag{9-1}$$

对于普通螺纹，$\alpha/2 = 30°$，则有

$$f_p = 1.732|\Delta P_\Sigma| \tag{9-2}$$

由于 ΔP_Σ 不论是正值或负值，都影响螺纹的旋合性，故 ΔP_Σ 应取绝对值。

对普通螺纹，由于螺距误差可以折算到中径上，所以在国家标准中，没有单独规定螺距公差，而是通过中径公差间接控制螺距误差。

9.2.3　牙侧角误差的影响

即使螺纹的牙型角正确，牙侧角也可能存在一定的误差。牙侧角误差是指牙侧角的实际值与其公称值的代数差，是螺纹牙侧相对于螺纹轴线的位置误差，它直接影响着螺纹的旋合性和牙侧接触面积，因此，对其应加以限制。

假设内螺纹具有理论牙型，与其相结合的外螺纹仅存在牙侧角误差。当左牙侧角误

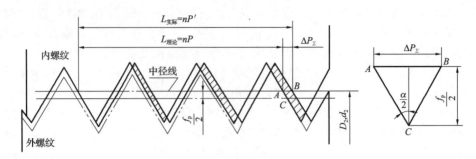

图 9-7　螺距累积误差对旋合性的影响

差 $\Delta\alpha_1 < 0$，右牙侧角误差 $\Delta\alpha_2 > 0$ 时，将在外螺纹牙顶左侧和牙根右侧处产生干涉，如图 9-8 中剖面线部分所示。为了消除干涉，保证旋合性，必须使外螺纹的牙型沿垂直于螺纹轴线的方向下移至图 9-8 中细双点画线以下，从而使外螺纹的中径减小一个数值 f_{ai}。同理，内螺纹存在牙侧角误差时，为了保证旋合性，就须将内螺纹中径增大一个数值 f_{ai}。可见，f_{ai} 是为补偿牙侧角误差而折算到中径上的数值，称为牙侧角误差的中径当量。

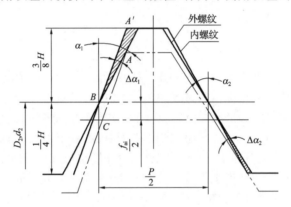

图 9-8　牙侧角误差对旋合性的影响

根据任意三角形的正弦定理，考虑到左、右牙侧角误差可能同时出现的各种情况及必要的单位换算，得

$$f_{ai} = 0.073P(K_1|\Delta\alpha_1| + K_2|\Delta\alpha_2|) \tag{9-3}$$

式中　P——螺距，mm；

$\Delta\alpha_1, \Delta\alpha_2$——左、右牙侧角误差，$(')$，$\Delta\alpha_1 = \alpha_1 - 30°$，$\Delta\alpha_2 = \alpha_2 - 30°$；

K_1, K_2——左、右牙侧角误差系数，对外螺纹，当牙侧角误差为正值时 K_1 和 K_2 取 2，为负值时 K_1 和 K_2 取 3；对内螺纹，左、右牙侧角误差系数的取值相反。

9.2.4　螺纹中径的合格条件

由于螺距误差和牙侧角误差可以折算到相当于中径有误差的情况，因而可以不单独规定螺距公差和牙侧角公差，而仅规定中径总公差，用它来控制中径本身的误差、螺距误差和牙侧角误差的综合影响。可见，中径公差是一项综合公差。这样规定是为了加工和检验的方便，按中径总公差进行检验，可保证螺纹的互换性。

当实际外螺纹存在螺距误差和牙型半角误差时，该实际外螺纹只可能与一个中径较大而具有设计牙型的理想内螺纹旋合。在规定的旋合长度内,恰好包容实际外螺纹的一个假想内螺纹的中径称为外螺纹的作用中径 d_{2fe}。该假想内螺纹具有理想的螺距、牙侧角以及牙型高度,并在牙顶处和牙底处留有间隙,外螺纹的作用中径等于外螺纹的单一中径 d_{2s} 与螺距误差、牙侧角误差的中径当量值之和,即

$$d_{2fe} = d_{2s} + (f_p + f_{ai}) \tag{9-4}$$

当实际外螺纹各个部位的单一中径不相同时,d_{2s} 应取其中的最大值。

同理,在规定的旋合长度内,恰好包容实际内螺纹的一个假想外螺纹的中径称为内螺纹的作用中径 D_{2fe}。内螺纹的作用中径等于内螺纹的单一中径 D_{2s} 与螺距误差、牙侧角误差的中径当量值之差,即

$$D_{2fe} = D_{2s} - (f_p + f_{ai}) \tag{9-5}$$

当实际内螺纹各个部位的单一中径不相同时,D_{2s} 应取其中的最小值。

如果外螺纹的作用中径过大、内螺纹的作用中径过小,将使螺纹难以旋合。若外螺纹的单一中径过小,内螺纹的单一中径过大,将会影响螺纹的连接强度。因此,国家标准规定判断螺纹中径合格性应遵循泰勒原则:实际螺纹的作用中径不允许超越其最大实体牙型的中径,任何部位的单一中径不允许超越其最小实体牙型的中径。所谓最大和最小实体牙型是由设计牙型和各直径的基本偏差及公差所决定的最大实体状态和最小实体状态的螺纹牙型。因此,螺纹中径的合格条件是

外螺纹: $d_{2fe} \leqslant d_{2MMS} = d_{2max}$,$d_{2s} \geqslant d_{2LMS} = d_{2min}$ (9-6)

内螺纹: $D_{2fe} \geqslant D_{2MMS} = D_{2min}$,$D_{2s} \leqslant D_{2LMS} = D_{2max}$ (9-7)

式中 d_{2MMS},d_{2LMS}——外螺纹最大、最小实体牙型中径;

d_{2max},d_{2min}——外螺纹最大、最小中径;

D_{2MMS},D_{2LMS}——内螺纹最大、最小实体牙型中径;

D_{2max},D_{2min}——内螺纹最大、最小中径。

9.3   普通螺纹的公差与配合

GB/T 197—2003《普通螺纹 公差》将螺纹公差带标准化,规定螺纹公差带由确定公差带大小的公差等级和确定公差带位置的基本偏差组成,结合内外螺纹的旋合精度,一起形成不同的螺纹精度,如图 9-9 所示。

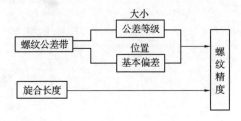

图 9-9   普通螺纹公差制结构

9.3.1 普通螺纹的公差带

普通螺纹的公差带与尺寸公差带一样,其大小由公差等级决定,其位置由基本偏差决定。

1. 公差等级

国家标准规定了内、外螺纹的公差等级,它的含义和孔、轴公差等级相似,但有自己的系列,见表 9-2。一般情况下,螺纹的 6 级公差为常用公差等级(基本级)。

表 9-2 螺纹的公差等级(摘自 GB/T 197—2003)

螺纹直径	公差等级	螺纹直径	公差等级
外螺纹中径 d_2	3,4,5,6,7,8,9	内螺纹中径 D_2	4,5,6,7,8
外螺纹大径 d	4,6,8	内螺纹小径 D_1	4,5,6,7,8

在普通螺纹中,对螺距和牙侧角并不单独规定公差,而是用中径公差来综合控制。这样,为了满足互换性要求,只需规定大径、小径和中径公差即可。而内、外螺纹的底径(d_1 和 D)是在加工时和中径一起由刀具切出的,其尺寸精度由刀具保证,故不规定其公差。因此在普通螺纹的公差标准中,只规定了内、外螺纹的中径和顶径公差。

普通螺纹的中径和顶径公差值见表 9-3 和表 9-4。

表 9-3 内、外螺纹的中径公差(摘自 GB/T 197—2003) μm

公称大径/mm		螺距 P/mm	内螺纹中径公差 T_{D2}					外螺纹中径公差 T_{d2}						
>	≤		公差等级					公差等级						
			4	5	6	7	8	3	4	5	6	7	8	9
5.6	11.2	0.75	85	106	132	170	—	50	63	80	100	125	—	—
		1	95	118	150	190	236	56	71	90	112	140	180	224
		1.25	100	125	160	200	250	60	75	95	118	150	190	236
		1.5	112	140	180	224	280	67	85	106	132	170	212	295
11.2	22.4	1	100	125	160	200	250	60	75	95	118	150	190	236
		1.25	112	140	180	224	280	67	85	106	132	170	212	265
		1.5	118	150	190	236	300	71	90	112	140	180	224	280
		1.75	125	160	200	250	315	75	95	118	150	190	236	300
		2	132	170	212	265	335	80	100	125	160	200	250	315
		2.5	140	180	224	280	355	85	106	132	170	212	265	335
22.4	45	1	106	132	170	212	—	63	80	100	125	160	200	250
		1.5	125	160	200	250	315	75	95	118	150	190	236	300
		2	140	180	224	280	355	85	106	132	170	212	265	335
		3	170	212	265	335	425	100	125	160	200	250	315	400
		3.5	180	224	280	355	450	106	132	170	212	265	335	425
		4	190	236	300	375	475	112	140	180	224	280	355	450
		4.5	200	250	315	400	500	118	150	190	236	300	375	475

表 9-4	内、外螺纹的顶径公差（摘自 GB/T 197—2003）						μm
公差项目	内螺纹顶径(小径)公差 T_{D1}				外螺纹顶径(大径)公差 T_d		
公差等级 螺距/mm	5	6	7	8	4	6	8
0.75	150	190	236	—	90	140	—
0.8	160	200	250	315	95	150	236
1	190	236	300	375	112	180	280
1.25	212	265	335	425	132	212	335
1.5	236	300	375	475	150	236	375
1.75	265	335	425	530	170	265	425
2	300	375	475	600	180	280	450
2.5	355	450	560	710	212	335	530
3	400	500	630	800	236	375	600

2. 基本偏差

螺纹公差带是以基本牙型为零线布置的。GB/T 197—2003 规定，内螺纹的上、下极限偏差分别用"ES"、"EI"来表示；外螺纹的上、下极限偏差分别用"es"，"ei"来表示；并规定内螺纹的下极限偏差"EI"和外螺纹的上极限偏差"es"为基本偏差。

根据螺纹不同的使用要求，国家标准对内螺纹规定了 H，G 两种基本偏差；对外螺纹规定了 e，f，g，h 四种基本偏差，如图 9-10 所示。

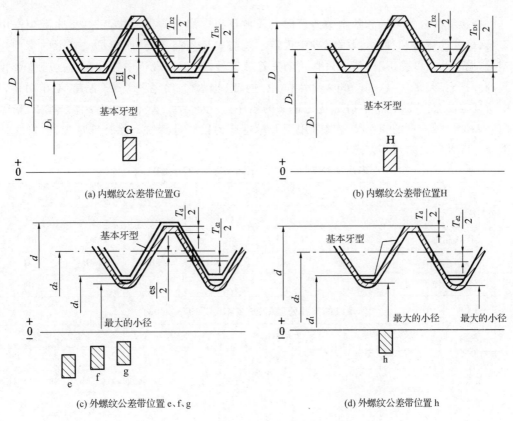

(a) 内螺纹公差带位置 G　　　　　　　(b) 内螺纹公差带位置 H

(c) 外螺纹公差带位置 e、f、g　　　　　　(d) 外螺纹公差带位置 h

图 9-10　内、外螺纹的基本偏差

H 和 h 的基本偏差为零，G 的基本偏差为正值，e，f，g 的基本偏差为负值。内、外螺纹的基本偏差数值见表 9-5。

表 9-5 内、外螺纹的基本偏差(摘自 GB/T 197—2003) μm

螺距 P/mm	内螺纹		外螺纹			
	G	H	e	f	g	h
	EI		es			
0.75	+22	0	−56	−38	−22	0
0.8	+24	0	−60	−38	−24	0
1	+26	0	−60	−40	−26	0
1.25	+28	0	−63	−42	−28	0
1.5	+32	0	−67	−45	−32	0
1.75	+34	0	−71	−48	−34	0
2	+38	0	−71	−52	−38	0
2.5	+42	0	−80	−58	−42	0
3	+48	0	−85	−63	−48	0

普通螺纹的公差带代号由表示公差等级的数字和基本偏差字母组成,如 6H,5g 等。与一般的尺寸公差带代号不同,普通螺纹的公差带代号中,公差等级数字在前,基本偏差字母在后。

9.3.2 普通螺纹公差带的选用

按螺纹的公差等级和基本偏差可以组成数目很多的公差带,但为了减少实际生产中刀具、量具的规格和种类,国家标准中规定了既能满足当前需要,而数量又有限的常用公差带,见表 9-6 和表 9-7。其中只有一个公差带代号(如 6H)表示中径和顶径的公差带相同;有两个公差带代号(如 7g6g)表示中径公差带(前者)与顶径公差带(后者)不相同。表中所规定的公差带宜优先选取,优先选取的顺序为:粗体字公差带、一般字体公差带、括号内公差带。带方框的粗字体公差带用于大量生产的紧固件螺纹。除特殊情况外,国家标准规定以外的公差带不宜选用。

表 9-6 内螺纹的推荐公差带(摘自 GB/T 197—2003)

公差精度	旋合长度	公差带位置 G			公差带位置 H		
		S	N	L	S	N	L
精密		—	—	—	4H	5H	6H
中等		(5G)	**6G**	(7G)	**5H**	6H	**7H**
粗糙		—	(7G)	(8G)	—	7H	8H

表 9-7 外螺纹的推荐公差带(摘自 GB/T 197—2003)

公差精度	旋合长度	公差带位置 e			公差带位置 f			公差带位置 g			公差带位置 h		
		S	N	L	S	N	L	S	N	L	S	N	L
精密		—	—	—	—	—	—	(4g)	(5g4g)	(3h4h)	**4h**	(5h4h)	
中等		**6e**	(7e6e)		6f		(5g6g)	6g	(7g6g)	(5h6h)	6h	(7h6h)	
粗糙		—	(8e)	(9e8e)				8g	(9g8g)				

1. 公差精度的选用

表 9-6 和表 9-7 规定了螺纹的公差精度分为精密、中等和粗糙三个等级。

公差精度主要根据使用场合选用。精密级用于精密连接的螺纹，即要求配合性质稳定、配合间隙小，须保证定位精度的螺纹，如飞机零件上的螺纹。中等级广泛用于一般用途的螺纹连接，如机床和汽车零件上的螺纹。粗糙级用于要求不高及制造困难的螺纹，如长盲孔的攻丝或热轧棒上的螺纹。

2. 旋合长度的确定

由于短件易加工和装配，长件难加工和装配，因此螺纹的旋合长度影响螺纹连接的配合精度和互换性。国家标准中对螺纹连接规定了短、中等和长三种旋合长度，分别用 S、N 和 L 表示。通常选用中等旋合长度，仅当结构和强度上有特殊要求时方可采用短旋合和长旋合长度。如铝合金等强度较低的零件上的螺纹，为了保证机械强度，可选用长旋合长度；对于受力不大且受空间限制的螺纹，如锁紧用的特薄螺母的螺纹可用短旋合长度。以上三种旋合长度的数值见表 9-8。

表 9-8　　　　　螺纹的旋合长度(mm)(摘自 GB/T 197—2003)　　　　　mm

公称直径 D, d		螺距 P	旋合长度			
			S		N	L
>	≤		≤	>	≤	>
5.6	11.2	0.75	2.4	2.4	7.1	7.1
		1	3	3	9	9
		1.25	4	4	12	12
		1.5	5	5	15	15
11.2	22.4	1	3.8	3.8	11	11
		1.25	4.5	4.5	13	13
		1.5	5.6	5.6	16	16
		1.75	6	6	18	18
		2	8	8	24	24
		2.5	10	10	30	30
22.4	45	1	4	4	12	12
		1.5	6.3	6.3	19	19
		2	8.5	8.5	25	25
		3	12	12	36	36
		3.5	15	15	45	45
		4	18	18	53	53
		4.5	21	21	63	63

需要说明的是要尽可能缩短旋合长度，因为旋合长度越长，不仅结构笨重，加工困难，而且螺纹的实际连接强度也会因螺距累计误差、牙侧角误差而下降。

3. 配合的选择

内、外螺纹的选用公差带可以形成任意组合。但为了保证连接强度、接触高度和装拆方便，推荐完工后螺纹最好组成 H/g、H/h 或 G/h 配合。在实际选用螺纹配合时，应主要依据使用要求。

（1）为了保证螺纹旋合性以及内、外螺纹具有较高的同轴度，并有足够的接触高度和结合强度，一般选用最小间隙为零的配合（H/h）。

（2）除满足上述要求外，若还希望拆装方便，则可选用较小间隙的配合，如 H/g 和 G/h。

（3）如无其他特殊说明，推荐公差带适用于涂镀前螺纹。涂镀后，螺纹实际轮廓上的任何点不应超越按公差位置 H 或 h 所确定的最大实体牙型。需涂镀保护层的外螺纹，其间隙大小取决于镀层厚度。当镀层厚度为 10 μm，20 μm，30 μm 时，可分别选择 g，f，e 与 H 形成配合。当内、外螺纹均需电镀时，则可采用 G/e 或 G/f 的配合。

（4）在高温工作状态下工作的螺纹，为防止因高温形成金属氧化皮或介质沉积使螺纹卡死，可采用保证间隙的配合。当温度在 450 ℃ 以下时，可选用 H/g 配合；当温度在 450 ℃ 以上时，可选用 H/e 配合，如汽车上所用的 M14×1.25 的火花塞。

一般情况下，选用中等精度、中等旋合长度的公差带，即内螺纹公差带 6H，外螺纹公差带 6h，6g 应用较广。

4. 螺纹的表面粗糙度要求

螺纹的表面粗糙度主要根据中径公差等级来确定。表 9-9 列出了螺纹牙侧表面粗糙度参数 Ra 的推荐值。

表 9-9　　　　　　　　　螺纹牙侧表面粗糙度参数 Ra 的推荐值　　　　　　　　　　μm

工　件	螺纹中径公差等级		
	4，5	6，7	8，9
	Ra 不大于/μm		
螺栓、螺钉、螺母	1.6	3.2	3.2～6.3
轴及套上的螺纹	0.8～1.6	1.6	3.2

9.3.3　普通螺纹的标记

完整的螺纹标记由螺纹特征代号、尺寸代号、公差带代号及其他有必要进一步说明的相关信息组成，如图 9-11 所示。

图 9-11　普通螺纹的标记

1. 特征代号

普通螺纹特征代号用字母"M"表示。

2. 尺寸代号

尺寸代号包括公称直径、导程、螺距等,单位为 mm。对粗牙螺纹,可以省略标注其螺距项。

(1)单线螺纹的尺寸代号为"公称直径×螺距"。

(2)多线螺纹的尺寸代号为"公称直径×Ph 导程 P 螺距"。如要进一步表明螺纹的线数,可在后面加括号加以说明(使用英语进行说明,例如双线为 two starts,三线为 three starts)。

3. 公差带代号

公差带代号包含中径公差带代号和顶径公差带代号。公差带代号由表示公差等级的数值和表示公差带位置的字母组成。中径公差带代号在前,顶径公差带代号在后。如果中径公差带代号与顶径公差带代号相同,则应只标注一个公差带代号。螺纹尺寸代号与公差带间用"—"隔开。

在下列情况下,中等精度螺纹不标注其公差带代号:

(1)内螺纹的公差带代号为 5H,且公称直径≤1.4 mm;公差带代号为 6H,且公称直径≥1.6 mm;对螺距为 0.2 mm,且公差等级为 4 级的内螺纹。

(2)外螺纹的公差带代号为 6h,且公称直径≤1.4 mm;公差带代号为 6g,且公称直径≥1.6 mm。

表示内、外螺纹配合时,内螺纹公差带代号在前,外螺纹公差带代号在后,中间用"/"分开。

4. 旋合长度代号

对短旋合长度和长旋合长度的螺纹,应在公差带代号后分别标注"S"和"L"。旋合长度代号与公差带间用"—"分开。中等旋合长度螺纹不标注旋合长度代号(N)。

5. 旋向代号

对左旋螺纹,应在旋合长度代号之后标注"LH"。旋合长度代号与旋向代号间用"—"号分开。右旋螺纹不标注旋向代号。

6. 标注示例

M10:公称直径为 10 mm,粗牙,单线,中等公差精度(省略 6H 或 6g),中等旋合长度,右旋普通螺纹。

M10×1—6H/5g6g:公称直径为 10 mm,细牙螺距为 1 mm,中径公差带和顶径公差带为 6H 的内螺纹和中径公差带为 5g、顶径公差带为 6g 的外螺纹组成的中等旋合长度、右旋普通螺纹配合。

M6×0.75—5h6h—S—LH:公称直径为 6 mm,螺距为 0.75 mm,单线,中径公差带为 5h,顶径公差带为 6h,短旋合长度,左旋细牙普通外螺纹配合。

9.3.4 普通螺纹的有关计算

【例 9-1】 已知某一内螺纹公差要求为 M20×2—6G,加工后测得:实际小径 D_{1a} = 18.132 mm,实际中径 D_{2a} = 18.934 mm,螺距累积偏差 ΔP_Σ = +0.05 mm,牙侧角误差为 $\Delta\alpha_1$ = +25′,$\Delta\alpha_2$ = −30′,试判断该螺纹中径和顶径是否合格,并查出所需旋合长度的范围。

解 (1)由表 9-1 查得 D_2 = 18.701 mm,D_1 = 17.835 mm

由表 9-3～表 9-5 查得

中径 $\qquad\qquad\qquad$ EI = +38 μm,T_{D2} = 212 μm

小径 $\qquad\qquad\qquad$ EI = +38 μm,T_{D1} = 375 μm

(2)判断中径的合格性

$$D_{2min} = D_2 + EI = 18.701 + 0.038 = 18.739 \text{ mm}$$

$$D_{2max} = D_{2min} + T_{D2} = 18.739 + 0.212 = 18.951 \text{ mm}$$

由式(9-2)得 f_p = 1.732 $|\Delta P_\Sigma|$ = 1.732 × 0.05 ≈ 0.087 mm

由式(9-3)得

$$f_{ai} = 0.073P(|K_1\Delta\alpha_1| + K_2|\Delta\alpha_2|) = 0.073 \times 2 \times (3 \times 25 + 2 \times 30) \times 10^{-3} \approx 0.020 \text{ mm}$$

由式(9-5)得

$$D_{2fe} = D_{2s} - (f_p + f_{ai}) = 18.934 - (0.087 + 0.020) = 18.827 \text{ mm}$$

$$D_{2fe} = 18.827 \text{ mm} > 18.739 \text{ mm} = D_{2min}$$

$$D_{2a} = 18.934 \text{ mm} < 18.951 \text{ mm} = D_{2max}$$

故根据式(9-7)可知该螺纹中径合格。

(3)判断小径的合格性

$$D_{1min} = D_1 + EI = 17.835 + 0.038 = 17.873 \text{ mm}$$

$$D_{1max} = D_{1min} + T_{D1} = 17.873 + 0.375 = 18.248 \text{ mm}$$

因 $\qquad\qquad D_{1min}$ = 17.873 mm < 18.132 mm = D_{1a} < D_{1max} = 18.248 mm

故小径合格。

(4)该螺纹为中等旋合长度,由表 9-8 查得,其旋合长度范围为 8～24 mm。

9.4 普通螺纹的检测

普通螺纹的检测可分为综合检验和单项测量。

9.4.1 综合检验

螺纹的综合检验即用螺纹量规检验螺纹某些几何参数误差的综合结果,常用的计量器具是螺纹量规和光滑极限量规。检验内螺纹的量规称为螺纹塞规,如图 9-12 所示;检验外螺纹的量规称为螺纹环规,如图 9-13 所示。无论是螺纹塞规,还是螺纹环规,都有通规和止规之分。

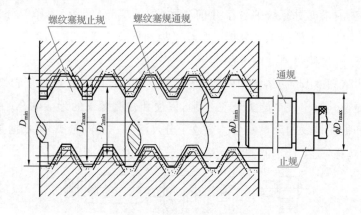

图 9-12　内螺纹的综合检验

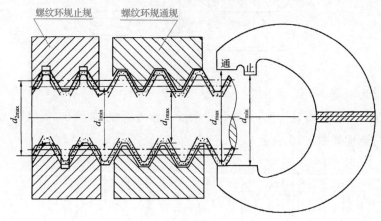

图 9-13　外螺纹的综合检验

螺纹通规主要用来检验被测螺纹的作用中径,顺便检验被测螺纹的底径。因此,它模拟被测螺纹的最大实体牙型,并具有完整的牙型,长度等于被测螺纹的旋合长度。

螺纹止规用来检验被测螺纹的单一中径。因此,它模拟被测螺纹的最小实体牙型。为了避免牙侧角误差和螺距误差对检验结果的影响,止规采用截短的不完整牙型,且螺纹长度较短(只有 2～3 个牙)。

检验时,若螺纹通规能够与被测螺纹旋合通过,则说明被测螺纹作用中径和底径合格;若螺纹止规只允许与被测螺纹的两端旋合,且旋合量不得超过两个螺距,则说明被测螺纹单一中径合格。

光滑极限量规(图 9-12 和图 9-13)用来检验螺纹顶径是否在规定的尺寸范围内。若通规能通过,止规不能通过,则说明被测螺纹的顶径合格。

综合检验只能判断被检螺纹合格与否,而不能测出螺纹参数的具体数值,但其检验效率高,适用于大批量生产的精度不太高的螺纹的检验。

9.4.2 单项测量

螺纹的单项测量即对螺纹的各个几何参数,如牙侧角、螺距、中径等分别进行测量。单项测量多用于螺纹工件的工艺分析或螺纹量规和螺纹刀具的质量检查。

1. 用螺纹千分尺测量外螺纹中径

螺纹千分尺(图 9-14)的结构和外径千分尺基本相同,不同之处在于它装有两个特殊的测量头(可更换),其中一个测头呈 V 字形,以便和被测螺纹的牙尖吻合;另一个测头呈圆锥形,以便和被测螺纹的牙槽吻合。螺纹千分尺配有一套测量头,可根据被测螺纹的牙型和螺距进行选择,是生产车间测量低精度外螺纹常用的计量器具。

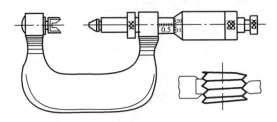

图 9-14 螺纹千分尺

2. 用三针法测量外螺纹中径

三针法是一种间接测量方法,主要用于测量精密外螺纹(如丝杠、螺纹塞规)的单一中径 d_{2s},其测量原理如图 9-15 所示。

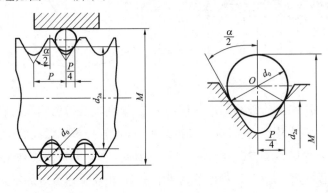

图 9-15 三针法测量外螺纹的单一中径

根据被测螺纹的螺距和牙型半角选取三根直径相同的量针,其中两根放在被测螺纹同侧相邻的牙槽内(对单线螺纹),另外一根放在与之相对的中间牙槽内,用测量器具测出三根针的针距 M。

为避免牙侧角误差对测量结果的影响,应尽量选用最佳量针,使量针在中径线上与牙面接触,因此最佳量针直径应为

$$d_0 = \frac{P}{2}\cos\frac{\alpha}{2}$$

(9-8)

根据已知的螺距 P、牙型半角 $\alpha/2$ 及最佳量针直径 d_0,按照图 9-15 所示的几何关系

可求出单一中径 d_{2s}，即

$$d_{2s} = M - 3d_0 + 0.866P \tag{9-9}$$

3. 用工具显微镜测量螺纹各参数

用工具显微镜测量属于影像法测量，能测量螺纹的各种参数，如大径、中径、小径、螺距和牙侧角等。各种精密螺纹，如螺纹量规、丝杠等，均可在工具显微镜上测量。

习　题

9-1　普通螺纹的主要几何参数有哪些？试述它们的定义。

9-2　试说明螺纹中径、单一中径和作用中径的含义和区别。

9-3　对普通螺纹，为什么不分别规定螺距公差和牙侧角公差？

9-4　普通螺纹的精度有哪几种？各适用于何种场合？

9-5　解释下列螺纹标记的含义：

　　　M24—6H　　　M30×2—6H/5g6g　　　M36×2—5g6g—L—LH

9-6　已知某螺纹的标记为 M24×2—6g，加工后测得实际大径 $d_a = 23.850$ mm，实际中径 $d_{2a} = 22.521$ mm，螺距累积偏差 $\Delta P_\Sigma = +0.05$ mm，牙侧角误差为 $\Delta \alpha_1 = +20'$，$\Delta \alpha_2 = -25'$，试判断该螺纹中径和顶径是否合格，并查出所需旋合长度的范围。

第 10 章

渐开线圆柱齿轮传动精度及检测

学习目的及要求

✦ 通过了解齿轮传动的四项基本使用要求及齿轮误差来源,理解齿轮各项偏差、齿厚和侧隙的定义以及相关齿轮偏差的检测

✦ 明确齿轮传动的应用要求,熟悉与应用要求相对应的评定指标的含义及表示代号

✦ 掌握齿轮精度等级的表达方法、评定指标的检验方法和传动精度的设计方法

在很多机械中都会看到齿轮。如果要求设计某减速器中的齿轮,按照强度和结构等要求确定齿轮的几何参数(如模数、齿数、齿轮宽等)后,还需要根据齿轮具体的使用要求选择齿轮偏差项目和精度等级,即在齿轮的结构设计完成后,要进行齿轮的精度设计。同时,对齿轮偏差进行检测并将偏差测得值与偏差的允许值或公差值进行比较以判断完工后的齿轮合格性也是非常重要的。

10.1 概 述

齿轮是机器和仪表中最常用的零件之一。渐开线圆柱齿轮能适用于较广的圆周速度范围,其功率范围广、效率和可靠性高、加工工艺和检测方法成熟,因而在工程领域中得到了广泛的应用。

齿轮除强度设计外还有精度设计问题及加工后合格性检验问题。为此,我国颁布了齿轮公差及其检测的相关标准和标准化指导性技术文件,涉及齿轮精度和检验的有:

（1）GB/T 10095.1—2008《圆柱齿轮　精度　第 1 部分：轮齿同侧齿面偏差的定义和允许值》；

（2）GB/T 10095.2—2008《圆柱齿轮　精度　第 2 部分：径向综合偏差与径向跳动的定义和允许值》；

（3）GB/T 13924—2008《渐开线圆柱齿轮精度　检验细则》。

10.1.1　对齿轮传动的使用要求

齿轮的各项偏差基本上与齿轮的使用要求有关，对齿轮的使用要求可归纳为以下四个方面：

1. 传递运动的准确性

传递运动的准确性要求齿轮在一转范围内，传动比的变化不大。即主动轮转动一定的角度时，从动轮应按两轮传动比也转过相应的角度，即主动轮和从动轮的速比恒定。为满足传递运动的准确性要求，应限制齿轮一转中转角误差的变动量。

2. 传动平稳性

传动平稳性要求齿轮在一个齿距角范围内，其瞬时传动比变化不大，即要求运转平稳，不产生过大的冲击、振动和噪声。为满足齿轮传动平稳性要求，应保证齿轮在一个齿距角的范围内，最大的转角误差不超过一定的限度。

3. 载荷分布的均匀性

载荷分布的均匀性要求齿轮啮合时，齿轮齿面接触良好、工作齿面上的载荷分布均匀，以避免因载荷集中在局部区域而使部分齿面载荷过大出现齿面点蚀、磨损甚至断齿等现象，从而影响齿轮的承载能力和寿命。

4. 适当的侧隙

适当的侧隙要求齿轮啮合时，非工作齿面间应有一定的侧隙，用于存储润滑油、补偿制造与安装误差及热变形等，防止齿轮在工作中发生转动不灵活或齿面烧蚀，保证齿轮副正常工作。

以上四项齿轮使用要求中，第 1～3 项是对齿轮本身提出的要求，第 4 项是对齿轮副的要求。不同用途的齿轮对上述四项要求的侧重点是不同的。例如，重载低速的轧钢机和起重机的齿轮，要求接触良好，所以对齿轮的第 3 项使用要求较高，在设计这种齿轮时，齿轮载荷分布均匀性的偏差项目应给较高的精度等级。一般汽车的变速箱齿轮要求平稳性能好，即对齿轮的第 2 项使用性能要求较高，所以这种齿轮的传动平稳性偏差项目应有较高的精度等级。汽轮机减速器齿轮在高速重载的工况下工作，对工作平稳性有很高要求的同时又对运动精度和接触精度要求也很高，同时为了补偿变形和储存润滑油，齿轮副应有较大的齿侧间隙。因此，设计这种齿轮时，对齿轮的第 1～3 项使用要求所对应的偏差项目均应选较高的精度等级，同时还应给予较大的侧隙量。

10.1.2　齿轮误差产生的原因

齿轮的各种加工、安装误差都会影响齿轮的正常工作。影响齿轮传动质量的因素有很多，主要有齿轮加工系统中的机床、刀具、夹具和齿坯的加工误差与安装、调整误差以及影响齿轮副的箱体孔中心线的平行度偏差、两齿轮的中心距偏差、轴和轴套等的制造误差和装配误差等。

采用滚齿或插齿加工齿轮是比较常见的齿轮加工方法。现以滚齿机加工齿轮（图 10-1）为例，分析加工过程中产生的齿轮误差。加工齿轮时，以下两种情况会引起齿轮的齿距偏差：

（1）齿坯定位孔轴线 $O'O'$ 与加工齿轮机床芯轴 OO 之间存在间隙，造成齿坯孔基准轴线与机床工作台回转轴线不重合产生几何偏心（偏心距为 e_1）。滚刀相对于机床工作台回转中心距离视为不变时，切削出来的齿轮轮齿相对于工作台回转中心均匀分布，而相对于齿轮基准孔轴线（齿轮工作时的实际回转中心）则存在着径向误差。

（2）机床分度蜗轮中心线 $O'O''$ 与工作台中心线 OO 安装不同心（偏心距为 e_2），引起运动偏心。由于分度蜗轮带动机床工作台以 OO 轴线为中心转动，分度蜗轮的转动半径在最大值（$r_{蜗轮}+e_2$），最小值（$r_{蜗轮}-e_2$）之间变化。此时，即使机床传动链的分度蜗杆匀速转动，由于蜗杆蜗轮的中心距周期性的变化，使工作台带动齿坯非匀速（时快时慢）地转动，由此产生的运动偏心使齿轮齿距产生切向误差。

齿轮轮齿分布在圆周上，其误差具有周期性。在齿轮一转中只出现一次的误差属于长周期误差，几何偏心和运动偏心产生的误差是长周期误差，主要影响齿轮传递运动的准确性。

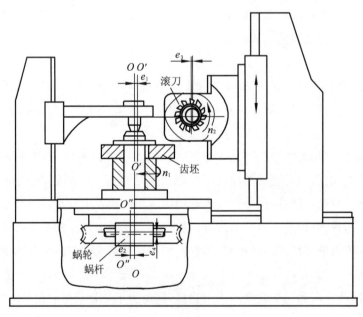

图 10-1　滚齿加工

此外,加工齿轮的滚刀存在制造和安装误差。滚刀安装误差(e_3)破坏了滚刀和齿坯之间的相对运动关系,会使被加工齿轮产生基圆误差,导致基节偏差和齿廓偏差。刀具成形面的近似造型、刀具的制造误差、刃磨误差等因素,会使被切齿轮齿面产生波纹,造成齿廓总偏差。滚刀误差在齿轮一转中重复出现,所以是短周期误差,主要影响齿轮传动的平稳性和载荷分布的均匀性。

加工齿轮机床的传动链误差,例如分度蜗杆的安装误差和轴向窜动,使分度蜗轮转速发生周期性的变化,使被加工齿轮出现齿距偏差和齿廓偏差而产生切向误差。机床分度蜗杆造成的齿轮偏差在齿轮一转中重复出现,是短周期误差。

滚齿机刀架导轨相对于工作台回转轴线倾斜或歪斜(前者相对于后者存在平行度误差)以及加工时齿坯定位端面与基准孔的轴线不垂直等因素,会形成齿廓总偏差和螺旋线偏差。

10.2　齿轮的精度评定指标及检测

齿轮各项偏差对齿轮的使用要求影响是不同的,下面按其对齿轮使用要求的影响来介绍各项齿轮精度评定指标及其检验方法。

10.2.1　影响齿轮传递运动准确性的主要齿轮偏差及检测

1. 齿距累积偏差(F_{pk})和齿距累积总偏差(F_p)

齿距累积偏差 F_{pk} 是指任意 k 个齿距的实际弧长与理论弧长的代数差(图 10-2)。理论上它等于这 k 个齿距的各单个齿距偏差的代数和。图 10-2 中所示为 $k=3$(跨 3 个齿)的齿距累积偏差 F_{p3},其中粗实线表示实际齿廓,细虚线表示理论齿廓。

除非另有规定,F_{pk} 值一般限定在不大于 1/8 圆周上评定。因此,F_{pk} 的允许值适用于齿距数 k 为 2 到小于 $z/8$ 的弧段内。通常,F_{pk} 取 $k \approx z/2$ 就足够了,如果对于特殊的应用(如高速齿轮)还需检验较小弧段,并规定相应的 k 值。

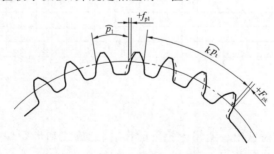

图 10-2　齿距偏差和齿距累积偏差

齿距累积总偏差 F_p 是指齿轮同侧齿面任意弧段($k=1\sim z$)内的最大齿距累积偏差,它表现为齿距累积偏差曲线的总幅值,如图 10-3 所示。图 10-3(a)中的细虚线表示公称齿廓,粗实线表示实际齿廓。由图 10-3(a)可见,第 2~4 齿的实际齿距比公称齿距大,是"正"的齿距偏差;第 5~8 齿的齿距偏差为"负"偏差,逐齿累积齿距偏差并按齿序将其画到坐标图上,如图 10-3(b)所示,其中的齿距累积偏差变动的最大幅度就是齿距累积总偏差 F_p。

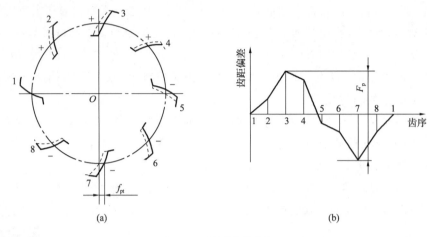

图 10-3　齿距累积总偏差

　　测量齿距偏差(F_{pk}、F_p、f_{pt})可以采用绝对法(直接法)和相对法。其中相对法测量齿距偏差比较常用,所用的仪器有齿距比较仪、万能测齿仪等。手持式齿距比较仪是采用相对法的测量原理,用于测量外啮合直齿轮和斜齿轮的齿距偏差的仪器,具体测量原理及步骤见实验指导书。

　　2. 切向综合总偏差(F_i')

　　切向综合总偏差 F_i' 是指被测齿轮与测量齿轮单面啮合检验时,被测齿轮一转内,齿轮分度圆上实际圆周位移与理论圆周位移的最大差值(图 10-4),以分度圆弧长计值。

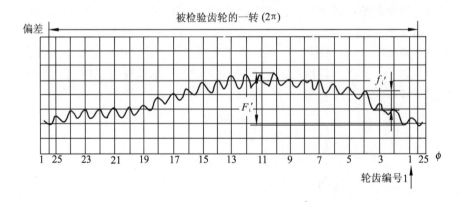

图 10-4　切向综合偏差

　　切向综合偏差能反映出一对齿轮轮齿的齿廓、螺旋线和齿距偏差的综合影响。切向综合偏差不是强制性检验项目,当供需双方同意且有高于被测齿轮精度的四个等级的测量齿轮和装置时,可以用切向综合偏差替代齿距偏差测量。

　　切向综合偏差包括切向综合总偏差 F_i' 和一齿切向综合偏差 f_i',一般用齿轮单面啮合综合检查仪(单啮仪)测量切向综合偏差。图 10-5 是单啮仪的测量原理图,其中测量齿轮和被测齿轮以公称中心距安装而形成单面啮合,直径分别与两个齿轮分度圆直径相等的摩擦圆盘做纯滚动形成标准啮合传动,测量齿轮与一个摩擦圆盘同轴且同步转动,被测齿轮与另一个摩擦圆盘同轴但可以不同步转动。若被测齿轮与同轴的摩擦圆盘回转不同步,则说明被测齿轮有转角误差,两者之间的相对转角误差通过传感器、放大器后在记录器获得一整圈的齿轮切向综合偏差曲线(图 10-4),其中的偏差曲线沿纵向的最大变动量即切向综合总偏差 F_i',偏差曲线在一个齿距角内的最大变化幅度值即一齿切向综合偏差 f_i'。

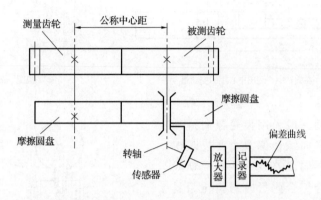

图 10-5　切向综合偏差测量原理

3. 径向综合总偏差(F_i'')

径向综合总偏差 F_i'' 是在径向(双面)综合检验时,被测齿轮的左右齿面同时与测量齿轮接触并转过一整圈时出现的中心距最大值和最小值之差(图 10-6)。

径向综合偏差用齿轮双面啮合检查仪(双啮仪)测量。径向综合偏差包括径向综合总偏差 F_i'' 和一齿径向综合偏差 f_i''。径向综合偏差检测时,测量齿轮和被测齿轮安放在双啮仪上,其中一个齿轮装在固定的轴上,另一个齿轮则装在带有滑道的轴上,该滑道带一弹簧装置,从而使两个齿轮在径向能紧密地啮合(图 10-7)。被测齿轮径向综合总偏差 F_i'' 等于齿轮旋转一整周中最大的中心距变动量,一齿径向综合偏差 f_i'' 等于齿轮转过一个齿距角时中心距的变动量,取其中的最大变动量为一齿径向综合偏差 f_i''(图 10-6)。

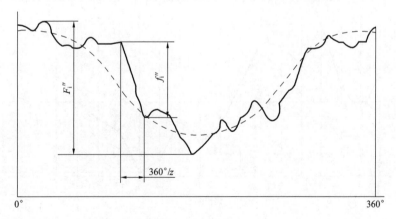

图 10-6　径向综合偏差

4. 径向跳动 F_r

齿轮径向跳动是指将球形(或圆柱形、砧形)测头相继置于每个齿槽内并在近似齿高中部与左、右齿面接触时,测头到齿轮轴线的最大和最小径向距离之差。

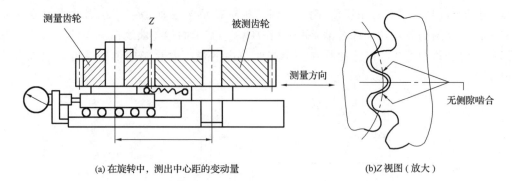

(a) 在旋转中，测出中心距的变动量　　　　(b)Z 视图（放大）

图 10-7　测量径向综合偏差的原理

齿轮径向跳动一般采用齿轮径向跳动检查仪来测量。径向综合偏差主要反映由几何偏心引起的径向误差及一些短周期误差。由于双面啮合综合测量时与齿轮刀具切削轮齿时的情况相似，为双齿面接触，所以能够反映齿轮坯和刀具安装调整误差。其测量所用的仪器简单，操作方便，测量效率高，大批量生产中应用比较普遍。图 10-8 是测量径向跳动的原理图，图 10-9 是测量齿轮径向跳动时指示表的示值变动图，指示表的最大示值与最小示值的差值为径向跳动 F_r 值，它大体上是由 2 倍的几何偏心量组成的。此外，齿轮的齿距和齿廓偏差也会对其产生影响。

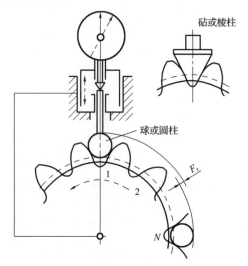

图 10-8　测量径向跳动的原理

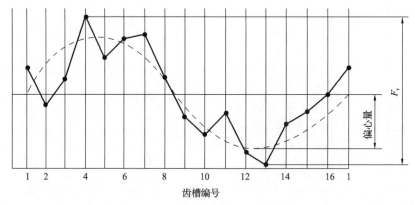

图 10-9　齿轮径向跳动的测量

10.2.2　影响齿轮传动平稳性的主要齿轮偏差及检测

1. 单个齿距偏差（f_{pt}）

单个齿距偏差 f_{pt} 是指在齿轮端平面上，在接近齿高中部的一个与齿轮轴线同心的圆上,实际齿距与理论齿距的代数差。

单个齿距偏差 f_{pt} 的测量是与齿距累积偏差测量同时进行的,经过数据处理分别得到 f_{pt},F_{pk}。

2. 齿廓总偏差(F_α)

齿廓总偏差是指在计算范围 L_α 内,包容实际齿廓迹线的两条设计齿廓迹线间的距离(图 10-10)。该量在端平面内且垂直于渐开线齿廓的方向计值。齿廓迹线是由齿轮齿廓检查仪在检查齿廓时描绘在纸上或其他适当介质上的齿廓偏差曲线。设计齿廓是渐开线(未修形齿廓),工程上也采用修形的设计齿廓,主要是考虑齿轮的制造和安装误差、承载后轮齿的变形以及为了降低噪声和改善齿轮的承载能力、提高传动质量而对渐开线齿廓进行的修形,一般的修形齿廓为凸齿形、修缘齿形等。图 10-10 是齿廓总偏差图,其中设计齿廓迹线用细点画线表示,实际齿廓迹线用粗实线表示。未经修形的渐开线齿廓迹线一般为直线,修形设计齿廓迹线是适当形状的曲线。图 10-10 中 A 点是齿轮的齿顶点,F 点是齿根圆角(或挖根)的起始点,A 点到 F 点这段齿廓是可用齿廓,可用齿廓的迹线长度称为可用长度,用 L_{AF} 表示。E 点与配对齿轮(如不知道配对齿轮,则与基本齿条)有关,是与之配对齿轮有效啮合的终止点。A 点到 E 点所确定的齿廓是有效齿廓,有效齿廓的迹线长度(A 点到 E 点的距离)称为有效长度,用 L_{AE} 表示。评定齿廓总偏差 F_α 的计算范围 $L_\alpha = L_{AE} \times 92\%$。

实际齿廓迹线如偏离了设计齿廓迹线,则表明被测齿轮存在齿廓偏差。

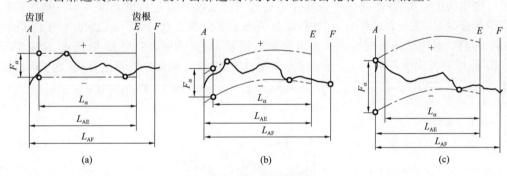

图 10-10　齿廓总偏差

3. 齿廓形状偏差($f_{f\alpha}$)

在计算范围 L_α 内,包容实际齿廓迹线的两条与平均齿廓迹线完全相同的曲线间的距离为齿廓形状偏差 $f_{f\alpha}$(图 10-11),且这两条曲线与平均齿廓迹线的距离为常数。

4. 齿廓倾斜偏差($f_{H\alpha}$)

在计算范围 L_α 内,两端与平均齿廓迹线相交的两条设计齿廓迹线间的距离为齿廓倾斜偏差 $f_{H\alpha}$(图 10-12)。

$f_{f\alpha}$ 和 $f_{H\alpha}$ 用平均齿廓迹线作为评定基准,平均齿廓是确定 $f_{f\alpha}$、$f_{H\alpha}$ 的一条辅助齿廓迹线,它是在计算范围 L_α 内用"最小二乘法"求得的一条直线,即实际齿廓迹线对平均齿廓迹线偏差的平方和最小。

齿廓偏差是刀具的制造误差(如齿形误差)和安装误差(如刀具在刀杆上的安装偏心及倾斜)以及机床传动链中短周期误差等综合因素所造成的。为了齿轮质量分等,只需检验齿廓总偏差 F_α。齿廓形状偏差 $f_{f\alpha}$ 和齿廓倾斜偏差 $f_{H\alpha}$ 不是必检项目,一般在做工艺分析时需要检测这两个偏差项目。

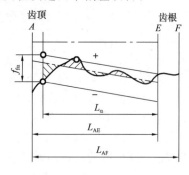

图 10-11　齿廓形状偏差

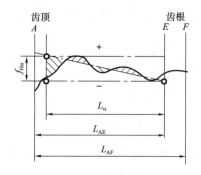

图 10-12　齿廓倾斜偏差

齿廓偏差可在渐开线检查仪上测量,图 10-13 是基圆盘式渐开线检查仪原理图。被测齿轮与基圆盘(与被测齿轮基圆大小相同)同轴安装,基圆盘与直尺相切,转动手轮通过丝杠带动直尺移动,直尺与基圆盘二者之间为纯滚动,杠杆铰接在直尺上(通过一个支杆)随直尺移动,杠杆的一端与齿轮齿廓接触,一端与指示表的测杆(或与记录纸)接触,随着直尺和基圆盘做纯滚动,直尺上的某定点(例如图 10-13 中杠杆与被测齿轮齿廓接触点)的运动轨迹即渐开线(渐开线的形成原理),该轨迹与被测齿轮的理论齿廓相同(因为基圆相同,其展成的渐开线相同)。如果被测齿廓没有偏差,则杠杆没有摆动,在与记录纸接触的一端描绘出一条直线(或指示表指针不动),该直线称为设计齿廓迹线。如果被测齿轮的齿廓有偏差,则齿廓迹线变为曲线,该曲线称实际齿廓迹线,用粗实线表示(图 10-10～图 10-12)。对齿廓迹线按齿廓偏差定义进行度量,就可求出齿廓总偏差 F_α 以及齿廓形状偏差 $f_{f\alpha}$ 和齿廓倾斜偏差 $f_{H\alpha}$。应注意的是,修形的设计齿廓迹线不是直线(适当形状的曲线),不能将其视为齿廓偏差。齿廓偏差应至少测量圆周均布的三个轮齿。

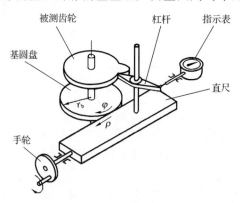

图 10-13　基圆盘式渐开线检查仪

5. 一齿切向综合偏差(f_i')

一齿切向综合偏差 f_i' 是指在一个齿距内的切向综合偏差(图 10-4)。

f_i' 是用单啮仪进行测量,在测量切向综合总偏差 F_i' 的同时也可得到一齿切向综合偏差 f_i'。一齿切向综合偏差在齿轮一转中多次出现,f_i' 是测量曲线中一个齿距内的切向综合偏差的最大分量,F_i' 是齿轮转动一转时测量曲线的最大变动量。

6. 一齿径向综合偏差（f_i''）

一齿径向综合偏差 f_i'' 是指当被测齿轮啮合一整圈时，对应一个齿距（$360°/z$）的径向综合偏差值（图 10-6）。

采用双啮仪测量 f_i''，测量曲线中每个齿距角双啮中心距变动量最大值即 f_i''，整转中双啮中心距的变动量是 F_i''（图 10-6）。

10.2.3　影响齿轮载荷分布均匀性的主要偏差及检测

1. 螺旋线总偏差（F_β）

螺旋线总偏差 F_β 是指在计算范围 L_β 内，包容实际螺旋线迹线的两条设计螺旋线迹线间的距离（图 10-14），螺旋线总偏差是在齿轮端面基圆切线方向上测得的实际螺旋线偏离设计螺旋线的量。

图 10-14 是用螺旋线迹线表示的螺旋线总偏差。由于轮齿的螺旋线是三维曲线，所以要借助螺旋线图将轮齿的螺旋线用平面图的形式表现出来。螺旋线图包括螺旋线迹线，它是由螺旋线检验设备（例如渐开线螺旋线检查仪、导程仪等）在纸上或其他适当的介质上画出来的曲线，设计螺旋线迹线是一条直线。实际螺旋线如果有偏差，其螺旋线迹线是一条曲线，它与设计螺旋线迹线的偏离量即表示实际的螺旋线与设计螺旋线的偏差。在图 10-14～图 10-16 中用细点画线表示设计螺旋线的迹线，用粗实线表示实际螺旋线迹线，Ⅰ、Ⅱ 分别表示基准面和非基准面，b 表示齿宽，L_β 表示螺旋线计算范围。为了改善承载能力，高速重载齿轮的设计螺旋线也可采用修形的形式，此时设计螺旋迹线是为适当形状的曲线。

2. 螺旋线形状偏差（$f_{f\beta}$）

螺旋线形状偏差 $f_{f\beta}$ 是指在计算范围 L_β 内，包容实际螺旋线迹线的两条与平均螺旋线迹线完全相同的直线（修形的螺旋线则是曲线）间的距离（图 10-15），且两条直线（或曲线）与平均螺旋线迹线的距离为常数。

3. 螺旋线倾斜偏差（$f_{H\beta}$）

螺旋线倾斜偏差 $f_{H\beta}$ 是指在计算范围 L_β 的两端与平均螺旋线迹线相交的设计螺旋线迹线间的距离（图 10-16）。

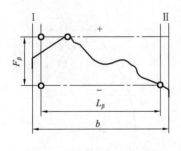
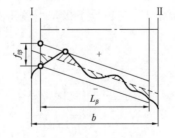
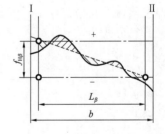

图 10-14　螺旋线总偏差　　　　图 10-15　螺旋线形状偏差　　　　图 10-16　螺旋线倾斜偏差

上述螺旋线偏差的计算范围 L_β 等于轮齿两端处各减 5% 的齿宽或一个模数的长度（迹线长度），所减数值取两个数值中较小者。平均螺旋线迹线是评价螺旋线形状和倾斜偏差的基准，它是用实际螺旋线迹线按"最小二乘法"求得的直线（修形螺旋线则为曲线），实际螺旋线迹线对平均螺旋线迹线偏差的平方和最小,图 10-15、图 10-16 中的细虚线表示平均螺旋线迹线。

螺旋线的形状偏差和倾斜偏差不是必检项目。一般情况下,被测齿轮只需检测螺旋线总偏差 F_β 即可。螺旋线偏差反映了在不同截面上齿厚沿轴向的变化情况。直齿轮可看成斜齿轮的特例,即螺旋角 $\beta=0$。因此,螺旋线偏差适用于直齿轮和斜齿轮。

上述螺旋线偏差均指在端面基圆切线方向上测得的实际螺旋线偏离设计螺旋线的量,从齿面法向上测得螺旋线偏差应转换到齿廓端面上来。螺旋线偏差应至少测量圆周均布的三个轮齿。

螺旋线偏差影响齿轮的承载能力和传动质量,其测量方法有展成法和坐标法等。展成法利用渐开线螺旋线检查仪、导程仪等仪器进行测量;坐标法则用螺旋线样板检查仪、齿轮测量中心或三坐标测量机等仪器进行测量。

10.2.4 齿轮副侧隙及相关偏差测量

要想保证齿轮副能在规定的侧隙下运行,就必须控制轮齿的齿厚。侧隙不是精度指标而是齿轮的一项使用要求,它是指两个相配齿轮的工作齿面相接触时,在两个非工作齿面之间所形成的间隙。齿轮的齿厚和中心距偏差均影响侧隙大小,齿轮的轮齿配合采用基中心距制,所以侧隙是通过减薄齿厚来获得的。齿轮轮齿的减薄量可由齿厚极限偏差或公法线长度极限偏差来控制。通常,大模数齿轮测量齿厚,中、小模数齿轮一般测量公法线长度。

1. 用齿厚极限偏差控制实际齿厚

在齿轮分度圆柱上法向平面的法向齿厚 s_n 是齿厚理论值(公称齿厚),s_n 是根据与具有理论齿厚的相配齿轮在理论中心距之下的无侧隙啮合时计算得到的,即

$$s_n = m_n(\pi/2 \pm 2x\tan\alpha_n) \tag{10-1}$$

式中,m_n、α_n 和 x 分别表示法向模数、法向压力角和变位系数;外齿轮用加号,内齿轮用减号。

图 10-17 是齿轮齿厚的允许偏差示意图,齿厚的最大极限 s_{ns} 和最小极限 s_{ni} 是指齿厚的两个极端的允许值,齿厚的实际尺寸 $s_{nactual}$(简写为 s_{na})应位于这两个极端允许值之间。齿厚极限偏差是指齿厚上极限偏差 E_{sns} 与齿厚下极限偏差 E_{sni},其计算公式为

$$E_{sns} = s_{ns} - s_n \tag{10-2}$$

$$E_{sni} = s_{ni} - s_n \tag{10-3}$$

齿厚公差 T_{sn} 是齿厚上极限偏差 E_{sns} 与下极限偏差 E_{sni} 之差,即

$$T_{sn} = E_{sns} - E_{sni} \tag{10-4}$$

齿厚偏差 f_{sn}(实际齿厚与公称齿厚之差)应满足

$$E_{sni} \leqslant f_{sn} \leqslant E_{sns} \tag{10-5}$$

实际齿厚 s_{na} 的测量可采用齿厚游标卡尺。

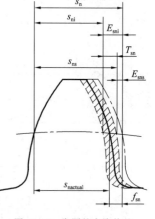

图 10-17 齿厚的允许偏差

2. 用公法线长度极限偏差控制实际齿厚

公法线长度是指在齿轮基圆柱切平面(公法线平面)上跨 k 个齿(对内齿轮跨 k 个齿槽)测得的轮齿异侧齿面间的两个平行平面之间的距离。由渐开线性质可知,跨 k 个齿的齿廓间所有法线长度都是常数,这样就可以较方便地测量齿轮的公法线长度。如果齿厚有减薄,则相应公法线也会变短。因此,可用公法线长度偏差来评定齿厚减薄量。图 10-18 所示为公法线长度的允许偏差,其中 W_{kthe}(简写为 W_k)、$W_{kactual}$(简写为 W_{ka})分别是指公法线长度的理论值(公称值)和实际值。

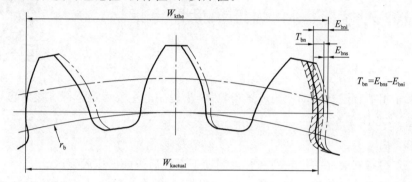

图 10-18　公法线长度的允许偏差

公法线长度可采用公法线千分尺进行测量。测量时,需先计算被测齿轮的公法线长度的理论值(公称值)W_k,W_k 的计算公式为

$$W_k = m_n \cos\alpha_n \left[(k-0.5)\pi + z\,\mathrm{inv}\alpha_t + 2x\tan\alpha_n \right] \tag{10-6}$$

式中　m_n、z、α_n、α_t、x——齿轮的法向模数、齿数、法向压力角、端面压力角($\alpha_t = \arctan(\tan\alpha_n/\cos\beta)$)、变位系数;

$\mathrm{inv}\alpha_t$——渐开线函数($\mathrm{inv}\alpha_t = \tan\alpha_t - \alpha_t\pi/180°$,$\mathrm{inv}20° = 0.014\,904$);

k——测量时的跨齿数。

直齿轮、非变位齿轮利用公式计算 W_k 时,取 $\alpha_n = \alpha_t$、$x = 0$。

测量公法线时,为使测量器具的测量面大致在齿高中部接触,测量时的跨齿数 k 的计算公式为

对直齿轮　　　　　　　　　　$k = z\alpha_m/180° + 0.5 \tag{10-7}$

式中　$\alpha_m = \arccos(d_b/(d+2xm))$,$d_b$ 和 d 分别为被测齿轮的基圆和分度圆直径。

斜齿轮的 k 值要由其假想齿数 $z' = z\,\mathrm{inv}\alpha_t/\mathrm{inv}\alpha_n$ 计算,即

$$k = \frac{\alpha_n}{180°}z' + 0.5 + \frac{2x_n\cos\alpha_n}{\pi} \tag{10-8}$$

对标准直齿轮、斜齿轮(非变位、压力角为 20°),其跨齿数为

$$k = z/9 + 0.5 (直齿轮) \tag{10-9}$$

$$k = z'/9 + 0.5 (斜齿轮) \tag{10-10}$$

计算出的 k 值若不是整数,则取最接近的整数作为测量时的跨齿数。

公法线长度上极限偏差 E_{bns}、下极限偏差 E_{bni} 是通过齿厚上极限偏差 E_{sns}、下极限偏差 E_{sni} 的换算得到,即

$$E_{bn\binom{s}{i}} = E_{sn\binom{s}{i}}\cos\alpha_n \tag{10-11}$$

实测的公法线长度 W_{ka} 应满足

$$W_k \pm E_{bni} \leqslant W_{ka} \leqslant W_k \pm E_{bns} \tag{10-12}$$

式中,外齿轮用加号,内齿轮用减号。

注意:只有斜齿轮的宽度 $b > 1.015 W_k \sin\beta_b$($\beta_b$ 是基圆螺旋角,$\sin\beta_b = \sin\beta\cos\alpha_n$)时,才采用公法线长度偏差作为侧隙指标。对齿宽太窄的斜齿轮,不允许进行公法线测量时,可以用间接检测齿厚的方法,即把两个球或圆柱(销子)置于尽可能在直径上相对的齿槽内,然后测量跨球(圆柱)尺寸来控制齿厚偏差。

10.3 齿轮副和齿坯精度评定指标

10.3.1 齿轮副评定指标

一对齿轮相啮合进行传动就构成了齿轮副,齿轮副的主要评定指标有接触斑点、轴线平行度偏差、中心距偏差等。

1. 接触斑点

接触斑点是指安装好的齿轮副在轻微制动下运转后齿面的接触痕迹。

轮齿的展开图上的接触斑点如图 10-19 所示。接触痕迹的大小由齿高方向和齿长方向的百分数表示,图 10-19 中 b_{c1}、b_{c2} 分别是齿长方向上较大的接触长度和较小的接触长度;h_{c1}、h_{c2} 分别表示齿高方向上较大的接触高度和较小的接触高度。用 b 表示齿宽,则齿轮在不同精度时轮齿的接触斑点要求见表 10-1。

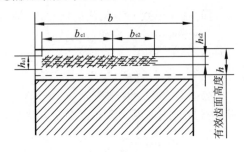

图 10-19 接触斑点分布

表 10-1 齿轮装配后的接触斑点(摘自 GB/Z 18620.4—2008) ％

精度等级 ;	直齿轮				斜齿轮			
	b_{c1}/b	h_{c1}/h	b_{c2}/b	h_{c2}/h	b_{c1}/b	h_{c1}/h	b_{c2}/b	h_{c2}/h
4 及更高	50	70	40	50	50	50	40	30
5 和 6	45	50	35	30	45	40	35	20
7 和 8	35	50	35	30	35	40	35	20
9～12	25	50	25	30	25	40	25	20

安装在箱体的齿轮副接触斑点可评估轮齿间的载荷分布情况,测量齿轮与产品齿轮的接触斑点可评估产品齿轮在装配后的螺旋线和齿廓精度。接触斑点的检查比较简单,经常用在大齿轮或现场没有检查仪的场合。

2. 轴线平行度偏差（图 10-20）

齿轮副的轴线平行度偏差分为轴线平面内的平行度偏差 $f_{\Sigma\beta}$ 和垂直平面内的平行度偏差 $f_{\Sigma\beta}$。轴线平面内的平行度偏差 $f_{\Sigma\delta}$ 是指在公共平面测得的两轴线平行度偏差，该公共平面是由较长轴承跨距 L 的轴线和另一轴上的一个轴承确定的（一条轴线和一个点构成一个平面）或如果两个轴承的跨距相同，则用小齿轮轴和大齿轮轴上的一个轴承构成公共平面。垂直平面上的平行度偏差 $f_{\Sigma\beta}$ 是在与轴线公共平面相垂直的"交错轴平面"上测量的两轴线的平行度偏差，轴线平行度偏差影响齿长方向的正确接触。

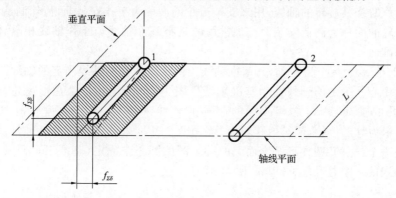

图 10-20　轴线平行度偏差

轴线平行度偏差影响齿轮副的接触精度和齿侧间隙，因此对这两种偏差给出了最大推荐值计算公式，即

$$f_{\Sigma\beta} = 0.5\left(\frac{L}{d}\right)F_{\beta} \tag{10-13}$$

$$f_{\Sigma\delta} = 2f_{\Sigma\beta} \tag{10-14}$$

3. 中心距偏差

中心距偏差 f_a 是指实际中心距与公称中心距的差值。齿轮副存在中心距偏差时，会影响齿轮副的侧隙。中心距公差是设计者规定的允许偏差，公称中心距是在考虑了最小侧隙及两齿轮齿顶和其相啮合的非渐开线齿廓齿根部分的干涉后确定的。选择中心距极限偏差 $\pm f_a$ 时可参考表 10-2。

表 10-2 　中心距极限偏差 $\pm f_a$ 　　　　μm

齿轮精度等级	1～2	3～4	5～6	7～8	9～10	11～12
f_a	1/2IT4	1/2IT6	1/2IT7	1/2IT8	1/2IT9	1/2IT11
齿轮副的中心距 a/mm ＞50～80	4	9.5	15	23	37	95
＞80～120	5	11	17.5	27	43.5	110
＞120～180	6	12.5	20	31.5	50	125
＞180～250	7	14.5	23	36	57.5	145
＞250～315	8	16	26	40.5	65	160
＞315～400	9	18	28.5	44.5	70	180
＞400～500	10	20	31.5	48.5	77.5	200

10.3.2 齿坯精度指标

齿坯的加工精度影响齿轮的加工、检测和安装精度。给出较高精度的齿坯公差比加工高精度齿轮要经济,因此应给出齿坯相应的公差项目。

1.齿轮的基准轴线及确定方法

齿轮公差和(轴承)安装面的公差均需相对于基准轴线来确定。基准轴线是指制造和检验时用来对单个齿轮确定轮齿几何形状的轴线,是由基准平面的中心确定的。工作轴线是齿轮工作时绕其旋转的轴线,用来安装齿轮的面称为工作安装面,齿轮制造或检测时用来安装齿轮的面称为制造安装面。最常用的是将基准轴线与工作轴线相重合,即将安装面作为基准面。

图 10-21 所示为一个齿轮轴,其基准轴线为两个短圆柱的轴线确定的轴线。图 10-22 所示为用两中心孔确定的轴线作为基准轴线。图 10-23 所示为一个盘形齿轮,其内孔较长,可用此孔的轴线(用与之相匹配的芯轴的轴线来代表)来作为齿轮的基准轴线。图 10-24 所示为盘形齿轮,但其内孔较短,需用两个基准来确定齿轮的基准轴线:基准轴线的位置用一个"短的"圆柱形基准面上的一个圆的圆心来确定(基准 A),而其方向则用垂直于此轴线的一个基准端面(基准 B)来确定。

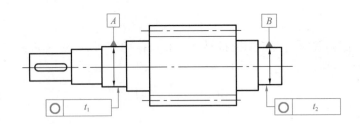

图 10-21　用两个"短的"基准面确定基准轴线

2.齿坯的公差项目

(1)基准面、安装面、工作面的形状公差

基准圆柱面应给定圆度公差或圆柱度公差,基准平面应给出平面度公差,当基准轴线与工作轴线不同轴时应给工作安装面(安装轴承处)跳动公差。各项形状公差的标注如图 10-21～图 10-24 所示,基准面、制造安装面、工作安装面的形状公差见表 10-3。基准轴线与安装轴线不同轴时(图 10-22),工作安装面对基准轴线的跳动公差见表 10-4,其中 D_d 为基准端面直径。

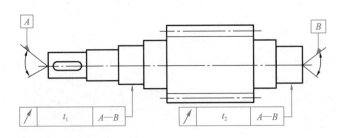

图 10-22　用中心孔确定基准轴线

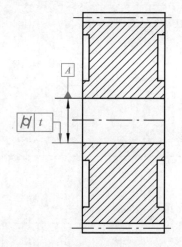

图 10-23　用一个"长的"基准面确定基准轴线

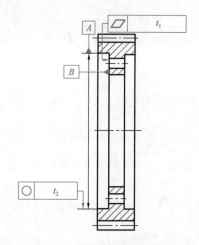

图 10-24　用一个圆柱面和一个端面确定基准轴线

（2）齿坯尺寸公差

齿坯尺寸公差涉及齿顶圆直径、齿轮轴轴颈直径、盘状齿轮基准孔直径公差等。2008年版国家标准中只给出原则性的意见，即"齿坯的公差应减至能经济地制造的最小值"及"应适当选择齿顶圆直径的公差以保证最小限度的设计重合度，同时又具有足够的顶隙"。在设计齿坯尺寸公差时，可参考表 10-5。

（3）齿轮表面粗糙度

齿轮齿面的表面结构对齿轮的传动精度和抗疲劳性能等产生影响。齿面表面粗糙度的推荐的极限值见表 10-6。

基准面的尺寸精度根据与之配合面的配合性质来选定。齿轮的基准孔、基准端面、径向找正用的圆柱面、齿顶圆柱面（作为测量齿厚偏差的基准时）的表面粗糙度值可参考表 10-7。齿轮轴颈的表面粗糙度值可按与之配合的轴承的公差等级确定。

表 10-3　　　基准面与安装面的形状公差（摘自 GB/Z 18620.3—2008）

确定轴线的基准面	公 差 项 目		
	圆 度	圆 柱 度	平 面 度
两个"短的"圆柱或圆锥形基准面	$0.04(L/b)F_\beta$ 或 $0.1F_p$ 取两者中之小值		
一个"长的"圆柱或圆锥形基准面		$0.04(L/b)F_\beta$ 或 $0.1F_p$ 取两者中之小值	
一个短的圆柱面和一个端面	$0.06F_p$		$0.06(D_d/b)F_\beta$

注：齿坯的公差应减至能经济地制造的最小值。

表 10-4 安装面的跳动公差(摘自 GB/Z 18620.3—2008)

确定轴线的基准面	跳动量(总的指示幅度)	
	径 向	轴 向
仅指圆柱或圆锥形基准面	$0.15(L/b)F_\beta$ 或 $0.3F_p$ 取两者中之大值	
用一个圆柱面和一个端面确定基准面	$0.3F_p$	$0.2(D_d/b)F_\beta$

注:齿坯的公差应减至能经济地制造的最小值。

表 10-5 齿坯尺寸公差(摘自 GB/Z 18620.3—2008)

齿轮精度等级	3	4	5	6	7	8	9	10	11	12
盘状齿轮基准孔直径公差	IT4	IT5	IT6	IT7			IT8		IT9	
齿轮轴轴颈直径公差	通常按滚动轴承的公差等级确定									
齿顶圆直径公差	IT7			IT8			IT9		IT11	

注:①齿轮的各项精度不同时,齿轮基准孔的尺寸公差按齿轮的最高精度等级;

②标准公差 IT 值见标准公差表;

③齿顶圆柱面不作为测量齿厚的基准面时,齿顶圆直径公差按 IT11 给定,但不得大于 0.1 mm。

表 10-6 齿面表面粗糙度的推荐的极限值(摘自 GB/Z 18620.4—2008) μm

齿轮精度等级	Ra			Rz		
	模数 m/mm					
	$m \leqslant 6$	$6 < m \leqslant 25$	$m > 25$	$m \leqslant 6$	$6 < m \leqslant 25$	$m > 25$
1	—	0.04	—	—	0.25	—
2	—	0.08	—	—	0.5	—
3	—	0.16	—	—	1.0	—
4	—	0.32	—	—	2.0	—
5	0.5	0.63	0.80	3.2	4.0	5.0
6	0.8	1.00	1.25	5.0	6.3	8.0
7	1.25	1.6	2.0	8.0	10.0	12.5
8	2.0	2.5	3.2	12.5	16	20
9	3.2	4.0	5.0	20	25	32
10	5.0	6.3	8.0	32	40	50
11	10.0	12.5	16	63	80	100
12	20	25	32	125	160	200

表 10-7　　　　　　　　　　齿轮基准面的表面粗糙度轮廓幅度参数 *Ra* 值　　　　　　　　　　μm

齿轮精度等级	3	4	5	6	7	8	9	10
齿轮的基准孔	≤0.2	≤0.2	0.2~0.4	≤0.8	0.8~1.6	≤1.6	≤3.2	≤3.2
端面、齿顶圆柱面	0.1~0.2	0.2~0.4	0.4~0.8	0.4~0.8	0.8~1.6	1.6~3.2	≤3.2	≤3.2
齿轮轴的轴颈	≤0.1	0.1.~0.2	≤0.2	≤0.4	≤0.8	≤1.6	≤1.6	≤1.6

10.4　渐开线圆柱齿轮精度标准及渐开线圆柱齿轮精度设计

目前我国实施的齿轮精度标准为 GB/T 10095.1～10095.2—2008，是对 GB/T 10095.1～10095.2—2001 的修订，用以替代 GB/T 10095—2001。这项国家标准等同采用了相应的国际标准(ISO 1328-1:1995,IDT 和 ISO 1328-2:1997,IDT)。

10.4.1　渐开线圆柱齿轮精度标准

齿轮精度标准(GB/T 10095.1～10095.2)对轮齿同侧齿面偏差的齿距偏差、齿廓偏差、螺旋线偏差，切向综合偏差和径向跳动公差规定了 0,1,2,……,12 共 13 个精度等级；对径向综合偏差(F_i'' 和 f_i'')规定了 4～12 共 9 个精度等级。精度等级中 0 级精度最高，12 级精度最低。其中 0～2 级为待发展级，3～5 级为高精度级，6～9 级为使用最广的中等精度级，10～12 级为低精度级。

齿轮精度标准适用于轮齿同侧齿面偏差和径向跳动公差项目的模数 m_n≥0.5～70 mm、分度圆直径 d≥5～10 000 mm、齿宽 b≥4～1 000 mm 以及径向综合偏差项目的模数 m_n≥0.2～10 mm、d≥5～1 000 mm 的渐开线圆柱齿轮。基本齿廓按照 GB/T 1356—2001《渐开线圆柱齿轮基本齿廓》的规定执行。

齿轮的各项偏差允许值是以 5 级精度为基础，通过公式计算而得出的。根据齿轮偏差允许值的计算公式计算出的常用的齿轮各项偏差值见表 10-8～表 10-11。其中一齿切向综合偏差 f_i' 值是通过查取表中 f_i'/K 值再乘以系数 K 而确定，K 值由总重合度 ε_γ 限定，当 ε_γ≥4 时，K=0.4；切向综合总偏差则通过公式 F_i'=F_p+f_i' 计算得到。

表 10-8　±f_{pt}、F_p、F_r 偏差的允许值,f'_i/K 比值(摘自 10095.1~10095.2)

μm

分度圆直径 d/mm	模数 m/mm 精度等级	单个齿距偏差 ±f_{pt}					齿距累积总偏差 F_p					径向跳动公差 F_r					f'_i/K 值				
		5	6	7	8	9	5	6	7	8	9	5	6	7	8	9	5	6	7	8	9
≥5~20	≥0.5~2	4.7	6.5	9.5	13	19	11	16	23	32	45	9.0	13	18	25	36	14	19	27	38	54
	>2~3.5	5.0	7.5	10	15	21	12	17	23	33	47	9.5	13	19	27	38	16	23	32	45	64
≥20~50	≥0.5~2	5.0	7.0	10	14	20	14	20	29	41	57	11	16	23	32	46	14	20	29	41	58
	>2~3.5	5.5	7.5	11	15	22	15	21	30	42	59	12	17	24	34	47	17	24	34	48	68
	>3.5~6	6.0	8.5	12	17	24	15	22	31	44	62	12	17	25	35	49	19	27	38	54	77
≥50~125	≥0.5~2	5.5	7.5	11	15	21	18	26	37	52	65	15	21	29	42	59	16	22	31	44	62
	>2~3.5	6.0	8.5	12	17	23	19	27	38	53	74	15	21	30	43	61	18	25	36	51	72
	>3.5~6	6.5	9.0	13	18	26	19	28	39	55	76	16	22	31	44	62	20	29	40	57	81
≥125~280	≥0.5~2	6.0	8.5	12	17	24	24	35	49	69	78	20	28	39	55	78	17	24	34	49	69
	>2~3.5	6.5	9.0	13	18	26	25	35	50	70	82	20	28	40	56	80	20	28	39	56	79
	>3.5~6	7.0	10	14	20	28	25	36	51	72	88	20	29	41	58	82	22	31	44	62	88
≥280~560	≥0.5~2	6.5	9.5	13	19	27	32	46	64	91	96	26	36	51	73	103	19	27	39	54	77
	>2~3.5	7.0	10	14	20	29	33	46	65	92	98	26	37	52	74	105	22	31	44	62	87
	>3.5~6	8.0	11.0	16	22	31	33	47	66	94	100	27	38	53	75	106	24	34	48	68	96

表 10-9　　　　　F_α 的允许值、$f_{f\alpha}$ 和 $f_{f\beta}$ 的数值（摘自 GB/T 10095.1—2008）　　　　　μm

分度圆直径 d/mm	模数 m/mm	齿廓总偏差 $F_{f\alpha}$					齿廓形状偏差 $f_{f\alpha}$					齿廓倾斜偏差 $f_{f\beta}$				
		5	6	7	8	9	5	6	7	8	9	5	6	7	8	9
≥5~20	≥0.5~2	4.6	6.5	9.0	13	18	3.5	5.0	7.0	10.0	14.0	2.9	4.2	6.0	8.5	12.0
	>2~3.5	6.5	9.5	13	19	26	5.0	7.0	10.0	14.0	20.0	4.2	6.0	8.5	12.0	17.0
>20~50	≥0.5~2	5.0	7.5	10	15	21	4.0	5.5	8.0	11.0	16.0	3.3	4.6	6.5	9.5	13.0
	>2~3.5	7.0	10	14	20	29	5.5	8.0	11.0	16.0	22.0	4.5	6.5	9.0	13.0	18.0
	>3.5~6	9.0	12	18	25	35	7.0	9.5	14.0	19.0	27.0	5.5	8.0	11.0	16.0	22.0
>50~125	≥0.5~2	6.0	8.5	12	17	23	4.5	6.5	9.0	13.0	18.0	3.7	5.5	7.5	11.0	15.0
	>2~3.5	8.0	11	16	22	31	6.0	8.5	12.0	17.0	24.0	5.0	7.0	10.0	14.0	20.0
	>3.5~6	9.5	13	19	27	38	7.5	10.0	15.0	21.0	29.0	6.0	8.5	12.0	17.0	24.0
>125~280	≥0.5~2	7.0	10	14	20	28	5.5	7.5	11.0	15.0	21.0	4.4	6.0	9.0	12.0	18.0
	>2~3.5	9.0	13	18	25	36	7.0	9.5	14.0	19.0	28.0	5.5	8.0	11.0	16.0	23.0
	>3.6~6	11	15	21	30	42	8.0	12.0	16.0	23.0	33.0	6.5	9.5	13.0	19.0	27.0
>280~560	≥0.5~2	8.5	12	17	23	33	6.5	9.0	13.0	18.0	26.0	5.5	7.5	11.0	15.0	21.0
	>2~3.5	10	15	21	29	41	8.0	11.0	16.0	22.0	32.0	6.5	9.0	13.0	18.0	26.0
	>3.5~6	12	17	24	34	48	9.0	13.0	18.0	26.0	37.0	7.5	11.0	15.0	21.0	30.0

表 10-10　　　　　F_β 允许值、$f_{f\beta}$ 和 ±$f_{H\beta}$ 数值（摘自 GB/T 10095.1—2008）　　　　　μm

分度圆直径 d/mm	齿宽 b/mm	螺旋线总偏差 F_β					螺旋线形状偏差 $f_{f\beta}$ 和螺旋线倾斜偏差 ±$f_{H\beta}$				
		5	6	7	8	9	5	6	7	8	9
≥5~20	≥4~10	6.0	8.5	12	17	24	4.4	6.0	8.5	12	17
	>10~20	7.0	9.5	14	19	28	4.9	7.0	10	14	20
>20~50	≥4~10	6.5	9.0	13	18	25	4.5	6.5	9.0	13	18
	>10~20	7.0	10	14	20	29	5.0	7.0	10	14	20
	>20~40	8.0	11	16	23	32	6.0	8.0	12	16	23
>50~125	≥4~10	6.5	9.5	13	19	27	4.8	6.5	9.5	13	19
	>10~20	7.5	11	15	21	30	5.5	7.5	11	15	21
	>20~40	8.5	12	17	24	34	6.0	8.5	12	17	24
	>40~80	10	14	20	28	39	7.0	10	14	20	28
>125~280	≥4~10	7.0	10	14	20	29	5.0	7.0	10	14	20
	>10~20	8.0	11	16	22	32	5.5	8.0	11	16	23
	>20~40	9.0	13	18	25	36	6.5	9.0	13	18	25
	>40~80	10	15	21	29	41	7.5	10	15	21	29
	>80~160	12	17	25	35	49	8.5	12	17	25	35
>280~560	>10~20	8.5	12	17	24	34	6.0	8.5	12	17	24
	>20~40	9.5	13	19	27	38	7.0	9.5	14	19	27
	>40~80	11	15	22	33	44	8.0	11	16	22	31
	>80~160	13	18	26	36	54	9.0	13	18	26	37
	>160~250	15	21	30	43	60	11	15	22	30	43

表 10-11　　　　　　　　F_i''、f_i'' 公差值（摘自 GB/T 10095.2—2008）　　　　　　　　　　μm

分度圆直径 d/mm	模数 m/mm　　　精度等级	径向综合总偏差 F_i''					一齿径向综合偏差 f_i''				
		5	6	7	8	9	5	6	7	8	9
≥5~20	≥0.2~.05	11	15	21	30	42	2.0	2.5	3.5	5.0	7.0
	>0.5~0.8	12	16	23	33	46	2.5	4.0	5.5	7.5	11.0
	>0.8~1.0	12	18	25	35	50	3.5	5.0	7.0	10	14.0
	>1.0~1.5	14	19	27	38	54	4.5	6.5	9.0	13	18.0
>20~50	≥0.2~0.5	13	19	26	37	52	2.0	2.5	3.5	5.0	7.0
	>0.5~0.8	14	20	28	40	56	2.5	4.0	5.5	7.5	11.0
	>0.8~1.0	15	21	30	42	60	3.5	5.0	7.0	10	14.0
	>1.0~1.5	16	23	32	45	64	4.5	6.5	9.0	13	18.0
	>1.5~2.5	18	26	37	52	73	6.5	9.5	13	19	26.0
>50~125	≥1.0~1.5	19	27	39	55	77	4.5	6.5	9.0	13	18.0
	>1.5~2.5	22	31	43	61	86	6.5	9.5	13	19	26.0
	>2.5~4.0	25	36	51	72	102	10	14	20	29	41.0
	>4.0~6.0	31	44	62	88	124	15	22	31	44	62.0
	>6.0~10	40	57	80	114	161	24	34	48	67	95.0
>125~280	≥1.0~1.5	24	34	48	68	97	4.5	6.5	9.0	13	18.0
	>1.5~2.5	26	37	53	75	106	6.5	9.5	13	19	27.0
	>2.5~4.0	30	43	61	86	121	10	15	21	29	41.0
	>4.0~6.0	36	51	72	102	144	15	22	48	67	62.0
	>6.0~10	45	64	90	127	180	24	34	48	67	95.0
>280~560	≥1.0~1.5	30	43	61	86	122	4.5	6.5	9.0	13	18.0
	>1.5~2.5	33	46	65	92	131	6.5	9.5	13	19	27.0
	>2.5~4.0	37	52	73	104	146	10	15	21	29	41.0
	>4.0~6.0	42	60	84	119	169	15	22	31	44	62.0
	>6.0~10	51	73	103	105	205	24	34	48	68	96.0

10.4.2　渐开线圆柱齿轮精度设计

齿轮精度设计的内容主要有：选择齿轮精度等级、齿轮副侧隙和齿厚极限偏差的确定、齿坯精度项目的确定、齿轮检测项目的确定、精度等级的标注等。

1. 选择齿轮精度等级

选择齿轮精度等级是齿轮精度设计的关键步骤之一，应考虑齿轮的用途、使用要求、工作条件等要求。在满足使用要求的前提下，应尽量选择较低的齿轮精度等级。精度等级的选择方法有计算法和类比法。高精度齿轮精度等级的确定一般采用计算法，普通精度的齿轮精度大多数采用类比法。所谓类比法，是指根据生产实践中总结出来的同类产品的经验资料，经过比对来确定齿轮的精度等级。

表 10-12 列出了各种机器中齿轮传动所需的精度等级，各级精度齿轮的应用范围及齿轮精度与齿轮的圆周速度的关系见表 10-13。一般可根据齿轮的圆周速度来选择齿轮的精度等级。

表 10-12　　　　　　　　不同机器中的齿轮采用的精度等级

应用范围	精度等级	应用范围	精度等级
测量齿轮(单、双啮仪)	2~5	载重汽车	6~9
涡轮机减速器	3~5	通用减速器	6~8
金属切削机床	3~8	起重机	6~9
轿车	5~8	拖拉机	6~10

表 10-13　　　　　　　　齿轮传动精度等级的选择和应用

精度等级	圆周速度 $v/(m/s)$		应　用
	直齿圆柱齿轮	斜齿圆柱齿轮	
6	≤15	≤25	高速重载的齿轮传动,如飞机、汽车和机床中的重要齿轮;分度机构的齿轮
7	≤10	≤17	高速中载或中速重载的齿轮传动,如标准系列的减速器中的齿轮,汽车和机床中的齿轮
8	≤5	≤10	用于中等速度,较平稳传动的齿轮,如工程机械、起重运输机械和小型工业齿轮箱(普通减速器)的齿轮
9	≤3	≤3.5	用于一般性工作和噪声要求不高的齿轮、受载低于计算载荷的传动齿轮,速度大于 1m/s 的开式齿轮传动和转盘的齿轮

2. 齿轮副侧隙和齿厚极限偏差的确定

侧隙由设计人员根据齿轮给定的应用条件来确定。首先要确定齿轮副所需的最小法向侧隙 j_{bnmin},即

$$j_{bnmin} = \frac{2}{3}(0.06 + 0.000\ 5a + 0.03m_n) \tag{10-15}$$

式中　a——中心距;

　　　m_n——法向模数。

法向侧隙可按式(10-15)计算或查表 10-14。

表 10-14　　　　对于中、大模数齿轮最小法向侧隙 j_{bnmin} 的推荐数据　　　　mm

m_n	中心距 a					
	50	100	200	400	800	1 600
1.5	0.09	0.11	—	—	—	—
2	0.10	0.12	0.15	—	—	—
3	0.12	0.14	0.17	0.24	—	—
5	—	0.18	0.21	0.28	—	—
8	—	0.24	0.27	0.34	0.47	—
12	—	—	0.35	0.42	0.55	—
18	—	—	—	0.54	0.67	0.94

如果不考虑齿距偏差、中心距偏差、螺旋线偏差等因素，最小法向侧隙 j_{bnmin} 是在齿厚加工最大时，即齿厚极限偏差为上极限偏差时形成的。将齿厚偏差的计算值换算到法向侧隙方向，所以有

$$j_{bnmin} = |(E_{sns1} + E_{sns2})| \cos\alpha_n$$

当大小齿轮的上极限偏差取相同时，则有

$$E_{sns} = \frac{j_{bnmin}}{2\cos\alpha_n} \qquad (10\text{-}16)$$

齿厚公差 T_{sn} 的大小主要取决于切齿时的进刀公差 b_r 和齿轮径向跳动 F_r，齿厚公差的计算公式为

$$T_{sn} = 2\cos\alpha_n \sqrt{b_r^2 + F_r^2} \qquad (10\text{-}17)$$

式中，b_r 值按表 10-15 选取，F_r 值按齿轮传递运动准确性的精度等级、分度圆直径、法向模数查表 10-8 确定。

表 10-15 　　　　　　　　　　　　切齿时径向进刀公差 b_r

齿轮精度等级	4	5	6	7	8	9
b_r	1.26IT7	IT8	1.26IT8	IT9	1.26IT9	IT10

由此，齿厚下极限偏差 E_{sni} 为

$$E_{sni} = E_{sns} - T_{sn} \qquad (10\text{-}18)$$

注意：齿厚上极限偏差、下极限偏差均应为负值，以保证能获得必要的齿侧间隙。如果侧隙指标采用公法线长度偏差，其偏差值用式(10-11)计算。

3. 齿坯精度项目的确定

齿轮图样中要给出齿坯的公差项目，一般要给出齿轮定位面、齿轮加工基准和工作基准面的尺寸和形状公差(或跳动公差)、齿顶圆尺寸公差(如果用齿顶圆作测量齿厚的定位基准或加工时作为找正面，还需给出齿顶圆的跳动公差)、齿面和其他表面的表面粗糙度轮廓偏差等，其示例参见齿轮零件图(图 10-25)。

4. 齿轮的检测项目的确定

一般精度的单个齿轮应采用齿距累积总偏差(F_p)、单个齿距极限偏差($\pm f_{pt}$)、齿廓总偏差(F_α)、螺旋线总偏差(F_β)等精度项目；齿轮侧隙项目选用齿厚极限偏差或公法线长度极限偏差；高速齿轮应检测齿距累积偏差(F_{pk})；若供需双方同意，有高于产品齿轮 4 级及以上精度的测量齿轮时，可检验切向综合偏差 F_i' 和 f_i' 来替代单个齿距偏差 f_{pt}' 以及齿距累积总偏差 F_p。F_r，F_i'，f_i'，F_i''，f_i''，$f_{f\alpha}$，$f_{H\alpha}$，$f_{f\beta}$，$f_{H\beta}$ 等不是必检项目，若需检验，应在供需双方协议中明确规定。径向跳动 F_r 的公差可按表 10-9 选择，也可经供需双方协商另行规定径向跳动公差值。

5. 精度等级的标注

齿轮的检测项目为同一精度等级时，可直接标注精度等级和标准号，例如8 GB/T 10095.1 或 7 GB/T 10095.2。若齿轮检验项目的精度等级不同时，则需分别标

注。例如,齿廓总偏差 F_α 为 6 级,齿距累积总偏差 F_p 为 7 级,螺旋线总偏差 F_β 为 7 级,则标注为 $6(F_\alpha)$,$7(F_p,F_\beta)$ GB/T 10095.1

10.4.3　渐开线圆柱齿轮精度设计示例

【例 10-1】　一级圆柱斜齿轮减速器,输出功率 $P=40$ kW,高速轴转速 $n_1=1\,470$ r/min。法向模数 $m_n=3$ mm,齿数 $z_1=19$、$z_2=63$,齿宽 $b_1=55$ mm、$b_2=50$ mm,齿轮螺旋角 $\beta=18°53'16''$,大、小齿轮均采用非变位齿轮。小齿轮采用齿轮轴,大齿轮设计成盘形齿轮,支撑齿轮的轴承跨距 $L=100$ mm。要求设计大齿轮,并绘出齿轮图样。

解　(1)确定齿轮精度

小齿轮的分度圆直径 $d_1=m_n z_1/\cos\beta=3×19/\cos18°53'16''=60.249$ mm

大齿轮的分度圆直径 $d_2=m_n z_2/\cos\beta=3×63/\cos18°53'16''=199.756$ mm

齿轮公称中心距 $a=(d_1+d_2)/2=130$ mm

齿轮圆周速度 $v=\dfrac{\pi d_1 n_1}{1\,000×60}=\dfrac{3.14×60.249×1\,470}{1\,000×60}=4.635$ m/s

参考表 10-12、表 10-13,按齿轮的圆周速度、应用场合选择该齿轮的精度等级为 8 级比较适合。

(2)侧隙、齿厚极限偏差和公法线极限偏差的确定

计算所需最小侧隙,按式(10-15)可得

$$j_{bnmin}=\frac{2}{3}(0.06+0.000\,5a+0.03m_n)=\frac{2}{3}(0.06+0.000\,5×130+0.03×3)=0.143 \text{ mm}$$

取大、小齿轮的上极限偏差相同,由式(10-16)可得

$$E_{sns2}=E_{sns1}=\frac{j_{bnmin}}{2\cos\alpha_n}=\frac{0.143}{2\cos20°}=0.076 \text{ mm}$$

将计算值取负值,则 $E_{sns1}=E_{sn2}=-0.076$ mm。

查表 10-15,$b_r=1.26$IT9,当分度圆直径 $d=199.756$ mm 时,查标准公差数值表得 IT9 $=0.087$ mm,查表 10-8 得,8 级精度时 $F_r=0.056$ mm,由式(10-17)计算出齿厚公差 T_{sn}

$$T_{sn}=2\tan\alpha_n\sqrt{b_r^2+F_r^2}=2\tan20°\sqrt{(1.26×0.087)^2+0.056^2}=0.090 \text{ mm}$$

所以,由式(10-18)可得齿厚下极限偏差

$$E_{sni}=E_{sns}-T_{sn}=-0.076-0.090=-0.166 \text{ mm}$$

因为 $m_n=3$ mm,对中小模数的齿轮齿厚项目选择公法线长度极限偏差比较适合,所以需将齿厚极限偏差换算成公法线长度极限偏差。

由式(10-6)、式(10-10)求出公法线测量的跨齿数 k、公法线公称长度 W_k

$$\alpha_t=\arctan(\tan\alpha_n/\cos\beta)=\arctan(\tan20°/\cos18°53'16'')=21.041°$$

$$\text{inv}\alpha_t=\text{inv}21.041°=0.017\,450\,4$$

$$\text{inv}20°=0.014\,904$$

$$z'=z\text{inv}\alpha_t/\text{inv}\alpha_n=63×0.017\,450\,4/0.014\,90=73.783$$

$$k = z'/9 + 0.5 = 73.783/9 + 0.5 = 8.698, 取跨齿数 k = 9$$

$$W_k = m_n \cos\alpha_n [(k - 0.5)\pi + z\mathrm{inv}\alpha_t + 2\tan\alpha_n x]$$

$$= 3\cos 20°[(9 - 0.5)\pi + 63 \times 0.017\ 450\ 4 + 0] = 78.379\ \text{mm}$$

满足 $b = b_2 = 50\ \text{mm} > 1.015W_k\sin\beta_b = 11.12\ \text{mm}$ 要求,可采用公法线长度极限偏差作为侧隙评价指标。

按式(10-11),公法线长度上极限偏差 E_{bns}、下极限偏差 E_{bni} 分别为

$$E_{bns} = E_{sns}\cos\alpha_n = -0.076 \times \cos 20° = -0.071\ \text{mm}$$

$$E_{bni} = E_{sni}\cos\alpha_n = -0.166 \times \cos 20° = -0.156\ \text{mm}$$

公法线长度及其极限偏差为 $W_{k\,E_{bni}}^{E_{bns}} = 78.379_{-0.156}^{-0.071}$

(3)确定齿轮的公差项目和各项公差或极限偏差值

本减速器为通用减速器,生产批量中等,对齿轮的各项使用要求没有特殊要求。确定齿轮的精度项目为 F_p、$\pm f_{pt}$、F_α、F_β 及 F_r(批量生产时)。由于 $v < 15\ \text{m/s}$,所以不用加 F_{pk} 项。当齿轮的精度等级为 8 级时,查表 10-8~表 10-11 可得各项精度项目的允许值、极限偏差值、公差值:$F_p = 0.070\ \text{mm}$,$\pm f_{pt} = 0.018\ \text{mm}$,$F_\alpha = 0.025\ \text{mm}$,$F_\beta = 0.029\ \text{mm}$,$F_r = 0.056\ \text{mm}$。

(4)确定齿坯尺寸公差和几何公差

作为基准使用的内孔,查得尺寸精度为 IT7(表 10-5),按基孔制时内孔直径应标注为 $\phi 50\text{H7}$。侧隙项目采用公法线长度极限偏差,齿顶圆不是测量基准,所以取齿顶圆直径公差为 IT11,齿顶圆应标注为 $\phi 205.756\text{h11}$。

齿轮内孔、端面作为加工、测量和工作基准要给出几何公差。本例齿轮的内孔是基准面,查表 10-3 确定其圆柱度公差,经计算 $0.04(L/b)F_\beta = 0.04 \times (100/50) \times 0.029 = 0.002\ 3\ \text{mm}$,$0.1F_p = 0.1 \times 0.070 = 0.007\ \text{mm}$,取两计算值中的小者,取内孔的圆柱度公差为 0.002 mm。

本例的齿轮还应给出端面对基准孔轴线的轴向圆跳动公差,查表 10-4,并计算得

$$0.2(D_d/b)F_\beta = 0.2 \times (193/50) \times 0.029 = 0.022\ \text{mm}$$

取轴向圆跳动公差为 0.022 mm,按表 10-3、表 10-4 给出的几何公差可参考齿轮图样。

(5)确定齿面的表面粗糙度参数及其允许值

查表 10-6 和表 10-7,取齿面、齿轮孔表面、齿顶圆的表面粗糙度 Ra 分别为 1.6 μm、1.6 μm、3.2 μm。

(6)确定齿轮副的中心距的极限偏差

查表 10-2,中心距的极限偏差 $f_a = \pm 0.031\ 5\ \text{mm}$,如果绘制齿轮箱体图,还要按式(10-13)和式(10-14)计算出齿轮轴线的平行度公差。

(7)绘制齿轮的零件图样

绘制齿轮的零件图样,如图 10-25 所示。

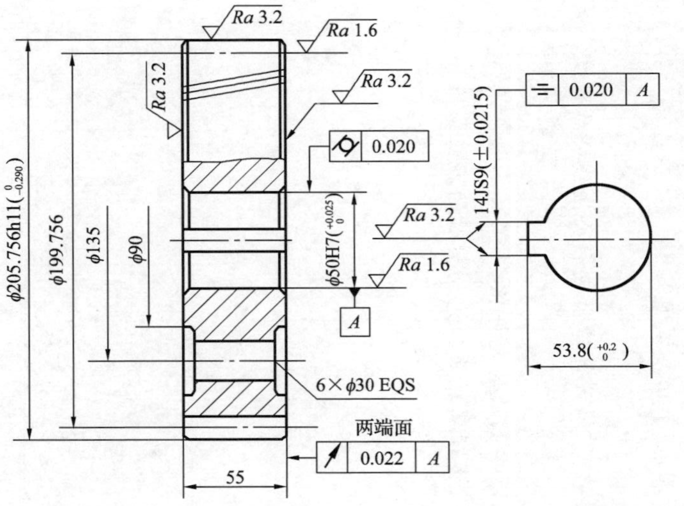

法向模数	m_n		3
齿数	z		63
齿形压力角	a_n		20°
齿顶高系数	h_a^*		1
螺旋角	β		18°53′16″
螺旋方向		左	
径向变位系数	x		0
跨齿数	k		9
公法线长度及偏差	$W_k \begin{smallmatrix}Ebns\\Ebni\end{smallmatrix}$		$78.753^{-0.071}_{-0.156}$
齿轮副中心距及其极限偏差	$a \pm f_a$		130±0.315
检验项目	代号		允许值
齿距累积总偏差	F_p		0.070
径向跳动	F_r		0.056
单个齿距偏差	F_{pt}		±0.018
齿廓总偏差	F_a		0.025
螺旋线总偏差	F_β		0.029
精度等级			8 GB/T 10095.1—2008
			8 GB/T 10095.2—2008
配对齿轮	齿数		19
	图号		

$\sqrt{Ra\,6.3}\ (\sqrt{\ })$

标　题　栏

53.8$\binom{+0.2}{0}$

14JS9(±0.0215)

⌖ 0.020 A

$\boxed{=}$ 0.020 A

Ra 3.2　Ra 1.6

φ50H7($^{+0.025}_{0}$)

6×φ30 EQS

两端面

$\nearrow$ 0.022 A

Ra 1.6　Ra 3.2

Ra 3.2

φ205.756h11($^{0}_{-0.290}$)

φ199.756

φ135

φ90

55

技 术 要 求：
1. 齿顶沿齿长方向倒圆 R0.5；
2. 齿形端面倒角 C1；
3. 未注圆角 R2；
4. 锐角倒钝 C2；
5. 未注倒角 C2；
6. 未注尺寸公差按 GB/T 1804—m；
7. 未注形位公差按 GB/T 1184—k；
8. 公差原则按 GB/T 4249。

图 10-25　齿轮零件图

习 题

10-1 齿轮传动有哪些使用要求？当齿轮的用途和工作条件不同时，其要求的侧重点有何不同？

10-2 齿轮轮齿同侧齿面的精度检验项目有哪些？它们对齿轮传动主要有何要求？

10-3 评定齿轮齿厚减薄量的指标有哪几种，如何确定各项指标？

10-4 齿坯有哪些精度要求？

10-5 齿厚上、下极限偏差如何确定？公法线长度上、下极限偏差如何确定？

10-6 某直齿圆柱齿轮标注为 7($F_α$)，8(F_p,$F_β$) GB/T 10095.1—2008，其模数 $m=3$ mm，齿数 $z=60$，齿形角 $α=20°$，齿宽 $b=30$ mm。若测量结果为：齿距累积总偏差 $F_p=0.075$ mm，齿廓总偏差 $F_α=0.012$ mm，单个齿距偏差 $f_{pt}=-13$ $μ$m，螺旋线总偏差 $F_β=16$ $μ$m，则该齿轮的各项偏差是否满足齿轮精度的要求？为什么？

10-7 某直齿圆柱齿轮生产批量为大批生产，齿轮模数 $m=3.5$ mm，齿数 $z=30$，标准压力角 $α=20°$，变位系数为零，齿宽 $b=50$ mm，精度等级为 7 GB/T 10095.1—2008，齿厚上、下极限偏差分别为 -0.07 mm 和 -0.14 mm。试确定：

(1)该齿轮的检验项目及其允许值；

(2)用公法线长度偏差作为齿厚的测量项目，计算跨齿数和公法线公称值及公法线长度上、下极限偏差；

(3)该齿轮各部分表面粗糙度轮廓幅度参数及其允许值；

(4)该齿轮坯的各项公差或极限偏差(齿顶圆柱面作为切齿时的找正基准)；

(5)绘制该齿轮图样。

第 11 章

圆锥配合的互换性

学习目的及要求

✦ 掌握圆锥几何参数误差对互换性的影响

✦ 理解圆锥公差以及配合的选用

✦ 了解圆锥的检测

机床主轴与锥柄刀具（如铰刀、钻头等）的配合、某些对中心要求高的转轴的圆锥形轴身与传动件的结合等一般采用圆锥配合。本章主要讨论圆锥配合的特点、如何选择圆锥的结构形式以及如何确定圆锥公差和配合。

11.1 概　述

圆锥配合是机器设备中比较常见的结构，由于圆锥的结构特点使圆锥配合具有定心性好、密封性能好、可以通过改变轴与孔的相对轴向位置而方便地调整配合的间隙或过盈、可利用圆锥紧密结合时产生的摩擦力传递转矩等优点，因而它在机械结构中得到了广泛应用。

圆锥配合与圆柱配合相比，除了直径和长度尺寸外，多了锥度（或锥角）尺寸参数。因此，圆锥配合精度设计相对于圆柱结合有许多不同之处，且复杂得多。

11.1.1 与圆锥结合相关的国家标准

为了保证圆锥配合的互换性，我国相继颁布了有关的圆锥公差与配合、圆锥公差标注等标准：GB/T 157—2001《产品几何量技术规范（GPS）　圆锥的锥度与锥角系列》、GB/T 12360—2005《产品几何量技术规范（GPS）　圆锥配合》、GB/T 11334—2005《产品几何量技术规范（GPS）　圆锥公差》、GB/T 15754—1995《技术制图　圆锥的尺寸和公差注法》等。

11.1.2 圆锥结合的基本参数

圆锥表面是指与轴线呈一定角度的一条线段(母线),该线段的一端与轴线相交并围绕着该轴线旋转形成的表面。内圆锥(圆锥孔)、外圆锥(圆锥轴)两者结合的基本参数如图 11-1 所示。

1.圆锥直径

圆锥直径是指在圆锥垂直轴线截面上的直径。有最大圆锥直径 D、最小圆锥直径 d 和给定截面上的圆锥直径 d_x。外圆锥最大直径和最小直径用 D_e 和 d_e 表示,内圆锥最大直径和最小直径用 D_i 和 d_i 表示。

2.圆锥长度

圆锥长度是指最大圆锥直径与最小圆锥直径之间的轴向距离。内、外圆锥长度分别用 L_i 和 L_e 表示,内、外圆锥的配合长度用 L_p 表示。

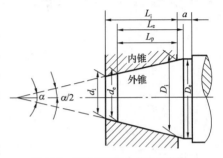

图 11-1 圆锥及其配合的基本参数

3.圆锥角

圆锥角是指在通过圆锥轴线的截面内,两条素线间的夹角,用 α 表示。

4.锥度

锥度是指两个垂直于圆锥轴线截面的圆锥直径差与该两截面间的轴向距离之比,用 C 表示。即

$$C=\frac{D-d}{L} \tag{11-1}$$

锥度 C 与圆锥角 α 的关系可表示为

$$C=2\tan\frac{\alpha}{2}=1:\frac{1}{2}\cot\frac{\alpha}{2} \tag{11-2}$$

式中 D——最大圆锥直径;

d——最小圆锥直径;

L——最大圆锥直径与最小圆锥直径之间的轴向距离。

锥度关系式反映了圆锥直径、圆锥长度和圆锥角之间的相互关系,是圆锥的基本公式。锥度一般用比例或分数形式表示。例如 $C=1:10$ 或 $C=1/10$ 等。一般用途圆锥的锥度与锥角见表 11-1。选用时,应优选系列 1 的锥度值,其中的推算值的有效位数可按需要确定。

5.基面距

基面距是指相互结合的内、外圆锥基准面之间的距离,用 a 表示。外圆锥的基面常用轴肩或端面,内圆锥的基面一般是端面。

6.轴向位移

轴向位移 E_a 是指相互结合的内、外圆锥从实际初始位置到终止位置移动的距离。用轴向位移可实现圆锥的各种不同配合。

在零件图样上,对圆锥只要标注一个圆锥直径(D 或 d 或 d_x)、圆锥角和圆锥长度 L(或 L_x),或者标注最大与最小圆锥直径 D、d 和圆锥长度 L,这样就能完全确定一个圆锥。

11.2　锥度、锥角系列与圆锥公差

11.2.1　锥度、锥角系列

国家标准 GB/T 157—2001 对光滑圆锥规定了两种用途的锥度与锥角系列，即一般用途圆锥的锥度与锥角系列和特定用途的圆锥的锥度与锥角系列。一般用途圆锥的锥度与锥角系列见表 11-1。特定用途的锥度、锥角系列见表 11-2。

表 11-1　　　　　　一般用途圆锥的锥度与锥角（摘自 GB/T 157—2001）

基本值		推算值			
系列 1	系列 2	圆锥角			锥度 C
		(°)(′)(″)	(°)	rad	
120°		—	2.094 395 10		1 : 0.288 675 1
90°		—	—	1.570 796 33	1 : 0.500 000 0
	75°	—	—	1.308 996 94	1 : 0.651 612 7
60°		—	—	1.047 197 55	1 : 0.866 025 4
45°		—	—	0.785 398 16	1 : 1.207 106 8
30°		—	—	0.523 598 78	1 : 1.866 025 4
1 : 3		18°55′28.719 9″	18.924 644 42	0.330 297 35	—
	1 : 4	14°15′0.117 7″	14.250 032 70	0.248 709 99	
1 : 5		11°25′16.270 6″	11.421 186 27	0.199 337 30	—
	1 : 6	9°31′38.220 2″	9.527 283 38	0.166 282 46	
	1 : 7	8°10′16.440 8″	8.171 233 56	0.142 614 93	
	1 : 8	7°9′9.607 5″	7.152 668 75	0.124 837 62	
1 : 10		5°43′29.317 6″	5.724 810 45	0.099 916 79	—
	1 : 12	4°46′18.797 0″	4.771 888 06	0.083 285 16	
	1 : 15	3°49′5.897 5″	3.818 304 87	0.066 641 99	
1 : 20		2°51′51.092 5″	2.864 192 37	0.049 989 59	—

表 11-2　　　　　　特定用途圆锥的锥度与锥角（摘自 GB/T 157—2001）

锥度 C	推算值			用　途
	圆锥角			
	(°)(′)(″)	(°)	rad	
7 : 12	16°35′39.444 3″	16.594 290 08°	0.289 625 00	机床主轴工具配合
1 : 19.002	3°0′52.395 6″	3.014 554 34°	0.052 613 90	莫氏 5 号锥
1 : 19.180	2°59′11.725 8″	2.986 590 50°	0.052 125 84	莫氏 6 号锥
1 : 19.212	2°58′53.825 5″	2.981 618 20°	0.052 039 05	莫氏 0 号锥
1 : 19.254	2°58′30.421 7″	2.975 117 13°	0.051 925 59	莫氏 4 号锥
1 : 19.922	2°52′31.446 3″	2.875 401 76°	0.050 185 23	莫氏 3 号锥
1 : 20.020	2°51′40.796 0″	2.861 332 23°	0.049 939 67	莫氏 2 号锥
1 : 20.047	2°51′26.928 3″	2.857 480 08°	0.049 827 44	莫氏 1 号锥

11.2.2 圆锥的公差

GB/T 11334—2005 将圆锥公差分为圆锥直径公差、给定截面圆锥直径公差、圆锥角公差和圆锥的形状公差。

1. 圆锥直径公差 T_D

圆锥直径公差是指圆锥直径的允许变动量,即允许的最大极限圆锥和最小极限圆锥的直径之差,可表示为 $T_D = D_{max} - D_{min} = d_{max} - d_{min}$。图 11-2 所示为圆锥直径公差带,它给出了圆锥直径公差区域。圆锥直径公差是一个没有符号的绝对值,其值以公称圆锥直径(一般取最大圆锥直径 D)为公称尺寸,按 GB/T 1800.1 规定的标准公差选取。

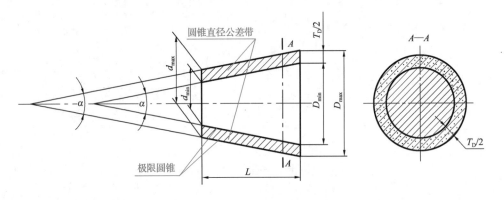

图 11-2　圆锥直径公差带

2. 给定截面圆锥直径公差 T_{DS}

给定截面圆锥直径公差是指在垂直圆锥轴线的给定截面内,圆锥直径允许的变动量。在给定的圆锥截面内,由两个同心圆所限定的区域。图 11-3 所示为给定截面圆锥直径公差区域。给定截面圆锥直径公差是一个没有符号的绝对值,其值以给定截面圆锥直径 d_x 为公称尺寸,按 GB/T 1800.1 规定的标准公差选取。

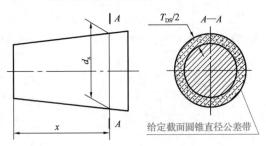

图 11-3　给定截面圆锥直径公差带示意图

3. 圆锥角公差 $AT(AT_\alpha$或 $AT_D)$

圆锥角公差是圆锥角的允许变动量,可表示为 $AT = \alpha_{max} - \alpha_{min}$,是由最大圆锥角和最小圆锥角所确定的两个极限圆锥所确定的区域(图 11-4),圆锥角公差 AT 共分 12 个等级,用 $AT1, AT2, \cdots\cdots, AT12$ 表示,其中 $AT1$ 精度最高,其余依次降低。$AT4 \sim AT12$ 级是常用的锥角公差等级,常用圆锥角公差等级应用情况举例如下:

AT4~AT6 用于高精度的圆锥量规和角度样板；

AT7~AT9 用于工具圆锥、圆锥销、传递大转矩的摩擦圆锥；

AT10、AT11 用于圆锥套、圆锥齿轮之类的中等精度零件；

AT12 用于低精度的零件。

为加工和检验方便，圆锥角公差可用 AT_α 或 AT_D 表示。AT_α 是以角度单位微弧度（μrad）或度、分、秒表示；AT_D 是以长度单位微米（μm）表示，它是用与圆锥轴线垂直且距离为 L 的两端直径变动量之差来表示的。AT_D 与 AT_α 的换算关系为

$$AT_D = AT_\alpha L/1\,000 \tag{11-3}$$

式中，AT_D 单位为 μm，AT_α 的单位为 μrad，L 的单位为 mm。

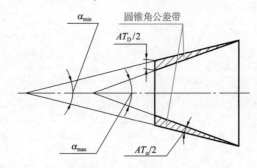

图 11-4　圆锥角公差

圆锥角极限偏差可按单向或双向（对称或不对称）取值，如图 11-5 所示。用同一加工方法加工圆锥，圆锥长度 L 越大，圆锥角误差可以越小。因此在同一角度公差等级中，按圆锥长度 L 的不同，规定了不同的角度公差值，圆锥角公差见表 11-3。

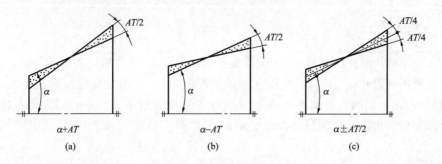

图 11-5　圆锥角极限偏差的给定方法

表 11-3　　　　　　　　　　　圆锥角公差数值（摘自 GB/T 11334—2005）

公称圆锥长度 L/mm		圆锥角公差等级								
		AT4			AT5			AT6		
		AT_α		AT_D	AT_α		AT_D	AT_α		AT_D
大于	至	μrad	(″)	μm	μrad	(″)	μm	μrad	(″)	μm
25	40	100	21	>2.5~4.0	160	33	>4.0~6.3	250	52	>6.3~10.0
40	63	80	16	>3.2~5.0	125	26	>5.0~8.0	200	41	>8.0~12.5

续表

公称圆锥长度 L/mm		圆锥角公差等级								
		AT4			AT5			AT6		
		AT_α	AT_D		AT_α	AT_D		AT_α	AT_D	
63	100	63	13	>4.0~6.3	100	21	>6.3~10.0	160	33	>10.0~16.0
100	160	50	10	>5.0~8.0	80	16	>8.0~12.5	125	26	>12.5~20.0
160	250	40	8	>6.3~10.0	63	13	>10.0~16.0	100	21	>16.0~25.0
250	400	31.5	6	>8.0~12.5	50	10	>12.5~20.0	80	16	>20.0~32.0

公称圆锥长度 L/mm		圆锥角公差等级								
		AT7			AT8			AT9		
		AT_α		AT_D	AT_α		AT_D	ATD_α		AT_D
大于	至	μrad	(')(")	μm	μrad	(')(")	μm	μrad	(')(")	μm
25	40	400	1'22"	>10.0~16.0	630	2'10"	>16.0~25.0	1000	3'26"	>25~40
40	63	315	1'05"	>12.5~20.0	500	1'43"	>20.0~32.0	800	2'45"	>32~50
63	100	250	52"	>16.0~25.0	400	1'22"	>25.0~40.0	630	2'10"	>40~63
100	160	200	41"	>20.0~32.0	315	1'05"	>32.0~50.0	500	1'43"	>50~80
160	250	160	33"	>25.0~40.0	250	52"	>40.0~63.0	400	1'22"	>63~100
250	400	125	26"	>32.0~50.0	200	41"	>50.0~80.0	315	1'05"	>80~125

图 11-6 是用圆锥直径公差 T_D 限定圆锥角偏差示意图，从中可以看出，圆锥直径公差 T_D 控制了极限圆锥角 α_{max}，α_{min}。所以在一般情况下，可不必单独规定圆锥角公差，而用圆锥直径公差来控制圆锥角偏差。表 11-4 给出了圆锥长度 $L=100$ mm、圆锥直径公差 T_D 所能限定的最大圆锥角误差 $\Delta\alpha_{max}$。

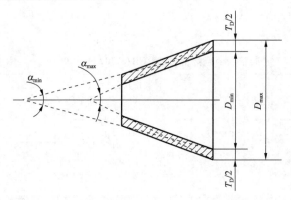

图 11-6　圆锥直径公差 T_D 限定圆锥角偏差

表 11-4　圆锥长度 $L=100$ mm 时圆锥直径公差 T_D 所能限定的最大圆锥角误差 $\Delta\alpha_{max}$
（摘自 GB/T 11334—2005）　　　　　　　　　　　μrad

圆锥直径公差等级	圆锥直径/mm											
	≤3	>3~6	>6~10	>10~18	>18~30	>30~50	>50~80	>80~120	>120~180	>180~250	>250~315	>315~400
IT4	30	40	40	50	60	70	80	100	120	140	160	180
IT5	40	50	60	80	90	110	130	150	180	200	230	250
IT6	60	80	90	110	130	160	190	220	250	290	320	360
IT7	100	120	150	180	210	250	300	350	400	460	520	570
IT8	140	180	220	270	330	390	460	540	630	720	810	890
IT9	250	300	360	430	520	620	740	870	1 000	1 150	1 300	1 400
IT10	400	480	580	700	840	1 000	1 200	1 400	1 600	1 850	2 100	2 300

4. 圆锥的形状公差

圆锥的形状公差包括圆锥素线的直线度公差、圆锥垂直于轴线截面的圆度公差、面轮廓度公差。圆锥的形状公差推荐按 GB/T 1184—1996 中附录 B "图样上注出公差值的规定"选取。一般情况下，圆锥的形状公差用直径公差 T_D 控制，当有较高形状要求时，应给出直线度和圆度公差，或给出面轮廓度公差项目。面轮廓度既可控制直线度和圆度偏差，又可控制圆锥角偏差，是一个综合控制项目。

11.2.3　圆锥公差项目的给定和标注

GB/T 11334—2005 中圆锥公差给定的方法有两种：

(1)给定圆锥直径公差 T_D 和公称圆锥角 α（或锥度 C）。此时由 T_D 确定了两个极限圆锥，圆锥角误差、圆锥直径误差和形状误差都应控制在此两极限圆锥所限定的区域内。

(2)给定圆锥角公差 AT 和给定截面内的圆锥直径公差 T_{DS}。此时，T_{DS} 只用来控制截面的实际直径，AT 只用来控制圆锥角误差，它们各自分别满足要求（相当于独立公差原则）。T_{DS} 和 AT 的关系如图 11-7 所示，该方法是在假定圆锥素线为理想情况下给定的。当对圆锥形状公差有更高要求时，可再加注圆锥形状公差。

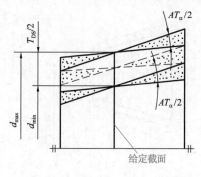

图 11-7　圆锥角公差与给定截面的圆锥直径公差关系

综合 GB/T 15754—1995 和 GB/T 11334—2005 两项国家标准，在图样上可按下列方法之一给定圆锥的公差项目：

1. 面轮廓度法

面轮廓度法标注圆锥公差是指给出理论正确圆锥角（或理论正确锥度）、理论正确直径或圆锥长度，再标注面轮廓度。用面轮廓度公差带确定最大与最小极限圆锥来限定圆锥的直径偏差、圆锥角偏差、素线直线度误差和横截面的圆度误差。面轮廓度法是最常用的一种方法，适用于有配合要求的结构型圆锥配合的公差标注，其标注示例如图 11-8 所示。图 11-8（a）所示为给出理论正确直径和理论正确角度标注面轮廓度，图 11-8（b）所示为给出理论正确直径和理论正确锥度再标注面轮廓度。

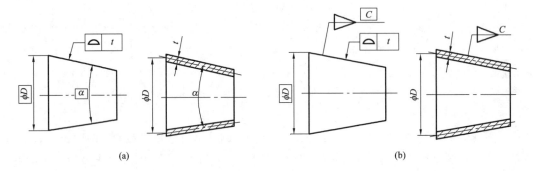

图 11-8　用面轮廓度法标注圆锥公差示例

2. 基本锥度法

基本锥度法标注圆锥公差是指给定理论正确圆锥角（或理论正确锥度）和圆锥长度，在图上注出圆锥直径极限偏差的锥度公差标注方法。即由两个同轴圆锥面（圆锥要素的最大实体尺寸和最小实体尺寸）形成两个具有理想形状的包容面公差带。实际圆锥处不得超越这两个包容面。因此，该公差带既控制圆锥直径的大小及圆锥角的大小，也控制圆锥表面的形状。若有需要，可附加给出圆锥角公差和有关几何公差要求作进一步的控制。基本锥度法通常适用于有配合要求的结构型内、外圆锥，标注时推荐在圆锥直径公差值后加注Ⓣ。图 11-9 所示为用基本锥度法标注圆锥公差的示例，其中图 11-9（a）所示为给出理论正确角度和圆锥直径公差及此种圆锥公差标注，图 11-9（b）所示为给出理论正确锥度和圆锥直径公差的基本锥度法标注示例。

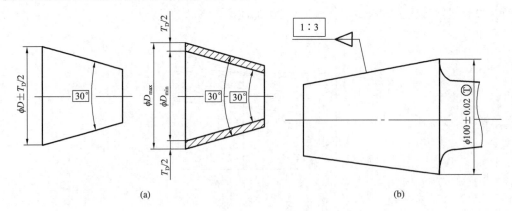

图 11-9　用基本锥度法标注圆锥公差示例

3.公差锥度法

公差锥度法是同时给出圆锥直径公差和圆锥角公差(并给出圆锥长度)的圆锥公差标注法。此时,给定截面圆锥直径公差仅控制该截面圆锥直径偏差,不再控制圆锥角偏差,圆锥直径极限偏差和圆锥角极限偏差各自分别规定,分别满足要求,故按独立原则解释。若有需要,可附加给出有关几何公差要求作进一步控制。

公差锥度法仅适用于对某给定截面圆锥直径有较高要求的圆锥和密封及非配合圆锥,图 11-10 所示为其标注示例。

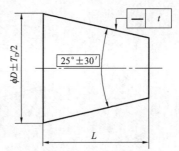

图 11-10 公差锥度法标注圆锥公差的示例

11.2.4 圆锥几何参数误差对圆锥结合的影响

内、外圆锥在加工后会产生直径、圆锥角和形状等误差。它们在不同方面对圆锥配合产生影响。

1. 内、外圆锥的圆锥角偏差对配合的影响

内、外圆锥的圆锥角偏离其公称圆锥角的圆锥角偏差,影响圆锥配合表面的接触质量和对中性能,同时也会对基面距产生影响。

2. 内、外圆锥的直径偏差对配合的影响

内、外圆锥的圆锥直径偏差对基面距产生影响,基面距过大,会减小结合长度;基面距过小,又会使补偿磨损的轴向调节范围减小,从而影响圆锥结合的使用性能。

3. 圆锥形状误差对配合的影响

圆锥形状误差一般是指圆锥的轴剖面的素线直线度误差和横剖面的圆度误差。直线度误差和圆度误差影响配合表面的接触性,它们使配合的间隙或过盈量不均匀,特别是采用过盈配合用以传递转矩时,将会使内、外圆锥面的接触面积减少,传递扭矩将减少。如果是密封用圆锥配合,圆锥的形状误差将影响其密封性能。

11.3 圆锥配合

GB/T 12360—2005《圆锥配合》国家标准适用于锥度 C 从 1:3～1:500,圆锥长度 L 从 6～630 mm,圆锥直径至 500 mm 光滑圆锥的配合。相互配合的两圆锥基本尺寸应相同,圆锥公差的给定方法按 GB/T 11334—2005《圆锥公差》确定。

圆锥配合同圆柱体配合一样,分为间隙配合、过渡配合和过盈配合三类。在实际应用中,通过改变相结合的内、外圆锥的相对轴向位置来形成不同性质的圆锥配合,可用结构型圆锥配合和位移型圆锥配合来实现圆锥的间隙、过渡、过盈配合。

11.3.1 结构型圆锥配合

由圆锥结构(如外圆锥轴肩、内圆锥基面等)确定内、外圆锥装配的相对轴向位置,以形成圆锥的间隙配合、过渡配合或过盈配合称为结构型圆锥配合。图 11-11(a)所示为用轴肩接触得到间隙配合的结构型圆锥配合示例,图 11-11(b)所示为由基面距 a(内、外圆锥大端基准面间的距离)得到过盈配合的结构型圆锥配合示例。

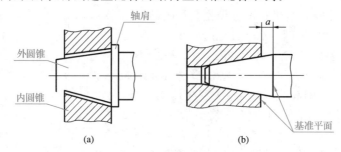

图 11-11　结构型圆锥配合示例

结构型圆锥配合的形成取决于内、外圆锥的直径公差带,即利用内、外圆锥直径公差的变化来确定其轴向相对位置,从而得到不同性质的配合。

11.3.2　位移型圆锥配合

内、外圆锥在装配时作一定相对轴向位移(E_a)来确定圆锥的相互配合关系。位移型圆锥配合可以是间隙配合或过盈配合,一般不用于形成过渡配合。

图 11-12(a)所示内圆锥由内、外圆锥在实际初始位置(在不施加力的情况下,相互结合的内、外圆锥表面接触时的轴向位置)向左移动轴向位移 E_a,得到间隙配合的位移型圆锥配合示例。图 11-12(b)所示为在给定装配力 F_s 的作用下,内圆锥由实际初始位置 P_a向右移动至终止位置 P_f 时,得到过盈配合的位移型圆锥配合示例。

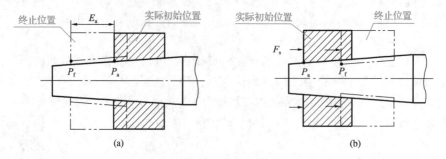

图 11-12　位移型圆锥配合示例

11.3.3　圆锥配合的有关规定

结构型圆锥配合推荐优先采用基孔制。内,外圆锥直径公差带代号及配合按GB/T 1801 选取。如 GB/T 1801 给出的常用配合仍不能满足需要,可按 GB/T 1800.1规定的基本偏差和标准公差组成所需配合。

位移型圆锥配合的内、外圆锥直径公差带代号的基本偏差推荐选用 H、h;JS、js。其轴向位移的极限值按 GB/T 1801 标准规定的极限间隙或极限过盈来计算。

轴向位移 E_a 与配合间隙 X(或过盈 Y)及圆锥锥度 C 的关系为

$$E_a = X(或 Y)/C \qquad (11-4)$$

式中,X,Y 用配合最大间隙(或过盈)替换,即可得到轴向位移极限值(E_{amin},E_{amax})。

11.4　锥度与锥角的测量

内、外圆锥的检测，既可以采用普通计量器具(如正弦规、锥角测量仪、圆度仪、三坐标测量机等)，也可以采用圆锥量规。锥度与锥角的测量方法主要有比较测量法、直接测量法和间接测量法。在检验内、外圆锥工件的锥度和基面距偏差时可用圆锥量具。

11.4.1　比较测量法

比较测量法测量圆锥角是用角度量块或锥度样板、圆锥量规与被测圆锥比较，用观察到的在接触比较时两者之间的缝隙所透过的光线颜色(不同颜色光的波长不同)或涂色法来判断圆锥角偏差的大小。比较测量法的常用量具有角度量块、锥度样板、圆锥量规等。

1.角度量块

角度量块是一种角度计量的基准量具，主要用于检定万能角度尺、角度样板等，与附件组合(利用测角边缘的小孔)，可检查零件的内、外角。角度量块分 I 型(有一个工作角 α，形状为三角形)和 II 型(有四个工作角 α，β，γ 和 δ，形状为四边形)，如图 11-13 所示。成套的角度量块有 36 块组和 94 块组。角度量块可以单独使用，也可以组合起来使用。角度量块的精度分为 1、2 级，1、2 级精度的角度量块其工作角的极限偏差分别为 $\pm 10''$、$\pm 30''$，角度量块的工作测量范围为 $10° \sim 350°$。

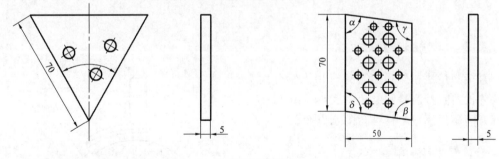

图 11-13　角度量块

2.锥度样板

当被测工件批量较大时，为提高检测效率和准确度，可按被测件角度公差的大小制造锥度样板。样板通端的角度为工件的最大极限角度 $\alpha + \delta$，止端的角度为最小极限角度 $\alpha - \delta$。当工件在通端检验时大头有光隙，在止端检验时小头有光隙，则表示工件在允许的角度公差内，此时可以判别被测件的锥度是否合格，但不能确定锥度的大小。图 11-14 所示为用锥度样板测量角度的示意图。

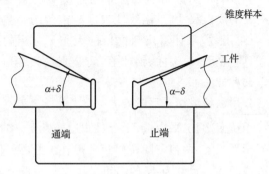

图 11-14　锥度(角度)样板

3.圆锥量规

圆锥量规用来检验圆锥锥度 C 从 1∶3～1∶50,圆锥长度 L 为 6～630 mm,圆锥直径至 500 mm 的光滑圆锥。检验内圆锥用圆锥塞规,检验外圆锥用圆锥环规。

图 11-15 为用圆锥量规检验锥角偏差的示意图。用工作圆锥量规检验工件圆锥直径时,工件大端直径平面(或小端直径平面)应处在圆锥量规的基准端部的两条刻线(凹缺口)内,刻线距离为 Z,称为 Z 标志线,Z 标志线是根据工件圆锥直径公差按其锥度计算出来的允许轴向位移量。圆锥量规可以用涂色研合的方法来检验工件的锥角,检验时若工件圆锥端面介于圆锥量规的两刻线之间,则为合格。

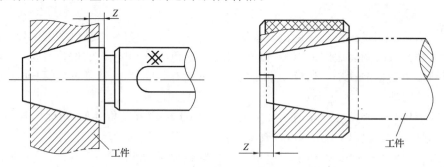

图 11-15 用圆锥量规检验锥角偏差

用涂色法检验工件内圆锥角,可在圆锥塞规表面沿素线方向涂上三条均布的、极薄的红丹涂料,与被检工件套合后施加轴向力进行配研,根据接触情况来判断该锥角是否合格。

11.4.2 直接测量法

直接测量法在测量圆锥角时用光学分度头、测角仪等仪器直接测量圆锥角的大小。图 11-16 是用游标万能角尺测量工件锥角的示意图。

11.4.3 间接测量法

间接测量圆锥角的方法是通过测量与被测锥角有关的线性尺寸后,用线性尺寸与锥角的函数关系(三角函数)来计算出圆锥角的大小。常用的测量器具有正弦尺、滚柱、钢球等,间接测量圆锥角有以下几种方法。

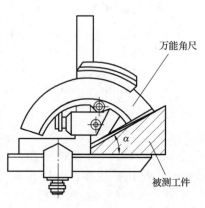

图 11-16 用游标万能角尺测量工件锥角

1.用圆柱或钢球测量锥角

用精密圆柱、平台板、千分尺测量外锥角 α 的测量原理如图 11-17 所示。将被测圆锥放置于平板上,两精密圆柱相互平行放在平板上且与被测圆锥相切,测量出两精密圆柱间的外边距 M_1;尺寸为 H 的两组量块放于平板上,保持相互平行的两精密圆柱放于其上并与被测圆锥相切,测量出两精密圆柱间的外边距 M_2;尺寸 M_1、M_2 可由千分尺测量,根据几何关系求得的外锥角 α。即

$$\alpha = \arctan \frac{M_1 - M_2}{2H} \tag{11-5}$$

内锥角 α 的测量如图 11-18 所示。将直径分别为 D_1、D_2 的钢球先后放入内锥孔中，用深度游标卡尺或深度千分尺测量出深度尺寸 H_2、H_1，根据几何关系可求出内锥角 α 的大小，即

$$\alpha = \arcsin \frac{\frac{1}{2}(D_1 - D_2)}{H} = \frac{\frac{1}{2}(D_1 - D_2)}{(H_2 - H_1) - \frac{1}{2}(D_1 - D_2)} \tag{11-6}$$

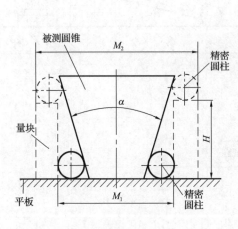

图 11-17　外锥角的测量

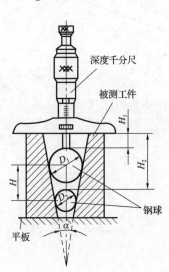

图 11-18　内锥角的测量

2. 正弦尺测量角度

正弦尺主要用于测量小角度和外圆锥角，需要和量块、指示表等配合使用，利用直角三角形的正弦函数关系来进行测量，所以称为正弦尺。正弦尺的结构如图 11-19 所示，由主体和两个圆柱等组成。两端的圆柱中心线之间的距离为 L（L 有 100 mm 和 200 mm 两种规格），按正弦尺工作面宽度 B 的不同，正弦尺分为宽型和窄型两种。在宽面正弦尺的台面上有一系列的螺纹孔，用来夹紧各种形状的工件。用正弦尺测量圆锥角偏差的测量原理如图 11-20 所示，测量外圆锥角时，首先根据被测锥角的标称值 α 计算组合量块尺寸 H，即

$$H = L\sin\alpha \tag{11-7}$$

将正弦尺放置在平板的工作面上，按式（11-7）计算所需量块的尺寸 H，组合量块，用量块组垫在正弦尺一侧圆柱的下方，正弦尺的工作面与平板构成基本圆锥角 α。被测圆锥安放在正弦尺的工作面上并将指示表表架放在平板工作面上，在 a、b 两点（分别取距离圆锥两端面约 3 mm）处用指示表在被测圆锥最高的素线上测量，则实际被测外圆锥角的偏差 $\Delta\alpha$ 为

$$\Delta\alpha = \frac{h_a - h_b}{l}(\mathrm{rad}) = 206\ 265\ \frac{\Delta h}{l}('') \approx \frac{\Delta h}{l} \times 2 \times 10^5\ ('') \tag{11-8}$$

式中　　l——a、b 两点间距;

　　　　Δh——指示表在 a、b 两点的读数差;

　　　　h_a、h_b——指示表在 a、b 两点的读数值,mm。

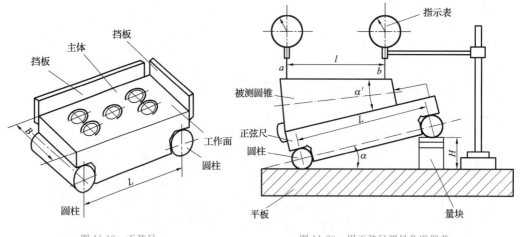

图 11-19　正弦尺　　　　　　　　　　　　　图 11-20　用正弦尺测量角度偏差

习　题

11-1　有一位移型圆锥配合,锥度 $C=1:20$,相配合圆锥的公称直径 $D=55$ mm。为传递扭矩,需设计成过盈配合,根据计算选用 H7/s6 配合。试计算其最大、最小轴向位移 E_{amax} 和 E_{amin}。

11-2　如图 11-21 所示,用两个直径分别为 $S\phi D_0$、$S\phi d_0$ 的钢球,放到内圆锥孔中,分别测出其落入锥孔的深度为 h_1、h_2,试计算该圆锥的圆锥角 α。

11-3　有一外圆锥,最大直径 $D_e=\phi200$ mm,锥度 $C=1:10$,圆锥长度 $L=400$ mm,其圆锥直径公差带为 h8 级,求直径公差所能限定的最大圆锥角误差 $\Delta\alpha_{Dmax}$。

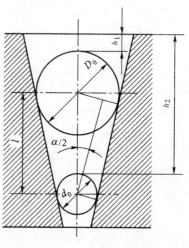

图 11-21　习题 11-2 图

第 12 章

尺 寸 链

学习目的及要求

✦ 了解尺寸链在精度设计中的作用及其在制造、装配中的应用

✦ 理解尺寸链的概念、组成、特点与分类

✦ 初步具有建立、分析尺寸链并用完全互换法计算直线尺寸链的能力

12.1 概　述

在设计各类机器及其零部件时,除了需要进行运动、强度、刚度的分析和计算外,通常还需要进行几何精度的分析和计算。所谓几何精度的分析和计算,是指确定机器零件最终或工序间合理的几何公差与极限偏差,以便能顺利加工和正确装配机器零件,并保证在工作时满足精度方面的要求。本章将集中讨论几何精度的分析与计算,并由此合理规定各零件最终或工序间的尺寸公差与几何公差。

尺寸链可以帮助解决对零件进行几何精度设计的问题。

12.1.1 尺寸链的定义

在机器装配或零件加工过程中,总有一些相互联系的尺寸,这些相互联系的尺寸按一定的顺序连接成一个封闭的尺寸组,称为尺寸链(Dimensional Chain)。

图 12-1 所示为齿轮部件装配图,为保证齿轮灵活转动,要求安装后齿轮与挡圈间的轴向间隙为 A_0,则尺寸 A_1,A_2,A_3,A_4,A_5 和 A_0 构成了一个封闭尺寸组,即尺寸链。

图 12-2 所示的轴,加工时四个轴向尺寸 A_1,A_2,A_3 和 A_0 构成了一个封闭的尺寸组,即尺寸链。

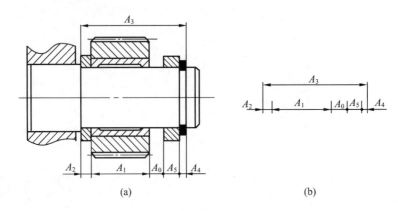

(a)

(b)

图 12-1 装配尺寸链

图 12-3 所示零件在加工过程中,已加工尺寸 A_2 和本工序尺寸 A_1 直接影响尺寸 A_0,因而 A_1,A_2 和 A_0 按一定关系构成一个相互联系的封闭尺寸组,即尺寸链。

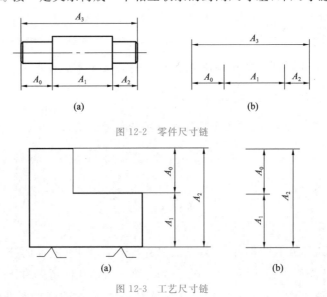

(a)

(b)

图 12-2 零件尺寸链

(a)

(b)

图 12-3 工艺尺寸链

12.1.2 尺寸链的组成

构成尺寸链的各个尺寸都称为环(Link)。如图 12-1 中的 A_1,A_2,A_3,A_4,A_5,A_0,图 12-2 中的 A_1,A_2,A_3,A_0 和图 12-3 中的 A_1,A_2,A_0。

1. 按环的性质分类

环按其性质的不同可分为封闭环和组成环。

(1)封闭环(Closing Link)

装配或加工过程中最后自然形成的尺寸称为封闭环,如图 12-1、图 12-2 和图 12-3 中的 A_0。

(2)组成环(Component Link)

尺寸链中除封闭环以外的其他环称为组成环,如图 12-1 中的 A_1,A_2,A_3,A_4,A_5,图 12-2 中的 A_1,A_2,A_3 和图 12-3 中的 A_1,A_2。

2.按对封闭环的影响分类

在组成环中,根据它们对封闭环的影响不同,又分为增环和减环。

(1)增环(Increasing Link)

若尺寸链中的某个组成环的变动引起封闭环同向变动,则该环为增环。同向变动是指当该组成环尺寸增大(或减小)而其他组成环不变时,封闭环的尺寸也随之增大(或减小)。如图 12-1 和图 12-2 中的 A_3 和图 12-3 中的 A_2。

(2)减环(Decreasing Link)

若尺寸链中的某个组成环的变动引起封闭环反向变动,则该环为减环。反向变动是指当该组成环尺寸增大(或减小)而其他组成环不变时,封闭环的尺寸却随之减小(或增大)。如图 12-1 中的 A_1,A_2,A_4,A_5,图 12-2 中的 A_1,A_2 和图 12-3 中的 A_1。

12.1.3 尺寸链的特征

从上述的产品装配和零件加工的尺寸链中,可以看出尺寸链具有以下四个特征:

1.封闭性

各环必须依次连接封闭,不封闭不能成为尺寸链,如图 12-1~图 12-3 所示的各尺寸链。

2.关联性

任一组成环尺寸或公差的变化都必然引起封闭环尺寸或公差的变化。例如,增环或减环的变动都将引起封闭环的相应变动。

3.唯一性

一个尺寸链只有一个封闭环,既不能没有也不能出现两个或两个以上的封闭环。

4.最少三环

一个尺寸链最少有三个环,少于三个环的尺寸链不存在。

12.1.4 尺寸链的分类

1.按应用场合分类

(1)装配尺寸链

全部组成环为不同零件设计尺寸所形成的尺寸链称为装配尺寸链,如图 12-1 所示。这种尺寸链的特点是尺寸链中的各尺寸来自各个零件,能表示出零件与零件之间的相互尺寸关系。

(2)零件尺寸链

全部组成环为同一零件设计尺寸所形成的尺寸链称为零件尺寸链,如图 12-2 所示。这种尺寸链的特点是封闭环尺寸与各增环、减环之间的关系,能在一个零件上反映出来。

(3)工艺尺寸链

全部组成环为同一零件工艺尺寸所形成的尺寸链称为工艺尺寸链,如图 12-3 所示。

2.按各环所在空间位置分类

(1)直线尺寸链

全部组成环都平行于封闭环的尺寸链称为直线尺寸链,如图 12-1~图 12-3 所示。

（2）平面尺寸链

全部组成环位于一个或几个平行平面内，但某些组成环不平行于封闭环的尺寸链称为平面尺寸链，如图 12-4 所示。

（3）空间尺寸链

组成环位于几个不平行平面内的尺寸链称为空间尺寸链。

3. 按几何特征分类

（1）长度尺寸链

全部环为长度尺寸的尺寸链称为长度尺寸链，如图 12-1～图 12-4 所示。

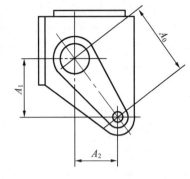

图 12-4　平面尺寸链

（2）角度尺寸链

全部环为角度尺寸的尺寸链称为角度尺寸链，如图 12-5 所示。角度尺寸链常用于分析和计算机械结构中有关零件要素的位置精度，如平行度、垂直度和同轴度等。

尺寸链还有其他一些分类方法，如按组成环性质可分为标量尺寸链（全部组成环为标量尺寸所形成的尺寸链，如图 12-1、图 12-5 所示）和矢量尺寸链（全部组成环为矢量尺寸所形成的尺寸链，如图 12-6 所示）；按组成环和封闭环的关系分为公称尺寸链（全部组成环皆直接影响封闭环的尺寸链）和派生尺寸链（一个尺寸链的封闭环为另一个尺寸链的组成环的尺寸链）等。

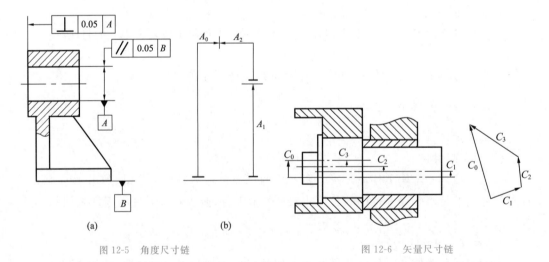

图 12-5　角度尺寸链　　　　　　　　图 12-6　矢量尺寸链

本章重点讨论长度尺寸链中的直线尺寸链。

12.1.5　尺寸链的建立与分析

1. 确定封闭环——一个尺寸链只有一个封闭环

建立尺寸链，首先要正确地确定封闭环。

（1）装配尺寸链的封闭环是在装配之后形成的，往往是机器上有装配精度要求的尺寸，如保证机器可靠工作的相对位置尺寸或保证零件相对运动的间隙等。在建立尺寸链之前,必须查明在机器装配和验收的技术要求中规定的所有几何精度要求项目,这些项目往往就是尺寸链的封闭环。

(2)零件尺寸链的封闭环应为公差等级要求最低的环,一般在零件图样上不需要标注,以免引起加工中的混乱,如图 12-2 中的 A_0 是不标注的。

(3)工艺尺寸链的封闭环是在加工中自然形成的,一般为被加工零件要求达到的设计尺寸或工艺过程中需要的尺寸。加工顺序不同,封闭环也不同。因此,工艺尺寸链的封闭环必须在加工顺序确定之后才能判断。

2.查找组成环

组成环是对封闭环有直接影响的那些尺寸,一个尺寸链的组成环数应尽量少。

查找组成环时,以封闭环尺寸的一端为起点,依次找出各个相连接并直接影响封闭环的全部尺寸,其中最后一个尺寸与封闭环的另一端相连接。

如图 12-7 所示的车床主轴轴线与尾架轴线高度差的允许值 A_0 是装配技术要求,为封闭环。组成环可从尾架顶尖开始查找,尾架顶尖轴线到底面的高度 A_1、与床身导轨面相连的底板厚度 A_2、床身导轨面到主轴轴线的距离 A_3,最后回到封闭环,A_1,A_2,A_3 均为组成环。

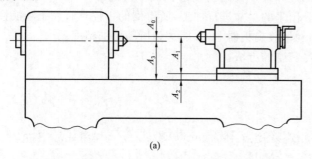
(a)

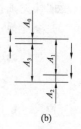
(b)

图 12-7　机床尾架顶尖轴线高度尺寸链

在封闭环有较高技术要求或几何误差较大的情况下,建立尺寸链时,还要考虑几何误差对封闭环的影响。

3.画尺寸链图

为了讨论问题方便,更清楚地表达尺寸链的组成,通常不需要画出零件或部件的具体结构,也不必按严格的比例,只需将尺寸链中各尺寸依次画出,形成封闭的图形即可,这样的图形称为尺寸链图,如图 12-1(b)、图 12-2(b)、图 12-3(b)、图 12-5(b)和图 12-7(b)所示。

在尺寸链图中,常用带单箭头的线段表示各环,箭头仅表示查找尺寸链组成环的方向。与封闭环箭头相反的环为增环,与封闭环箭头相同的环为减环。

4.尺寸链计算的类型和方法

分析和计算尺寸链是为了正确、合理地确定尺寸链中各环的尺寸公差和极限偏差。根据不同要求,尺寸链计算主要有以下三种类型:

(1)正计算

正计算即已知各组成环的公称尺寸和极限偏差,求封闭环的公称尺寸和极限偏差。正计算常用于验算设计的正确性,故又称校核计算。

（2）反计算

反计算即已知封闭环的公称尺寸和极限偏差及各组成环的公称尺寸,求各组成环的极限偏差。反计算常用于设计机器或零件时,合理地确定各部件或零件上各有关尺寸的极限偏差,即根据设计的精度要求,进行公差分配。

（3）中间计算

中间计算即已知封闭环和其他组成环的公称尺寸和极限偏差,只求某一组成环的公称尺寸和极限偏差。中间计算常用于工艺设计,如基准的换算和工序尺寸的确定等。

在计算尺寸链时又可根据不同的产品设计要求、结构特征、精度等级、生产批量和互换性等要求而分别采用完全互换法(极值法)、概率法(大数法)、分组互换法、修配法和调整法等。

本章主要介绍完全互换法和概率法计算尺寸链。

12.2 完全互换法(极值法)计算尺寸链

完全互换法从尺寸链各环的最大和最小极限出发进行尺寸链的计算,不考虑各环实际尺寸的分布情况。用该方法计算出来的尺寸进行加工,所得到的零件具有完全互换性,这种零件无须挑选或修配,就能顺利地装到机器上,并能达到所需要的精度要求。

完全互换法是尺寸链计算中最基本的方法。

12.2.1 基本公式

1. 公称尺寸之间的关系

设尺寸链的环数为 n,除封闭环外,各组成环为$(n-1)$环,设$(n-1)$组成环中,增环环数为 $\sum_{k=1}^{m}$,减环环数为 $\sum_{k=m+1}^{n-1}$。若封闭环的公称尺寸为 L_0,各组成环的公称尺寸分别为 L_1,L_2,……,L_{n-1},则有

$$L_0 = \sum_{k=1}^{m} L_k - \sum_{k=m+1}^{n-1} L_k \tag{12-1}$$

即封闭环的公称尺寸等于增环的公称尺寸之和减减环的公称尺寸之和。

在尺寸链中,封闭环的公称尺寸有可能等于零,如图 12-8 所示的孔、轴配合中的间隙 A_0。

2. 中间偏差之间的关系

设封闭环的中间偏差为 Δ_0,各组成环的中间偏差为 Δ_1,Δ_2,……,Δ_{n-1},则有

$$\Delta_0 = \sum_{k=1}^{m} \Delta_k - \sum_{k=m+1}^{n-1} \Delta_k \tag{12-2}$$

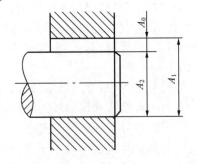

图 12-8 孔、轴配合

即封闭环的中间偏差等于增环的中间偏差之和减减环的中间偏差之和。

中间偏差为尺寸的上、下偏差的平均值,设上偏差为 ES,下偏差为 EI,则有

$$\Delta = 1/2(|ES| + |EI|) \tag{12-3}$$

3. 公差之间的关系

设封闭环公差为 T_0，各组成环的公差分别为 T_1、T_2、……、T_{n-1}，则有

$$T_0 = \sum_{k=1}^{m} T_k + \sum_{k=m+1}^{n-1} T_k = \sum_{k=1}^{n-1} T_k \tag{12-4}$$

即封闭环的公差等于所有组成环的公差之和。

4. 封闭环的极限偏差

设封闭环的上、下偏差分别为 ES_0 和 EI_0，则有

$$ES_0 = \Delta_0 + 1/2\,T_0 \tag{12-5}$$

$$EI_0 = \Delta_0 - 1/2\,T_0 \tag{12-6}$$

5. 封闭环的极限尺寸

设封闭环的最大、最小极限尺寸分别为 $L_{0\max}$ 和 $L_{0\min}$，则有

$$L_{0\max} = L_0 + ES_0 \tag{12-7}$$

$$L_{0\min} = L_0 + EI_0 \tag{12-8}$$

结论：(1)封闭环的公差比任何一组成环的公差都大。因此，在零件尺寸链中，一般选最不重要的环作为封闭环。但在装配尺寸链中，由于封闭环是装配后的技术要求，所以一般无选择余地。

(2)为了减小封闭环的公差，应使组成环的数目尽可能少——最短尺寸链原则，在设计时应遵循这一原则，尺寸链应以"短"为好。

12.2.2 实例分析

1. 正计算

解正计算问题就是已知组成环的公称尺寸和极限偏差，求封闭环的公称尺寸和极限偏差。

【例 12-1】 如图 12-1(a)所示，已知各零件的尺寸：$A_1 = 30_{-0.13}^{-0.11}$ mm，$A_2 = A_5 = 5_{-0.075}^{0}$ mm，$A_3 = 43_{+0.06}^{+0.12}$ mm，$A_4 = 3_{-0.04}^{0}$ mm，设计要求间隙 $A_0 = 0.10 \sim 0.45$ mm，试验算能否满足该要求。

解 (1)确定设计要求的间隙 A_0 为封闭环；寻找组成环并画尺寸链图，如图 12-1(b)所示；判断 A_3 为增环，A_1，A_2，A_4 和 A_5 为减环。

(2)按式(12-1)计算封闭环的公称尺寸

$$A_0 = A_3 - (A_1 + A_2 + A_4 + A_5) = 43 - (30 + 5 + 3 + 5) = 0 \text{ mm}$$

即要求封闭环的尺寸为 $0_{+0.10}^{+0.45}$ mm。

(3)计算封闭环的极限偏差

$ES_0 = ES_3 - (EI_1 + EI_2 + EI_4 + EI_5) = +0.12 - (-0.13 - 0.075 - 0.04 - 0.075)$
　　$= +0.44$ mm

$EI_0 = EI_3 - (ES_1 + ES_2 + ES_4 + ES_5) = +0.06 - (-0.11 + 0 + 0 + 0) = +0.17$ mm

(4)按式(12-4)计算封闭环的公差

$T_0 = T_1 + T_2 + T_3 + T_4 + T_5 = (0.02 + 0.075 + 0.06 + 0.04 + 0.075) = 0.27$ mm

校核结果表明，封闭环的上、下极限偏差及公差均满足要求。

【例 12-2】 如图 12-9(a)所示，先车外圆至尺寸 $A_1 = \phi 50_{-0.16}^{-0.08}$ mm，再镗内孔至尺寸 $A_2 = \phi 40_{0}^{+0.06}$ mm，且内、外圆同轴度公差为 $\phi 0.02$ mm，求壁厚 A_0。

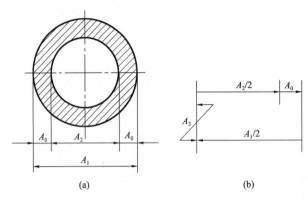

图 12-9　圆筒尺寸链

解　(1)确定封闭环、组成环、画尺寸链图

车外圆和镗内孔后就形成了壁厚,因此,壁厚是封闭环。

取半径组成尺寸链,此时 A_1 和 A_2 的极限尺寸均按半值计算: $\dfrac{A_1}{2}=25_{-0.08}^{-0.04}$ mm, $\dfrac{A_2}{2}=20_{+0}^{+0.03}$ mm。同轴度公差为 $\phi 0.02$ mm,允许内、外圆轴线偏离 $\phi 0.01$ mm,可正可负,故以 $A_3=0\pm 0.01$ mm 加入尺寸链,作为增环或减环均可,此处以增环加入。

画尺寸链图如图 12-9(b)所示, $\dfrac{A_1}{2}$ 为增环, $\dfrac{A_2}{2}$ 为减环。

(2)计算封闭环的公称尺寸

$$A_0=\frac{A_1}{2}+A_3-\frac{A_2}{2}=25+0-20=5 \text{ mm}$$

计算封闭环的极限偏差

$$ES_0=ES_1+ES_3-EI_2=-0.04+0.01-0=-0.03 \text{ mm}$$
$$EI_0=EI_1+EI_3-ES_2=-0.08-0.01-0.03=-0.12 \text{ mm}$$

所以壁厚尺寸为 $A_0=5_{-0.12}^{-0.03}$ mm。

2. 中间计算

解中间计算问题就是已知封闭环和其他组成环的公称尺寸和极限偏差,只求某一组成环的公称尺寸和极限偏差。

【例 12-3】　在轴上铣如图 12-10(a)所示的键槽,加工顺序为:车外圆 A_1 为 $\phi 70.5_{-0.1}^{0}$ mm,铣键槽深 A_2,磨外圆 $A_3=\phi 70_{-0.06}^{0}$ mm。要求磨完外圆后,保证键槽深 $A_0=62_{-0.3}^{0}$ mm,求铣键槽的深度 A_2。

解　(1)画尺寸链图

选外圆圆心为基准,按加工顺序依次画出 $A_1/2,A_2,A_3/2$,并用 A_0 把它们连接封闭回路,如图 12-10(b)所示。

(2)确定封闭环

由于磨完外圆后形成的键槽深 A_0 为最后自然形成尺寸,因此可确定 A_0 为封闭环。根据题意, $A_0=62_{-0.3}^{0}$ mm。

(3)确定增环、减环

按箭头方向判断法给各环标以箭头,由图 12-10(b)可知:增环为 $A_3/2,A_2$;减环为 $A_1/2$。

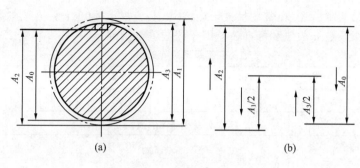

图 12-10　零件尺寸链

(4)计算铣键槽的深度 A_2 的公称尺寸和上、下偏差

由式(12-1)计算 A_2 的公称尺寸,因 $A_0=(A_2+A_3/2)-A_1/2$

故　　　　　　　　$A_2=A_0-A_3/2+A_1/2=62-35+35.25=62.25$ mm

由式(12-5)计算 A_2 的上偏差,因 $ES_0=(ES_{A_2}+ES_{A_3/2})-EI_{A_1/2}$

故　　　　　　$ES_{A_2}=ES_0-ES_{A_3/2}+EI_{A_1/2}=0-0+(-0.05)=-0.05$ mm

由式(12-6)计算 A_2 的下偏差,因 $EI_0=(EI_{A_2}+EI_{A_3/2})-ES_{A_1/2}$

故　　　　　$EI_{A_2}=EI_0-EI_{A_3/2}+ES_{A_1/2}=(-0.3)-(-0.03)+0=-0.27$ mm

(5)校验计算结果

由已知条件可求出

$$T_0=ES_0-EI_0=0-(-0.3)=0.3 \text{ mm}$$

由计算结果,根据式(12-4)可求出

$$T_0=T_{A_2}+T_{A_3/2}+T_{A_1/2}=(ES_{A_2}-EI_{A_2})+(ES_{A_3/2}-EI_{A_3/2})+(ES_{A_1/2}-EI_{A_1/2})=$$
$$[(-0.05)-(-0.27)]+[0-(-0.03)]+[0-(-0.05)]=0.3 \text{ mm}$$

校核结果说明计算无误,所以铣键槽的深度 A_2 为

$$A_2=62.25_{-0.27}^{-0.05}=62.2_{-0.22}^{0} \text{ mm}$$

3. 反计算

解反计算问题是已知封闭环的公称尺寸和极限偏差及各组成环的公称尺寸,求各组成环的极限偏差。

在具体分配各组成环的公差时,可采用等公差法或等精度法。

(1)等公差法

在各组成环的公称尺寸相差不大时,可将封闭环的公差平均分配给各组成环,如果需要,可在此基础上进行必要的调整,这种方法称为等公差法。即

$$T_i=\frac{T_0}{n-1} \tag{12-9}$$

实际工作中,各组成环的公称尺寸一般相差比较大,按等公差法分配,从加工工艺上讲不合理。为此,可采用等精度法。

(2)等精度法

所谓等精度法,就是各组成环公差等级相同,即各环公差等级系数相等,设其值均为 a,则

$$a_1=a_2=\cdots=a_n=a \tag{12-10}$$

国家标准规定,在 IT5～IT18 级公差等级内,标准公差的计算公式为 $T=ai$(i 为标准

公差因子),如第 3 章所述,在常用尺寸段内 $i=0.45\sqrt[3]{D}+0.001D$。为了本章应用方便,将部分公差等级系数 a 的值和标准公差因子的数值分别列于表 12-1 和表 12-2 中。

表 12-1　　　　　　　　　　　公差等级系数 a 的值

公差等级	IT8	IT9	IT10	IT11	IT12	IT13	IT14	IT15	IT16	IT17	IT18
系数 a	25	40	64	100	160	250	400	640	1 000	1 600	2 500

表 12-2　　　　　　　　　　　标准公差因子 i 的值

D/mm	>1～3	>3～6	>6～10	>10～18	>18～30	>30～50	>50～80	>80～120	>120～180	>180～250	>250～315	>315～400	>400～500
i/μm	0.54	0.73	0.90	1.08	1.31	1.56	1.86	2.17	2.52	2.90	3.23	3.54	3.89

由式(12-6)可得

$$T_0 = ai_1 + ai_2 + \cdots + ai_n = a\sum_{i=1}^{n} i_i$$

即
$$a = \frac{T_0}{\sum_{i=0}^{n} i_i} \tag{12-11}$$

计算出 a 出后,按标准查出与之相近的公差等级系数,进而查相关表格确定各组成环的公差。

各组成环的极限偏差确定方法是:先留一个组成环作为调整环,其余各组成环的极限偏差按"入体原则"确定,即包容尺寸的基本偏差为 H,被包容尺寸的基本偏差为 h,一般长度为 js。

进行反计算时,最后必须进行正计算,以校核设计的正确性。

【例 12-4】　如图 12-1(a)所示的装配关系中,轴是固定的,齿轮在轴上回转,要求保证齿轮与挡圈之间的轴向间隙为 0.10~0.35 mm。已知:$A_1=30$ mm,$A_2=5$ mm,$A_3=43$ mm,轴用弹性挡圈宽度 $A_4=3_{-0.05}^{0}$ mm(标准件),$A_5=5$ mm,试用完全互换法设计各组成环的公差和极限偏差。

解　(1)画出装配尺寸链,如图 12-1(b)所示。

(2)查找封闭环、增环和减环。

按题意,轴向间隙为 0.10~0.35 mm,则封闭环 $A_0=0_{+0.10}^{+0.35}$ mm,封闭环公差 $T_0=0.25$ mm,本尺寸链共有五个组成环,其中增环是 A_3,其传递系数 $\zeta_3=1$,A_1、A_2、A_4、A_5 都是减环,相应的传递系数 $\zeta_1=\zeta_2=\zeta_4=\zeta_5=-1$。

封闭环的公称尺寸按式(12-1)计算,即

$$A_0 = A_3 - (A_1 + A_2 + A_4 + A_5) = 43 - (30 + 5 + 3 + 5) = 0 \text{ mm}$$

由计算可知,各组成环公称尺寸的已定数值正确无误。

(3)确定各组成环的公差和极限偏差

①用等公差法。

由式(12-9)得

$$T_i = \frac{0.35 - 0.10}{4} = 0.062\ 5 \text{ mm}$$

根据各组成环公称尺寸大小和加工难易,以平均数值为基础,调整各组成环公差为

$$T_1 = T_3 = 0.06 \text{ mm}, T_2 = T_5 = 0.04 \text{ mm}, T_4 = 0.05 \text{ mm}$$

根据入体原则,各组成环的极限偏差可定为

$$A_1 = 30_{-0.06}^{0} \text{ mm}, A_2 = A_5 = 5_{-0.04}^{0} \text{ mm}, A_4 = 3_{-0.05}^{0} \text{ mm}$$

故

$$ES_3 = ES_0 + (EI_1 + EI_2 + EI_4 + EI_5) = 0.35 + (-0.06 - 0.04 - 0.05 - 0.04) = +0.16 \text{ mm}$$

所以

$$A_3 = 43_{+0.10}^{+0.16}$$

按式(12-4)校核

$$T_0 = T_1 + T_2 + T_3 + T_4 + T_5 = 0.06 + 0.04 + 0.06 + 0.05 + 0.04 = 0.25 \text{ mm}$$

满足使用要求,计算正确。

从上述结果可以看出,用等公差计算尺寸链,在调整各组成环公差时,在很大程度上取决于设计者的实践经验与主观上对加工难易程度的看法。

②用等精度法。

由式(12-11)得

$$a = \frac{(0.35 - 0.10) \times 1\ 000}{1.31 + 0.73 + 1.56 + 0.54} \approx 60.39 \ \mu m$$

查表 12-1,各组成环的公差等级可定为 IT10,又查标准公差数值表可得各组成环公差为

$$T_1 = 0.052 \text{ mm}, T_2 = T_5 = 0.030 \text{ mm}, T_3 = 0.062 \text{ mm}, T_4 = 0.025 \text{ mm}$$

由于 $\sum T_i = 0.052 + 0.030 + 0.062 + 0.025 + 0.030 = 0.199 < 0.25 = T_0$

所以满足使用要求。

根据入体原则,各组成环的极限偏差可定为

$$A_1 = 30_{-0.052}^{0} \text{ mm}, A_2 = A_5 = 5_{-0.030}^{0} \text{ mm}, A_4 = 3_{-0.025}^{0} \text{ mm}$$

故

$$ES_0 = ES_3 - (EI_1 + EI_2 + EI_4 + EI_5)$$

$$ES_3 = ES_0 + (EI_1 + EI_2 + EI_4 + EI_5) = 0.35 + (-0.052 - 0.030 - 0.025 - 0.030) = +0.213 \text{ mm}$$

$$EI_0 = EI_3 - (ES_1 + ES_2 + ES_4 + ES_5)$$

$$EI_3 = EI_0 + (ES_1 + ES_2 + ES_4 + ES_5) = 0.10 + (0 + 0 + 0 + 0) = +0.100 \text{ mm}$$

所以

$$A_3 = 43_{+0.100}^{+0.213}$$

$$\sum T_i = 0.052 + 0.030 + 0.113 + 0.025 + 0.030 = 0.25 \text{ mm} = T_0$$

满足使用要求,设计正确。

12.3 概率法(大数法)计算尺寸链

从尺寸链分布的实际可能性出发进行尺寸链计算的方法,称为概率法。

在大批量生产中,零件实际尺寸的分布是随机的,多数情况下服从正态分布或偏态分布。这就是说,当加工过程中的工艺调整中心接近公差带中心时,大多数零件的尺寸分布都会在公差带中心附近,而靠近极限尺寸的零件数目极少。根据这一规律,大批量生产

中,可将组成环的公差适当放大,这样做不但可使零件容易加工制造,同时又能满足封闭环的技术要求,从而明显提高经济效益。当然,此时封闭环超出技术要求的情况也是存在的,但概率极小,因此,这种方法又称为大数互换法。

概率法是以概率论为理论根据的,从保证大数互换着眼,在正常生产条件下,零件加工尺寸获得极限尺寸的可能性极小,而在装配时,各零部件的误差同时极大、极小的可能性更小。因此,在尺寸链环数较多、封闭环精度又要求较高时,就不宜采用极值法,而应采用概率法计算。

表 12-3 所示为极值法和概率法的比较。

表 12-3 极值法和概率法的比较

项　目	极值法	概率法
出发点	各值有同处于极值的可能	各值为独立的随机变量,按一定的规律分布
优　点	保险可靠	宽裕
缺　点	要求苛刻	不合格率不等于零,要求系统较为稳定
适用场合	环数少(≤4),或环数虽多,但精度低,在设计中常采用此方法,以保证机构正常	环数较多,精度较高,常用于生产加工中

12.3.1 基本公式

1. 封闭环的公称尺寸

封闭环的公称尺寸的计算公式仍为式(12-1)。

2. 封闭环的公差

(1)传递系数

表示各组成环对封闭环的影响大小的系数称为传递系数。传递系数等于组成环在封闭环上引起的变动量对该组成环本身的变动量之比。

在尺寸链中,封闭环与组成环表现为函数关系,封闭环是所有组成环的函数。即

$$A_0 = f(A_1, A_2, \cdots\cdots, A_m) \tag{12-12}$$

式中　A_0——封闭环;

　　$A_1, A_2, \cdots\cdots, A_m$——组成环;

　　m——组成环环数。

式(12-12)称为尺寸链方程式。

对式(12-12)取全微分,得

$$\mathrm{d}A_0 = \frac{\partial f}{\partial A_1}\mathrm{d}A_1 + \frac{\partial f}{\partial A_2}\mathrm{d}A_2 + \cdots\cdots + \frac{\partial f}{\partial A_m}\mathrm{d}A_m$$

显然,$\dfrac{\partial f}{\partial A_1}, \dfrac{\partial f}{\partial A_2}, \cdots\cdots, \dfrac{\partial f}{\partial A_m}$ 表示各组成环在封闭环上引起的变动量对各相应组成环本身变动量之比。若以 ξ_i 表示第 i 个组成环的传递系数,则有

$$\zeta_i = \frac{\partial f}{\partial A_i} \tag{12-13}$$

对于增环,ζ_i 为正值;对于减环,ζ_i 为负值。

（2）计算公式

封闭环 A_0 的误差是由若干独立的组成环 A_i 变量形成的函数误差，由式（12-13）可知，其误差传递系数 $\zeta_i = \dfrac{\partial f}{\partial A_i}$，按照多个独立随机变量合成规律，封闭环的标准偏差 σ_0 与各组成环的标准偏差的关系为

$$\sigma_0 = \sqrt{\sum_{i=1}^{m} \zeta_i^2 \sigma_i^2} \tag{12-14}$$

当各组成环的实际尺寸按正态分布，并取置信概率为 99.73% 时，各组成环公差 $T_i = 6\sigma_i$，封闭环公差 $T_0 = 6\sigma_0$，代入式（12-14），得

$$T_0 = \sqrt{\sum_{i=1}^{m} \zeta_i^2 T_i^2} \tag{12-15}$$

当各组成环为非正态分布时，应引入一个说明分布特征的相对分布系数 k，即

$$T_0 = \sqrt{\sum_{i=1}^{m} \zeta_i^2 k_i^2 T_i^2} \tag{12-16}$$

不同形式的分布，其相对分布系数 k 值也不同（见表 12-4）。

应用式（12-16）计算封闭环公差的过程称为统计公差。

表 12-4　　组成环的常用分布曲线及相对分布系数 k（摘自 GB/T 5847—2004）

分布特征	正态分布	三角分布	均匀分布	瑞利分布	偏态分布	
					外尺寸	内尺寸
分布曲线						
e	0	0	0	-0.28	0.26	-0.26
k	1	1.22	1.73	1.14	1.17	1.17

3. 封闭环的中间偏差

各环的中间偏差等于其上极限偏差与下极限偏差的平均值，并且封闭环的中间偏差 Δ_0 还等于所有增环的中间偏差 Δ_z 之和减所有减环的中间偏差 Δ_j 之和。即

$$\left.\begin{aligned} \Delta_i &= \frac{1}{2}(\mathrm{ES}_i + \mathrm{EI}_i) \\ \Delta_0 &= \frac{1}{2}(\mathrm{ES}_0 + \mathrm{EI}_0) \\ \Delta_0 &= \sum_{z=1}^{n} \Delta_z - \sum_{j=n+1}^{m} \Delta_j \end{aligned}\right\} \tag{12-17}$$

式（12-17）适用于各组成环为对称分布的情况，如正态分布、三角分布等。当各组成环为偏态分布或其他不对称分布时，要引入不对称系数 e（对称分布 $e=0$）。

4. 封闭环的极限偏差

各环的上极限偏差等于其中间偏差加上该环公差之半；各环的下极限偏差等于其中间偏差减去该环公差之半。即

$$ES_0 = \Delta_0 + \frac{T_0}{2} \quad EI_0 = \Delta_0 - \frac{T_0}{2}$$
$$ES_i = \Delta_i + \frac{T_i}{2} \quad EI_i = \Delta_i - \frac{T_i}{2}$$

(12-18)

式(12-18)同样适用于极值法。

12.3.2 实例分析

【例 12-5】 如图 12-1(a)所示的装配关系,轴是固定的,齿轮在轴上回转,要求保证齿轮与挡圈之间的轴向间隙为 0.10 ~ 0.35 mm。已知:$A_1 = 30$ mm,$A_2 = 5$ mm,$A_3 = 43$ mm,$A_4 = 3^{\ 0}_{-0.05}$ mm(标准件),$A_5 = 5$ mm。组成环的分布皆服从正态分布,且分布中心与公差带中心重合,分布范围与公差带范围相同。现采用概率法装配,试确定各组成环公差和极限偏差。

解 本题是公差的合理分配问题。

(1)画出装配尺寸链并校核各环的公称尺寸

按题意,轴向间隙为 0.10 ~ 0.35 mm,则封闭环 $A_0 = 0^{+0.35}_{+0.10}$ mm,封闭环公差 $T_0 = 0.25$ mm,本尺寸链共有五个组成环,其中增环是 A_3,其传递系数 $\zeta_3 = 1$,A_1,A_2,A_4,A_5 都是减环,相应的传递系数 $\zeta_1 = \zeta_2 = \zeta_4 = \zeta_5 = -1$,装配尺寸链如图 12-1(b)所示。

封闭环公称尺寸按式(12-1)计算,即

$$A_0 = A_3 - (A_1 + A_2 + A_4 + A_5) = 43 - (30 + 5 + 3 + 5) = 0 \text{ mm}$$

由计算可知,各组成环公称尺寸的已定数值正确无误。

(2)确定各组成环的公差

由题意可知,组成环的分布皆服从正态分布,按式(12-15)计算各组成环的平均公差。

$$T_{av} = \frac{T_0}{\sqrt{\sum_{i=1}^{m} \zeta_i^2}} = \frac{0.25}{\sqrt{4 \times (+1)^2 + (-1)^2}} = \frac{0.25}{\sqrt{5}} \approx 0.11 \text{ mm}$$

然后调整各组成环公差,A_3 为轴类零件,与其他组成环相比较加工难度较大,先选择较难加工零件 A_3 为调整环,再根据各组成环公称尺寸和零件加工难易程度,以平均公差为基础,相对从严选取各组成环公差:$T_1 = 0.14$ mm,$T_2 = T_5 = 0.08$ mm,其公差等级约为 IT11 级,因 $A_4 = 3^{\ 0}_{-0.05}$ mm,故 $T_4 = 0.05$ mm。由式(12-15)(只舍不入)可得

$$T_3 = \sqrt{T_0^2 - (T_1^2 + T_2^2 + T_4^2 + T_5^2)} = \sqrt{0.25^2 - (0.14^2 + 0.08^2 + 0.05^2 + 0.08^2)} = 0.16 \text{ mm}$$

(3)确定各组成环的极限偏差

A_1,A_2,A_3 皆为外尺寸,按"入体原则"确定其极限偏差得

$$A_1 = 30^{\ 0}_{-0.14} \text{ mm}, A_2 = A_5 = 5^{\ 0}_{-0.08} \text{ mm}$$

按式(12-17)得封闭环 A_0 和组成环 A_1,A_2,A_4,A_5 的中间偏差分别为

$$\Delta_0 = +0.225 \text{ mm}, \Delta_1 = -0.07 \text{ mm}, \Delta_2 = \Delta_5 = -0.04 \text{ mm}, \Delta_4 = -0.025 \text{ mm}$$

由式(12-17)求得调整环 A_3 的中间偏差为

$\Delta_3 = \Delta_0 + (\Delta_1 + \Delta_2 + \Delta_4 + \Delta_5) = +0.225 + (-0.07 - 0.04 - 0.025 - 0.04) = +0.05$ mm

按式(12-18)求得调整环的极限偏差为

$$ES_3 = \Delta_3 + \frac{T_3}{2} = +0.05 + \frac{0.16}{2} = +0.13 \text{ mm}$$

$$EI_3 = \Delta_3 - \frac{T_3}{2} = +0.05 - \frac{0.16}{2} = -0.03 \text{ mm}$$

所以 A_3 的极限偏差为 $\qquad A_3 = 43^{+0.13}_{-0.03}$ mm

习 题

12-1 什么是尺寸链? 尺寸链具有什么特征?

12-2 如何确定尺寸链的封闭环? 能不能说尺寸链中未知的环就是封闭环?

12-3 为什么封闭环的公差比任何一个组成环的公差都大?

12-3 计算尺寸链主要是为了解决哪几类问题?

12-4 正计算、反计算和中间计算的特点和应用场合分别是什么?

12-5 极值法和概率法计算尺寸链的根本区别是什么?

12-6 某轴磨削加工后表面镀铬,镀铬层深度为 $0.025 \sim 0.040$ mm,镀铬后轴的直径为 $\phi28^{0}_{-0.045}$ mm,试用极值法求该轴镀铬前的直径。

12-7 某套筒零件的尺寸标注如图 12-11 所示,试计算其壁厚尺寸。已知加工顺序为:先车外圆至 $\phi30^{0}_{-0.04}$ mm,其次钻内孔至 $\phi20^{+0.06}_{0}$ mm,内孔对外圆的同轴度公差为 $\phi0.02$ mm。

12-8 某厂加工一批曲轴、连杆及轴承衬套等零件。经调试运转,发现某些曲轴轴肩与轴承衬套面有划伤现象。按设计要求,$A_0 = 0.1 \sim 0.2$ mm,$A_1 = 150^{+0.018}_{0}$ mm,$A_2 = A_3 = 75^{-0.02}_{-0.08}$ mm,如图 12-13 所示,试校核该图样给定零件尺寸的极限偏差是否合理。

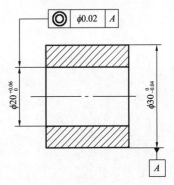

图 12-11 习题 12-7 图

12-9 如图 12-13 所示,加工一轴套,其加工顺序为:先镗孔至 $A_1 = \phi40^{+0.1}_{0}$ mm,然后插键槽 A_2,再精镗孔至 $A_3 = \phi40.6^{+0.06}_{0}$ mm,要求达到 $A_4 = 44^{+0.3}_{0}$ mm,求插键槽尺寸的大小。

12-10 装配关系如图 12-1(a)所示,已知:$A_1 = 30^{0}_{-0.06}$ mm,$A_2 = 5^{0}_{-0.04}$ mm,$A_3 = 43^{+0.07}_{0}$ mm,$A_4 = 3^{0}_{-0.05}$ mm,$A_5 = 5^{-0.10}_{-0.13}$ mm。组成环的分布皆服从正态分布,且分

布中心与公差带中心重合,分布范围与公差范围相同,试用概率法求封闭环的公称尺寸、公差值及分布。

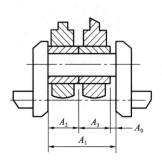

图 12-12 习题 12-8 图

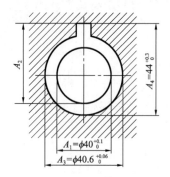

图 12-13 习题 12-9 图

参 考 文 献

[1]王伯平.互换性与测量技术基础.北京:机械工业出版社,2009

[2]韩进宏,王长春.互换性与测量技术基础.北京:北京大学出版社,2008

[3]于峰.机械精度设计与测量技术.北京:北京大学出版社,2008

[4]孙玉芹,袁夫彩.机械精度设计基础.北京:科学出版社,2008

[5]吕天玉.公差配合与测量技术.大连:大连理工大学出版社,2008

[6]邓英剑,杨冬生.公差配合与测量技术.2版.北京:国防工业出版社,2008

[7]陈舒拉.公差配合与检测技术.北京:人民邮电出版社,2007

[8]任晓丽,钟建华.公差配合与量测实训.北京:北京理工大学出版社,2007

[9]庞学慧,武文革,成云平.互换性与测量技术基础.北京:国防工业出版社,2007

[10]张帆,宋绪宁.互换性与几何量测量技术.西安:西安电子科技大学出版社,2007

[11]邢闽芳.互换性与技术测量.北京:清华大学出版社,2007

[12]魏斯亮,李时俊.互换性与技术测量.北京:北京理工大学出版社,2007

[13]何永熹,武充沛.几何精度规范学.北京:北京理工大学出版社,2006

[14]刘品,李哲.机械精度设计与检测基础.哈尔滨:哈尔滨工业大学出版社,2006

[15]甘永立.几何量公差与检测.上海:上海科学技术出版社,2004

[16]李柱,徐振高,蒋向前.互换性与测量技术.北京:高等教育出版社,2004

[17]陈于萍,高晓康.互换性与测量技术.北京:高等教育出版社,2002

[18]张民安.圆柱齿轮精度.北京:中国标准出版社,2002

[19]高晓康.几何精度设计与检测.上海:上海交通大学出版社,2002

[20]中国机械工业教育协会.几何量精度设计与检测.北京:机械工业出版社,2001

附　录

续表

序号	标准编号	标准名称	代替标准	教材章节
22	GB/T 16747—2009	产品几何技术规范（GPS）　表面结构　轮廓法　表面波纹度词汇	GB/T 16747—1997	第5章　表面粗糙度及检测
23	GB/T 3505—2009	产品几何技术规范（GPS）　表面结构　轮廓法　术语、定义及表面结构参数	GB/T 3505—2000	
24	GB/T 1031—2009	产品几何技术规范（GPS）　表面结构　轮廓法　表面粗糙度参数及其数值	GB/T 1031—1995	
25	GB/T 6062—2009	产品几何技术规范（GPS）　表面结构　轮廓法　接触（触针）式仪器的标称特性	GB/T 6062—2002	
26	GB/T 10610—2009	产品几何技术规范（GPS）　表面结构　轮廓法　评定表面结构的规则和方法	GB/T 10610—1998	
27	GB/T 131—2006	产品几何技术规范（GPS）　技术产品文件中表面结构的表示法	GB/T 131—1993	
28	GB/T 3177—2009	产品几何技术规范（GPS）　光滑工件尺寸的检验	GB/T 3177—1997	第6章　普通计量器具的选择和光滑极限量规
29	GB/T 1957—2006	光滑极限量规　技术条件	GB/T 1957—1980	
30	GB/T 8069—1998	功能量规	GB 8069—1987	
31	GB/T 307.1—2005	滚动轴承　向心轴承　公差	GB 307.1—1994	第7章　滚动轴承的公差与配合
32	GB/T 307.2—2005	滚动轴承　测量和检验的原则及方法	GB 307.2—1995	
33	GB/T 307.3—2005	滚动轴承　通用技术规则	GB 307.3—1996	
34	GB/T 307.4—2005	滚动轴承　推力轴承　公差	GB 307.4—1994	
35	GB/T 4199—2003	滚动轴承　公差　定义		
36	GB/T 275—93	滚动轴承与轴和外壳的配合	GB/T 275—1984	
37	GB/T 4604—2006	滚动轴承　径向游隙	GB/T 4604—1993	
38	GB/T 1095—2003	平键　键槽的剖面尺寸	GB 1095—1979	第8章　键和花键的公差、配合与检测
39	GB/T 1096—2003	普通型　平键	GB 1096—1979	
40	GB/T 1097—2003	导向型　平键	GB 1097—1979	
41	GB/T 1098—2003	半圆键　键槽的剖面尺寸	GB 1098—1979	
42	GB/T 1099.1—2003	普通型　半圆键	GB 1099—1979	
43	GB/T 1563—2003	楔键　键槽的剖面尺寸		
44	GB/T 1564—2003	普通型　楔键		
45	GB/T 1565—2003	钩头型　楔键		
46	GB/T 1566—2003	薄型平键　键槽的剖面尺寸		
47	GB/T 1567—2003	薄型　平键		
48	GB/T 1568—1997	键　技术条件		
49	GB/T 1974—2003	切向键及其键槽		
50	GB/T 1144—2001	矩形花键尺寸、公差和检验	GB 1144—1987	
51	GB/T 10919—2006	矩形花键量规		

序号	标准编号	标准名称	代替标准	教材章节
52	GB/T 14791—1993	螺纹术语		
53	GB/T 192—2003	普通螺纹　基本牙型	GB 192—1981	
54	GB/T 193—2003	普通螺纹　直径与螺距系列		
55	GB/T 196—2003	普通螺纹　基本尺寸		第9章　螺纹公差及检测
56	GB/T 197—2003	普通螺纹　公差	GB 197—1981	
57	GB/T 2516—2003	普通螺纹　极限偏差		
58	GB/T 3934—2003	普通螺纹量规　技术条件		
59	GB/T 10920—2003	普通螺纹量规　型式与尺寸		
60	GB/T 10095.1—2008	圆柱齿轮　精度制　第1部分:轮齿同侧齿面偏差的定义和允许值	GB/T 10095.1—2001	
61	GB/T 10095.2—2008	圆柱齿轮　精度制　第2部分:径向综合偏差与径向跳动的定义和允许值	GB/T 10095.2—2001	
62	GB/T 10096—1998	齿条精度		
63	GB/T 13924—2008	渐开线圆柱齿轮精度　检验细则		第10章　渐开线圆柱齿轮传动精度及检测
64	GB/Z 18620.1—2008	圆柱齿轮　检验实施规范　第1部分:轮齿同侧齿面的检验		
65	GB/Z 18620.2—2008	圆柱齿轮　检验实施规范　第2部分:径向综合偏差、径向跳动、齿厚和侧隙的检验		
66	GB/Z 18620.3—2008	圆柱齿轮　检验实施规范　第3部分:齿轮坯、轴中心距和轴线平行度的检验		
67	GB/Z 18620.4—2008	圆柱齿轮　检验实施规范　第4部分:表面结构和轮齿接触斑点的检查		
68	GB/T 157—2001	产品几何量技术规范(GPS)　圆锥的锥度与锥角系列	GB 157—1989	
69	GB/T 11334—2005	产品几何量技术规范(GPS)　圆锥公差	GB/T 11334—1989	第11章　圆锥结合的互换性
70	GB/T 11852—2003	圆锥量规公差与技术条件		
71	GB/T 12360—2005	产品几何量技术规范(GPS)　圆锥配合	GB/T 12360—1990	
72	GB/T 15754—1995	技术制图　圆锥的尺寸和公差标注		
73	GB/T 5847—2004	尺寸链　计算方法	GB/T 5847—1986	第12章　尺寸链